한국 산업화의
지속가능성 평가와 녹색대안

한국 산업화의
지속가능성 평가와 녹색대안

오 용 선

1960년대부터 1980년대에 이르기까지, 우리는 산업화와 도시화를
급격히 겪었다. 이 시기 우리 경제는 고도성장을 구가했다. 이 같은
빠른 경제성장은 선진국이 수백 년 동안 이룩해온 성과를 수십 년 만에
앞당겨 달성했다는 점 때문에 압축성장이라 불리기도 한다. 하지만
압축 고도성장은 우리에게 물질적인 풍요를 가져다준 장점도 있지만,
다른 한편에서는 민주와 인권, 소득불균형, 그리고 환경문제 심화와
같은 또 다른 사회적 가치를 희생시킨 부작용도 가져왔다.

한국학술정보㈜

서 문

1960년대부터 1980년대에 이르기까지 우리는 산업화와 도시화를 급격히 겪었다. 이 시기 우리 경제는 고도성장을 구가했다. 이 같은 빠른 경제성장은 선진국이 수백 년 동안 이룩해 온 성과를 수십 년 만에 앞당겨 달성했다는 점 때문에 압축성장이라 불리기도 한다. 하지만 압축 고도성장은 우리에게 물질적인 풍요를 가져다준 장점도 있지만, 다른 한편에서는 민주와 인권, 소득 불균형 그리고 환경문제 심화와 같은 또 다른 사회적 가치를 희생시킨 부작용도 가져왔다.

그동안 경제성장과 정치적 민주화와 관련한 연구는 비교적 많이 이루어져 왔다. 하지만 생태가치의 측면에서 산업화의 성과를 논한 연구는 상대적으로 부족하였다. 본 저서, '산업화의 지속가능성 평가와 녹색 대안'은 우리의 산업화 과정에서 거둔 경제적 성과를 지속가능성이라는 차원에서 평가하고, 새로운 대안을 모색해 보는 내용으로 구성하였다. 그러나 본 저서는 처음부터 이와 같은 주제를 설정하고 이에 맞게 일관되게 연구하고 그 내용을 기술한 것이 아니다. 각 장별로 구성된 주제들은 독립적인 목적과 배경하에 연구되고 하나의 개별 논문으로 작성, 발표된 것들이다. 이런 논문들을 이번에 하나의 제목으로 엮은 것이다. 다행히 독립적으로 연구, 작성된 논문들이긴 하지만 이들 논문들은 '산업화에 대한 지속가능성 평가(제Ⅰ부)'와 '녹색 대안(제Ⅱ부)'의 두 주제 군으로 분류할 수 있어서 '한국 산업화의 지속가능성 평가와 녹색 대안'이라는 단일 제목의 저서로 엮어 출간할 수 있게 된 것이다.

제1, 2, 3장에서는 산업화의 지속가능성을 평가한 논문들을 모았다. 제1장은 생태경제학자인 허만 데일리와 콥이 개발한 지속가능경제복지지표(ISEW)

모형을 이용하여 1971년부터 1990년까지 한국의 경제성장을 평가하였다. 한국의 ISEW지표를 산정함으로써 한국 경제성장지표인 1인당 GNP의 허실을 드러냈다. 분석 기간이 1971년부터 1990년도까지여서 최근 상황을 알 수 없긴 하지만 우리 산업화 과정에서 1970년대와 1980년대의 20년이 가장 왕성하게 산업화를 이룩한 시기라는 점을 감안한다면 충분히 그 의미를 찾을 수 있다. 이 내용은 저자의 석사학위 논문(1994) "지탱가능성 경제복지지표를 활용한 한국 경제성장에 대한 평가"의 내용을 정리해 실은 것이다.

제2장에서는 자원소비지표(DMI)를 활용하여 1971년부터 2001년까지 우리 경제에 투입된 자원량의 변화추이를 통해서 우리 경제가 지속가능한 성장을 달성한 것인지에 대해 평가하였다. 물질균형접근론에 의하면 자원소비량은 곧 최종적으로 환경오염과 폐기물의 배출량과 같기 때문에 자원소비의 변화추이를 통해 환경오염으로 인해 자연에 가해진 부담을 추정해 볼 수 있다. 이 글은 한국정책학회지 ≪정책학회보≫(2004. 제13권 제2호)에 "자원소비지표를 활용한 한국 산업화 과정에 대한 지속가능성 평가"라는 제목으로 게재된 논문이다(학술진흥재단_BS2003).

제3장에서는 OECD가 권장하는 지속가능지표체계인 압력(P)-지표(S)-대응(R) 지표체계의 개념을 빌려 과거 1960년부터 1990년대까지 우리의 산업정책을 10년 단위로 평가하였다. 이 평가를 통해서 과거 산업화가 우리의 환경에 미친 압력, 환경상태, 이에 대한 사회적 대응 현황을 분석·평가하였다. 이 글은 한국산업사회학회 학술지 ≪경제와 사회≫(2004. 여름호. 제62호)에 "한국 산업화와 지속가능성에 관한 연구-OECD의 지속가능지표체계를 이용한 시기별 평가"라는 제목으로 게재된 논문이다(학술진흥재단_BS2003).

제4, 5, 6장에서는 우리 사회에 대한 녹색 대안을 모색해 보는 내용들로 구성하였다.

제4장에서는 사회경제지표 분석을 통해서 1980년 중반 이후 겪고 있는 우리 사회의 거시적인 변동 과정에서 과거 산업화를 추진해 왔던 개발국가의 균열 징후가 나타나며, 반면 그 이면에는 녹색국가의 맹아가 발견된다는

점을 기술하였다. 이 글은 가톨릭대학교 학술지 ≪사회과학연구≫(2005. 12. 제21권)에 "개발국가 균열과 사회경제의 거시 변동"이라는 제목으로 실린 것이다(학술진흥재단_BS2003).

제5장에서는 환경친화적인 소비자의 행동에서 일관된 원칙으로 발견되는 특성을 기존의 경제합리성과 구별지어 가치합리성이라고 정의하고, 가치합리성이 발현되는 21세기 시대적 조건과 우리 사회상황의 조건을 분석하였다. 이로써 특히 생태합리적인 행동을 촉진하기 위한 정책적 시사점을 제시하였다. 이 글은 한국환경정책학회 학술지 ≪환경정책≫(1998. 12. 제6권 제2호)에 "환경친화적 소비자의 합리적인 행동 특성"이라는 제목으로 게재된 내용이다.

제6장에서는 지속가능발전원칙을 도출하고 이에 기초해서 환경관리정책을 평가할 수 있는 모형을 개발하고 정책적인 적용가능성을 타진하였다. 이 글은 한국공간환경학회 학술지 ≪공간과 환경≫(2001. 제6권 제2호)에 "환경관리정책의 지속가능발전원칙 모형의 개발"이라는 제목으로 게재된 내용이다.

마지막으로 제7장에서는 새로운 대안 사회의 핵심이라고 할 수 있는 경제의 녹색화에 대해 고민한 글을 실었다. 녹색경제는 인간본성에 대한 재발견을 통해 가능하다는 전제하에 경제에 대한 새로운 관점과 녹색가치에 대한 정의를 통해 녹색경제를 위한 기초 이론을 제시하였다. 이를 통해서 녹색경제의 기초적인 모델은 어떤 요소로 구성되며 어떻게 작동하는지에 대한 기초 설계를 하였다. 이 논문은 한국환경사회학회 학술지 ≪에코≫(2005. 여름호. 제8집)에 "녹색경제의 이론과 기초 설계"라는 제목으로 실린 것이다(학술진흥재단_BS2003).

이상의 연구성과를 통해서 우리는 과거 산업화 과정에서 이룩한 경제성장의 긍정적인 성과 이면에 가려진 환경보전 차원의 부정적인 면들을 객관적인 수치를 통해서 있게 될 것이다. 그리고 향후 우리 사회가 지향해야 할 발전모델은 개발국가적인 가치지향과 방법의 극복을 통해서 가능하다는 인식과 함께 녹색 대안에 대한 적극적인 모색의 필요성에 공감할 것이다.

목 차

제Ⅱ부
녹색 정책 대안

제 I 부
산업화의 지속가능성 평가

제 1 장
지속가능경제복지지표(ISEW)에 의한 한국의 경제성장 평가

제1절
서 론

1. 연구배경 및 목적

1973년에 우리는 중화학공업의 개발을 계기로 해서 1981년까지 '1인당 GNP 1,000달러와 100억 불 수출목표 달성'을 내용으로 하는 장기 성장목표를 발표하였다. 그 이후 '1인당 GNP 1,000달러, 100억 불 수출'이라는 목표는 구호가 되어 항상 귓가에 울려 퍼졌다. 그 울림 뒤에는 선진국 진입이라는 문구가 또한 따라 붙었다. 당시만 해도 경제사정이 절대빈곤에서 벗어나지 못하던 때인 만큼 이러한 수치화된 목표설정은 온 국민의 힘을 한데 모아 경제력 건설에 쏟아 부을 수 있게 한 원동력이 되었다. 그러나 이러한 목표가 달성되고 그 반대급부인 부수적인 효과로서 많은 사회적, 환경적인 병리현상이 나타나기 시작하면서 우리는 또 다시 새로운 목표설정을 요구받게 되었다. 이러한 현상 중에 민주화는 최대의 선결과제였고 1980년대가 그 과제 수행을 요구받은 격동의 시대가 되었다. 이제 90년대 이후는 80년대 후반부터 표출되기 시작한 환경문제가 서서히 그 자리를 대체하기 시작했으며, 최근에 이르러서는 정치, 경제, 사회 전반에 걸쳐 주요 정책의제의 핵심으로 떠오르고 있다. 특히 이러한 상황은 국제적인 추세와 맞물려 정책결정과정의 강력한 변수로 자리잡아 가고 있다.

이러한 역사를 통해서 우리는 세 가지 시사하는 바를 찾을 수 있다. 첫째는 절대빈곤으로부터 벗어나는 일이 최대의 관심사였던 당시 경제사정으로 보아 '잘살게 해 주겠다'는 막연한 표현보다는 무엇무엇을 달성할 경우에 우리도 잘살 수 있다는 확신을 심어줄 수 있는 수치화된 구체적인 목표를 설정한 점이 정책수행에 유효하였다는 것이다. 이 말은 곧 경제력을 쉽게 나타낼 수 있는 지표의 유용성과 관련된다. 둘째는 '1인당 GNP 1,000 달러, 수출목표 100억 달러 달성이 곧 국민을 잘살게 하는 것이다'와 같은 등식은 당시의 역사적인 배경하에서만 그 의미를 가진다는 것이다. 즉, 기존의 경제지표는 경제성장을 최대의 목표로 설정한 시대에만 의미를 가지는 산물일 수밖에 없다는 것이다. 셋째는 따라서 새로운 시대에는 새로운 요청들을 담아낼 수 있는 목표의 설정과 이를 위한 구체적인 수단을 개발해야 한다는 것이다. 바로 환경문제와 이를 포함하는 포괄적인 국민복지 문제는 이제 우리 시대의 최대의 요구가 되었고 이의 해결을 위한 목표설정과 수단의 개발은 우리의 당면과제가 되었다.

이러한 시대성은 한국에만 국한된 것이 아니다. 한국의 산업화 과정은 조순 교수의 표현대로 압축발전(compressed development)이라는 특징을 보이지만, 그 내용은 이미 서구 선진국들의 장기간에 걸친 산업화 과정과 현재의 개발도상국들의 경제성장 정책에 그대로 나타나 환경문제 해결을 위한 새로운 목표설정과 수단의 개발 중요성은 이제 세계화 추세를 맞이하였다.

이러한 의미의 연장선상에서 볼 때 '경제개발 성과의 평가수단인 GNP는 어떤 유용성과 한계를 가지며 따라서 새로운 경제지표의 개발은 어떤 것이 되어야 하는가?'라는 물음을 진지하게 제기해야 한다. 이미 경제학과 생태학, 즉 경제개발과 환경보전은 선택 관계가 아니라 동시 추구의 관계에 있음은 스톡홀름 회의와 브런트란트 보고서를 거쳐 1992년 리우 회의에서 확립되었다. 환경보호 문제는 이제 '지속가능한 개발(ESSD)'이라는 전략하에 각 개별 국가들의 구체적인 정책수단의 개발에까지 연계되고 있다. 또한 경제학 내에서는 후생경제학자들을 출발로 해서 1970년대 이후 환경경제학에 대한 연구가 계속되고 있으며, 한편으로는 최근에 이르러 녹색 GNP와 같은 새로운 국민계정의 개발이 국가 차원에서 그리고 UN 차원에서 시도되고 있는 상황이다. 따라서 경제지표를 대표해 온 GNP는 이제 환경문제를 고려한 새로운 지표로 대체되어야 한다는 당위론은 충분히 그 여건이 성숙되어 가고 있다. 결국 이러한 인식은 지속가능한 개발론의 등장이나 환경경제학이 대두되어 모습을 갖추기 시작한 1970년 초반에 나타나기 시작했지만, 우연치 않게 이 시기는 경제복지지표가 개발되는 시점이었다는 것은 시사하는 바가 크다.

그렇다면 GNP의 한계를 논하고 이를 수정하려는 노력은 어떻게 진행되어 왔는가? 이것은 두 가지 측면에서 이루어져 왔다. 하나는 경제복지지표의 개발 측면으로서 복지의 범위 안에 환경문제를 아울러 다루고 있는 경제지표가 그것이며, 다른 하나는 최근에 이르러 서구 선진국과 유엔을 중심으로 집중적으로 연구되고 있는 녹색 GNP가 바로 그것이다.

이러한 두 가지 범주 중에서 본 연구의 대상은 첫 번째의 것으로 경제복지지표에 해당된다. 데일리(Daly)와 콥(Cobb)은 기존의 경제복지지표(MEW)와 졸로타스(1981)의 경제복지지표(EAW)의 한계점을 서로 보완하여 새로운 경제복지지표로서 지속가능성을 고려하여 지속가능성 경제복지지표(ISEW: The Index of Sustainable Economic Welfare)를 개발하였다(1989). 이 지표가 복지지표로서 가지는 의의는 다음의 몇 가지로 요약해 볼 수 있다. 첫째는 이 경제복지지표는 그 출발점이 경제상황을 나타낼 목적으로 개발된 GNP와는 근본적으로 다르다. 즉, 이 지표의 출발점은 한 개별 국가가 일정기간 동안에 얼마만큼의 재화와 서비스를 생산했느냐 하는 경제활동에 비중을 두는 것보다는 실제 국민이 이 중 얼마를 직접 소비했느냐 하는 생활수준을 평가해 볼 수 있다는 점이다. 이는 곧 녹색 GNP와도 근본적으로 다르다는 것을 의미한다. 둘째는 어느 다른 지표에서 시도하지 않았던 소득의 불평등을 소비수준에 가중치로서 계정함으로써 소득불평등으로 인한 복지의 감소를 고려했다는 점이다.[1] 셋째는 이러한 경제복지지표에 모든 환경오염으로 인한 피해비용을 소비수준을 측정하는 데 과대평가된 요인으로 간주하고 이를 공제해 줌으로써 환경문제를 생산요소의 문제로 파악하는 경제활동의 측면이 아니라 국민의 생활의 질과 직결되는 경제복지 측면에 포함시키는 경제복지지표를 개발했다는 점이다. 넷째는 일반적으로 이 지표는 현 소비에 초점을 둠으로써 복지와 직결되는 생활수준을 평가하면서도 아울러 순자본의 증식이나 자본축적의 국내외적인 구성변화를 포함시킴으로써 결국은 복지, 환경, 경제의 지속가능성을 평가할 수 있는 내용으로 구성되었다는 것이다.

결론적으로 지속가능성경제복지지표(ISEW)는 발전의 척도를 알아보는 지표 중에서 현재 이용가능한 지표로서 가장 정교한 지표이다.[2] 따라서 본 연구는 이러한 장점을 가지고 있는 지속가능성 경제복지지표를 한국의 경제에 적용해 봄으로써 과거 30여 년 동안 급속한 경제성장을 이룩한 한국의 경제개발 성과에 대한 새로운 평가를 시도해 보고자 한다.

이러한 평가가 가지는 의의는 첫째, 한국도 이제는 경제성장을 최우선으로 하던 시대로부터 환경오염을 포함하는 포괄적인 의미의 경제복지 시대로

---

1) 소득분배 문제를 지속가능성경제복지지표(ISEW)에 고려한 것은 복지 측면뿐 아니라 지속가능성 개념 측면에서도 매우 중요한 의미를 가진다. 이미 전술한 대로 비만 (Veeman)은 지속적 발전이 성장, 분배, 환경의 세 요인으로 구성되어 있다고 보고 이들 세 요인의 균형적 성취를 통해 지속적 발전을 기할 수 있다고 주장하였다.
2) 레스터 R. 브라운 외, "새로운 세계질서", 〈지구환경보고서 1991〉, 따님, 1991, p.28.

의 전환기를 맞고 있으며, 따라서 이에 부합하는 적절한 평가지표가 있어야 한다. 둘째, 지속가능성경제복지지표는 이러한 요건을 충분히 갖춘 경제복지지표이며 이에 대한 연구는 환경문제와 관련한 복지지표 개발에 좋은 시도가 된다는 점이다. 셋째, 경제성장으로 인해 야기된 환경오염은 생활의 질을 크게 저하시켰으며 이것은 국민의 복지수준을 하락시키는 중요한 요인이 되는데, 이러한 주장을 막연한 표현이 아닌 구체적인 지표를 통해 그 사실을 보여줌으로써 정책결정에 설득력 있는 근거자료가 된다. 넷째, 데일리와 콥이 밝혔듯이 현재의 복지수준을 유지하려는 소극적인 자세에서 벗어나 경제복지 수준을 향상시킬 수 있는 정책은 어떠한 유형인지를 알려줄 수 있다.

지금까지 전술한 설명을 다음과 같이 요약할 수 있다.

첫째, 경제개발은 국민소득수준 향상을 위한 필수적 과제이다. 그러나 이에 따른 환경파괴가 심화되는 것이 문제다. 따라서 경제개발과 환경보전은 양자택일 관계가 아닌 상호조화 달성을 그 목표로 해야 한다(ESSD전략). 이러한 변화는 국제적인 추세를 맞고 있으며 이에 따라 경제개발 성과에 대한 평가방법으로서 뚜렷한 한계를 보이고 있는 GNP 대신 새로운 지표개발이 필요하다.

둘째, 이러한 노력의 일환으로 ISEW(Index of Sustainable Economic Welfare)가 개발되었으며, ISEW는 개인의 소비능력을 분배의 형평성을 고려해 다시 조정하고 이를 바탕으로 경제활동으로 인해 야기되는 환경문제 등을 고려한다. 즉, 비재생자원의 고갈과 대기오염, 수질오염, 소음공해 등의 환경오염, 그리고 지구온난화와 오존층 파괴 등 장기적인 환경오염 피해를 지표에 고려함으로써 한 국가의 경제복지에 대한 지속가능성을 반영하고 있다.

셋째, 한국의 경제개발은 고도의 성장을 단기간에 이룩한 특징을 가지고 있으며 그로 인한 환경파괴가 매우 심각한 문제로 대두되고 있다. 그럼에도 불구하고 아직까지 한국에서의 정책은 선 경제개발, 후 환경보전 정책을 취하고 있다. 따라서 말뿐인 경제성장과 환경보전과의 조화론의 실상을 구체적으로 나타낼 수 있는 새로운 평가가 필요할 때이다. 이러한 의미에서 ISEW를 적용, 한국의 경제개발 성과에 대한 새로운 해석을 시도해 보고자 한다.

2. 연구범위와 방법

지속가능성복지지표(ISEW)를 이용해서 한국의 경제성장을 평가하는 것이 본 논문의 목적이라면, 어떤 기준에 의해서 어떻게 평가할 것인가 하는 것과 구체적으로 무엇을 얼마만큼 분석해 낼 수 있는가의 문제가 따른다.

먼저 본 연구는 데일리(Daly)와 콥(Cobb)이 1989년에 발표한 지속가능성경제복지지표(ISEW)를 이용한다. 이 모형의 특징은 우선 개인의 소비가 증가할수록 개인의 복지 또한 증가한다는 전통경제학의 가정으로부터 출발한다. 그러나 이러한 가정만으로는 개인의 복지를 완전하게 반영할 수 없음은 명백하다. 따라서 개인소비 중에서 복지증진 요인과는 무관한 소비지출은 공제해 주고 대신 개인소비에 해당되지 않지만 복지를 증진시키는 것은 더해 준다. 이를 내용별로 구분해 보면 5가지 영역으로 나누어 볼 수 있다.

가. 불평등지수를 가중치로 고려해서 개인의 소비량을 조정한다. 이 가중치 개인소비량이 바로 복지와 직결된 양으로서 본 모형의 기본 숫자가 된다.

나. 그러나 개인소비부문이 아니더라도 공공부문에 대한 공공지출과 자본스톡으로부터 매년 지속적으로 산출되어 나오는 서비스는 복지수준을 증가시키는 요인에 해당되므로 이 가치는 더해 준다. 또한 가사노동과 같은 비시장활동도 중요한 서비스 요인의 하나로서 고려된다.

다. 반면 개인의 복지상태와 직결되는 개인소비부문이라 하더라도 복지와
관계없이 '어쩔 수 없이 지출되는 비용(regretable expenditure)'
과 '방어비용(defensive expenditure)'은 공제해 준다.
라. 비재생자원의 고갈, 환경오염 기타 천연자원기반의 지속가능성을 파괴
하는 활동에 대한 비용을 추정하고 이를 공제해 준다.
마. 자본축적의 정도와 그 내용에 있어서 국내외 자본의 구성을 고려해서
이를 반영한다.

이를 간단히 식으로 표현하면 다음과 같다(가, 나, 다, 라, 마는 5개의
영역을, 그리고 괄호 안의 아라비아 숫자는 각 영역을 구성하고 있는 지표
의 수를 의미한다. 따라서 ISEW를 구성하는 총지표 수는 20가지가 된다.

$$가(1) + 나(4) - 다(9) - 라(4) + 마(2)$$

그러나 이 모형을 한국에 적용할 때 약간의 수정이 가해질 필요가 있다.
제한된 통계자료와 관련 연구성과의 부족, 국내 상황에 적합지 않는 지표내
용 그리고 환경문제의 중요성 때문이다. 이러한 이유로 해서 위 모형을 다음
과 같이 재조정한다.

모두 5개 영역 중에서 '가', '나', '마'의 내용구성은 그대로 두고 '다'와 '라'를
재구성한다. ① 복지와 관계없이 '어쩔 수 없이 지출되는 비용(regretable
expenditure)'과 '방어비용(defensive expenditure)'의 내용으로 구성
되어 있는 '다'에서 환경오염과 관련된 지표 3가지, 즉 수질오염비용, 대기
오염비용, 폐기물비용 등을 따로 구분해 낸다. 따라서 기존의 '다'는 9개 지
표에서 6개로 조정되는 새로운 영역(다*)이 된다. ② 여기서 분리된 환경오
염 지표 3개는 천연자원기반의 지속가능성을 파괴하는 활동에 대한 비용을
추정한 '라' 영역과 통합해서 '환경문제 관련비용'이라는 새로운 영역(라*)을
만든다. 그래서 잠정적으로 이 영역의 지표 수는 기존 지표 수 4개를 더해
서 7이 된다. ③ 그런데 '라*'에서 한국에 적용 시 국내 상황에 맞도록 2가

지 지표는 상호 통합하고 하나의 지표는 제외시킴으로써 '라*'는 2개가 줄어든 5개의 지표로 구성된다. ④ 결국 한국에 적용 시 재구성된 ISEW모형의 총지표 수는 18가지가 되며 간단히 다음과 같이 표현할 수 있다.

$$가(1) + 나(4) - 다^*(6) - 라^*(5) + 마(2)$$

이러한 산술방식에 입각해서 각 지표내용에 해당하는 국내 데이터를 입력해서 한국의 지속가능성지표(ISEW)를 구한다. 데이터 사용방법은 먼저 해당 데이터가 수록되어 있는 통계자료(국민계정, 각종 연감, 각종 연보)를 기본 자료로 삼으며, 관련 데이터가 이 자료에 없는 지표에 대해서는 관련 연구문헌을 참고로 그 값을 간접 추정한다.

이런 방식에 의해서 지속가능성지표가 수치로 나타났을 때 지속가능성 여부를 알 수 있는 기준은 무엇인가? 이 물음에 대한 답은 ISEW가 가지고 있는 한계와 관련된다. 하나는 ISEW 개발에 필요한 자료가 개발도상국가에서는 미진하다는 것과 이러한 점이 시계열 분석에 있어서 분리하다는 것이다.[3] 또 다른 지적은 경제가 호황기에 들어갔는지 불황기에 들어갔는지 판단하기 어렵게 만들어 경제정책을 제때에 수립할 수 없다는 문제점을 가지고 있다.[4] 이러한 이유 때문에 경제복지 수준이 지속가능하기 위해서는 ISEW의 수치가 이만큼 되어야 한다는 식의 절대적인 기준을 정할 수 없다. 따라서 이 지표를 이용한 평가 기준이라는 것은 시계열 분석 그리고 GNP 성장률과 ISEW 성장률 간의 비교를 통해서 할 수 있는 상대적인 평가일 수밖에 없다.

결국 이러한 특성으로 인해 연구의 범위는 다음과 같은 내용으로 한정된다.

첫째는 1인당 GNP 성장률과 1인당 ISEW 성장률을 시계열로 비교, 분석해 봄으로써 경제성장과 경제복지 간의 관계를 설명할 수 있다.

---

3) 레스터 R. 브라운, 앞의 글, p.26.
4) 오호성, "Green GNP 연구의 현황과 과제", 〈환경경제연구〉, 환경경제학회, 제2권 1호(1993, 봄), p.4.

둘째는 시계열 분석 자료를 통해서 과거 20여 년 간 한국의 경제복지가 어떠한 변화를 보였는지를 알 수 있다.

셋째는 일정연도 또는 단기간의 ISEW와 그 당시의 각 구성지표 간의 내용을 분석함으로써 특정기간의 복지상태에 미치는 요인을 알 수 있으며 이것은 개별 국가가 경제복지를 향상시킬 수 있는 정책유형이 어떠한 것인가를 보여줄 수 있다.

넷째는 ISEW모형에 영향을 주는 요인 분석을 하는 데 있어서 특히 환경문제관련비용이 경제복지에서 차지하는 의미를 찾아볼 수 있다.

본 연구는 이상의 네 가지 측면에서 1971~1990년까지의 20년간 한국의 경제성장에 대한 분석을 시도한다. 그러나 레스터 R. 브라운의 지적대로 당해연도를 평가하는 것과는 달리 시계열 분석으로 인해 가지는 한계점이 있다. 가장 두드러지는 것은 데이터의 한계인데 이는 두 가지 측면이 있다. 하나는 필요한 지표에 대한 데이터가 없는 경우이며, 또 다른 하나는 과거로부터 현재까지 시계열별로 데이터가 일관성이 없다는 문제점이 있다.

이러한 상황을 감안해 본다면 한국의 경우 1971년부터 1990년까지의 분석이 대체로 가능할 것으로 보인다. 그 이유는 국내의 경우 외국과는 달리 1986년에 이르러서야 '신국민계정'이 만들어졌으며, 이 내용에는 관련 데이터들이 1970년부터 일관되게 기록되어 있기 때문이다.[5]

---

5) 본 국민계정 통계는 1968년 U. N의 국민계정 체계에 따라 작성된 1985년 기준년 개편 계열로서 1970년까지 소급 추계된 것이므로 1970년 이전의 국민소득통계 시계열과는 직접 비교될 수 없음(한국은행, 국민계정, 1990, 일러두기).

제2절
한국 경제성장과
환경오염 및 국민복지

1. 한국 경제성장과 환경오염과의 관계

한국의 경제개발 전략은 장기간에 걸쳐 이룩한 선진국의 보다 완만한 발전과정을 지난 40년 동안 단기간 내로 '단축' 내지 '압축'하는 형태로 공업화할 수 있었다. 한국은 개발초기 당시 개발도상국들이 공통적으로 겪고 있는 어려움에 직면해 있었다. 구체적으로 표현하자면, 공급 측 요인에서의 투자재원의 부족과 수요 측 요인에 있어서의 유효수요의 부족이라고 말할 수 있다. 그런데 경제가 성장하려면 수요와 공급 측 요인의 조화 있는 성장이 필요하다. 공급 측 요인은 경제의 생산능력의 수준을 결정한다는 면에서, 그리고 수요 측 요인은 생산된 양이 가장 효율적으로 사용되어야 최대의 생산량이 보장된다는 의미에서 중요하다.6) 이러한 어려움을 타개하고 경제를 성장시키기 위한 수출·외자주도의 경제개발 전략을 채택하였다. 즉, 수출은 유효수요를 창출하는 수요 측 요인으로서, 그리고 외자도입은 부족한 투자재원을 마련하는 공급 측 요인으로서의 경제성장에 크게 기여하게 되었다.

한국의 경제개발 전략이 수출·외자주도의 경제개발 계획이었다는 사실 외에 또 하나 중요하게 다루어야 할 영역이 있다. 그것은 바로 중화학공업 정책이다. 왜냐하면 이미 전술한 대로 한국의 산업화 과정에서 수출전략은 중화학공업 성장에 결정적인 역할을 하였으며, 이러한 중화학공업은 환경오염다발생형(環境汚染多發生型) 산업이었음이 이미 알려졌기 때문이다. 이러

---

6) 송병락, 〈한국경제론〉, 박영사, 1993, p.363.

한 정책은 당시 국제경제체제와 맞물려 추진되었다. 1960년대의 세계경제 체계에서 중심 대(對) 주변부 국가들 간의 분업체계는 중화학공업 대(對) 경공업으로 이루어져 있었으나 오일쇼크와 환경보호운동의 발전에 따라 1970년대에는 그 구도가 첨단산업, 핵심중화학공업 대(對) 노동, 에너지 집약적 중화학공업, 경공업으로 변화하게 되었다. 이러한 국제적인 분업체제의 변화와 때를 같이해 한국은 1973년에 '중화학 공업화'가 선언되고 철강, 조선, 기계, 전자, 비철금속 등 6개 전략업종에 대한 집중적인 투자가 유도 되었다.[7] 따라서 환경오염다발생형 산업구조 형성의 기본 틀을 마련하게 되었다.

결국 한국의 경제성장은 풍부하고 값싼 노동력과 경제적 대가를 지불치 않아도 되는 깨끗한 자연환경을 담보로 해서 이루어진 수출·외자주도형 경제 개발 전략이었으며, 이는 1970년대부터 중화학공업정책과 맞물려서 환경과 괴적인 산업구조를 형성하게 되었다.

경제성장(economic growth)이란 일정기간의 국민총생산(GNP)의 증가를 의미한다. 한국의 고도성장은 국민총생산의 비약적 증가를 뜻한다. 세계은행의 통계에 따르면, 우리나라 1인당 소득기준으로 1965~1990년 기간에 연평균 7.1%씩 성장하여 보츠와나 다음으로 세계 제2의 고도성장국가인 것으로 나타났다. 1인당 소득이 연평균 7.0% 성장한다는 것은 국민의 소득이 매 10년마다 2배로 증가함을 의미한다. 1965년을 기준으로 하면 1인당 소득이 1975년에 2배, 그리고 1985년에 4배로 증가하였다.[8]

그러나 한국의 경제적 성과는 환경문제와 관련해 몇 가지 중요한 의미를 가지게 된다. 한국의 경제개발은 GNP보다도 더 빠른 속도로 환경오염물질을 배출하였기 때문이다.[9] 따라서 한국 경제개발계획과 환경오염과 관련하

---

7) 최병두, "한국자본주의 발전과 자원 환경 위기", 경실련 환경세미나, 1993.
8) 송병락, 앞의 책, 박영사, 1993, p.345.
9) 정현제, "산업공해의 요인분석", 〈한국경제〉, 제20 제1호(1993.9), pp.81~82.
  1980~988년간의 공해배출량 변화를 본다면, 황산화물은 2.8배, 부유분진은 2.9배, 질소화합물은 2.8배, 일산화탄소는 2.8배로 탄화수소는 3배가 증가했으며, 반면 이

여 다음 몇 가지 측면에서의 논의는 중요하다.

첫째, 신고전학파인 엘리 헥셔(Elli Fillip Heckscher)와 베르틸 오린 (Bertil Gotthard Ohlin)은 무역의 결정요인을 교역 당사자국 간의 요소부존의 상대적 격차에서 찾았는데, 이러한 '헥셔-오린' 정리는 노동이 상대적으로 풍부한 나라는 노동집약적인 상품을, 자본이 풍부한 나라는 자본집약적인 재화를 수출하여 무역 당사국이 생산요소의 재배분을 기하고 생산효율을 제고할 수 있다는 점을 강조한 것이다.[10) 즉, 일국의 상품이 타국으로 수출되기 위해서는 수출국의 당해상품 생산조건이 수입국의 생산조건보다 좋아야 함을 의미한다. 따라서 이러한 견해에 비추어 볼 때 1960년대에서 1970년대 중반까지 한국 경제의 국제 교역상 비교 우위는 노동집약적 산업과 환경다이용형산업(環境多利用型産業)이라고 인식되었다. 실제에 있어서도 피혁, 고무, 섬유, 플라스틱 제품, 도자기 및 점토제품 등의 노동집약적이거나 환경다이용형산업의 수출비중이 컸다.[11)

둘째, 외자도입과 관련한 외채문제이다. 전술한 대로 주류경제학은 자본을 물리적인 기능만으로 보기 때문에 자본은 곧 자본재요, 자본재는 곧 자원이라는 등식에 동의한다. 그러나 이러한 견해는 단순히 경제성장의 가시적인 효과는 나타낼 수 있지만 그 내용 면에서 종속경제체제의 문제와 외채의 문제가 발생한다는 점을 간과한다. 리우 회의 민간단체협약에서 강도 높게 지적한 바대로 저개발국의 외채부담은 그들의 발전과 생태학적 자원에 대한 가장 큰 부담이 되며 외채의 과중함은 채무국들의 자연 및 생활환경을 무참히 파괴한다.[12)

셋째는 경제개발 추진 과정에 있어서 기술이전에 따른 환경오염을 들 수 있

기간의 실질GNP 증가는 2.1배로 나타나 거의 모든 대기오염물질이 GNP 증가보다 빠르게 늘어났다. 수질오염은 BOD와 COD가 같은 기간 중에 3.3배와 3.1배를 나타냈으며, 토지오염원으로서 특수산업폐기물과 일반산업폐기물의 경우도 3.1배와 3.6배가 증가하여 각종 오염원 중에서 그 배출량이 가장 많은 것으로 나타났다.

10) 전철환, 같은 책, p.179.
11) 정회성, 앞의 논문, p.32.
12) 대한 YMCA연맹, "빈곤에 관한 민간단체협약", 〈지구환경회의〉, 1992, p.99.

다. 경제성장과 산업구조 고도화를 위해서는 무엇보다도 수출경쟁력 있는 상품에 체화된 기술개발이 시급하다. 그러나 기술수준과 기술축적이 전무한 상태에서는 우선적으로 선진국의 기술도입이 필요한데, 이 과정에서 환경이 파괴된다. 즉 개도국에서 사용되는 경화기(硬化期)의13) 기술은 기술의 경쟁력보다는 낮은 임금이나 낮은 환경비용의 지출 등으로 그 비교 우위성이 유지되게 된다. 이처럼 도입되는 기술이 환경파괴적인 것으로 변화하는 데는 개도국의 환경규제가 매우 약한 탓으로 진출하는 선진국 기업 또는 다국적 기업의 이윤이 보장되기 때문이다. 선진국에서 환경기준이 강화됨에 따라 환경재를 많이 이용해야 하는 선진국 기업은 비용상승의 압력으로 공해규제조치가 약한 개도국에 직접투자하거나 생산기술을 이전하여 이윤을 확보하고자 하며, 개도국의 기업은 기술도입을 위해 이런 산업기술을 적극적으로 받아들이게 된다.14)

넷째는 자원이용의 측면이나 환경오염물질 배출 등에 있어서 한국 중화학공업의 환경파괴적 속성이다. 중화학공업은 대규모 설비투자와 생산성의 증대로 인해 자원의 이용량과 그 처리량이 폭증하였고, 이것은 에너지 및 용수 사용량에 있어서 과이용을 몰고 왔다. 중화학공업은 이 외에 산업용 폐기물, 폐수 등에 있어서 각종 중금속, 유기화합물, 폐산 등의 방출로 환경오염을 질적으로 심화시켰다. 또한 전술한 바대로 국제적인 경제분업체제와 맞물려 진행된 한국의 중화학공업정책은 환경오염다발생형산업이었다. 당시 국내 독점자본은 선진 자본주의로부터 이전되어 온 사양산업, 공해산업을 적극 유치하였으며 이는 곧 환경비용의 사회화를 세계적으로 관철시키려는 다국적 기업들의 전략에 의해 더욱 심화되었다(〈표 1.1〉).15)

---

13) 개도국으로 이전되는 기술의 성격은 기술의 라이프 사이클(life cycle)과 관련해 3단계로 나누어 살펴보면 개도국으로 이전된 기술의 성격을 알 수 있다. 제품기술의 급변성과 신축성이 유지되는 기술개발국의 독점적 소유시기인 유동기(流動期)에서 대량생산체제의 편입기인 과도기(過渡期)를 거쳐서 비로소 기술이 다른 선진국과 개도국으로 수출되며, 최종단계인 경화기(硬化期)에는 선진국에서 그 기술로 더이상의 비교 우위를 누리지 못해 그 기술로 생산된 제품은 개도국에서 선진국으로 수출된다 (이정전, 신의순, 앞의 책, p.52).

14) 이정전, 신의순, 앞의 책, p.52~53.

〈표 1.1〉 미국기업에 있어서 총투자액에 대한 공해방지비용의 투자비율

(%, 1977년 기준)

산업유형		식음료	지 류	고 무	화 학	원광석	유 리	기 계	전기기계
투자 대상국	자국 (미국)	4.7	25.8	7.3	11.8	16.0	7.5	6.1	3.8
	후진 종속국	4.6	5.7	3.9	6.1	8.5	5.0	3.1	

자료: 최병두, "한국자본주의 발전과 자원 환경위기", 경실련 환경세미나, 1993.

위 표에서 본 바와 같이 미국기업의 각 제조업 부문들에서 총투자액에 대한 공해방지비용의 투자비율은 자국의 경우에 비해 후진종속국에서 절반 정도로 줄어든다.

이상의 근거를 바탕으로 볼 때 한국의 경제개발 계획은 급속한 경제성장이라는 성과 대신에 환경오염이라는 대가를 치를 수밖에 없는 원인들을 안고 있었다.

그러면 구체적으로 한국의 경제개발 과정에서 경제성장요인은 환경오염에 얼마만큼 영향을 주었는가? 이에 대한 답은 80년대를 산업연관분석 모형에 의해 평가한 자료를 통해 볼 때 가능해진다.[16] 여기에서는 이에 대한 요인을 크게 경제성장효과, 구조변화효과로 구분하고 후자는 다시 생산기술구조변화와 최종수요변화로 세분해 설명하고 있다. 그 결과에 의하면, 각종 환경오염물질의 배출량 증가 속도는 1980~1988년간 한국의 경제성장률을 크게 앞질렀고, 그리고 총배출량의 60% 정도가 경제성장효과에 의한 것이라는 잠정적인 결과를 내놓았다. 따라서 한국의 경우에는 구조변화보다는 경제규모의 양적 규모 증가가 환경오염의 주요 요인이라는 것이다. 따라서 한국의 고도성장은 환경보전과 조화된 경제성장이 아니라 환경오염을 대가로 한 성장

---

15) 최병두, 앞의 글.
16) 이와 관련된 참고문헌은 이정전, 신의순, 앞의 책 pp.49~96에 자세히 나와 있다. 이 외에 또 다른 문헌은 정현제, 앞의 책이 있다.

이었음을 의미한다.[17)]

설령, 나머지 40%가 양적 경제성장이 아닌 구조변화 요인에 의한 것이라 하더라도 이것은 앞 절에서 지적했던 바와 같이 구조변화 또한 경제활동의 일환으로서 경제성장과 일체되어 있다는 점으로 볼 때 따로 분리해서 논의한다는 것은 무의미하다. 실제 과거 경험이나 현실에 있어서 이러한 효과조차도 경제개발 전략과 한몸을 이루고 있고 특히 한국의 경우 이러한 특징이 더욱 뚜렷이 나타난 점을 볼 때 이는 분명해진다.

따라서 결론적으로 한국의 경제성장은 환경오염을 대가로 이루어진 것이라고 단정을 내릴 수 있다. 다음 표는 위의 사실을 보여준다. 이것은 오염물질의 배출량이 국민총생산보다 더 빠른 속도로 증가했음을 보여준다(〈표 1.2〉). 결국 한국의 경제개발 계획의 결과로 이룩한 경제성장은 환경오염을 대가로 한 것이었다.

〈표 1.2〉 오염물질 발생량 변화와 경제성장효과 (단위: 톤, %)

오염물질	80년 발생량	86년 발생량(A)	증가율(%)	경제성장효과(B)	A-B
특정산업폐기물	1,053,321	2,107,827	100	1,728,499	379,328
일반산업폐기물	10,081,537	18,947,019	87.9	16,543,802	2,403,218
BOD	1,047,847	1,774,706	69.4	1,719,517	55,189
COD	896,061	1,571,350	75.4	1,470,436	100,913
황산화물	421,890	696,127	65.0	692,321	3,805
부유 분진	290,951	512,257	76.1	477,450	34,807
질소산화물	135,706	227,910	67.9	222,693	5,218
일산화탄소	38,547	67,321	74.6	63,255	4,066
탄화수소	75,966	118,048	55.4	124,661	-6,613

자료: 이정전, 신의순, 앞의 책, p.67.

---

17) 정현제, 앞의 글, p.83.

2. 한국의 경제성장과 국민복지와의 관계

복지의 뜻은 행운, 행복, 번영의 의미와 동일하다. 그러나 복지는 행복의 상태라기보다는 오히려 행복을 고려한 행동의 의미를 지니고 있다. 이러한 행복의 상태는 인간이 자기의 물질적 요구를 해결할 수 있고 자기의 정신적 열망을 충족시키는 사회적 노력이라고 할 수 있다.18) 따라서 사회복지라 하면 일반적으로 포괄적인 의미로 쓰인다. 이러한 사회복지는 경제성장과 밀접한 관계를 가진다. 왜냐하면 경제성장은 우선적으로 인간의 기본적인 욕구인 물질적 욕구(의, 식, 주)를 충족시켜 주기 때문이다. 그러나 절대빈곤을 해결한 후의 인간의 복지란 물질적 욕구를 넘어서서 보다 차원 높은, 예를 들면 생활 질의 향상, 정신건강 등을 요구하게 된다.

이러한 이유 때문에 경제성장과 복지 간의 관계를 이해하기 위해서는 이에 대한 보다 자세한 논의가 필요하다. 경제의 성장속도와 사회복지 수준의 증가속도 사이에는 많은 차이가 존재하는데 졸로타스는 그 원인을 두 가지 측면에서 설명한다.

첫째는 소비주의(consumerism)이다. 인간의 욕망(wants)은 선천적인 것과 사회적으로 조건지어진 상대적인 욕망이 있다. 전자는 주로 의식주에 관한 것인데 이러한 욕망은 경제성장 과정에서 충족된다. 일단 이러한 조건들이 충족되면 계속되는 경제성장은 사회의 기회를 효과적으로 확장시키고 사회복지를 증진시킨다. 그러나 인간의 선호(preference)는 광고(advertising)나 경쟁(emulation)을 통해서 계속 바뀌고 확장되기 때문에 상대적으로 느끼는 빈곤감은 커지게 되며, 이는 결국에 인간의 욕망을 계속적으로 확장시킨다.19) 이를 인간의 물적 행복이라 본다면 다음과 같이 표현해 볼 수 있다.

---

18) 김영모 외, 〈현대사회복지론〉, 한국복지정책연구소출판부, 1991, p.3.
19) Zolotas, 앞의 책, pp.8~12.

행복＝물적 소비 / 욕망

즉, 행복을 증진시키는 길은 물질의 증대, 욕망의 억제, 그리고 동시에 두 가지를 달성하는 방법 등으로 3가지가 있을 수 있는데, 여기서 문제시되는 것은 경제성장에 따른 물적 소비가 늘어나더라도 상대적으로 욕망이 무한정 확장된다면 우리가 느끼는 물질적인 행복은 감소할 수밖에 없다는 점이다.[20]

둘째는 경제성장의 결과로 나타나는 광범위한 현상들로서 자원의 낭비와 교통혼잡, 환경오염 등으로 인해 발생하는 시간의 손실 및 생활 질의 파괴를 들 수 있다. 이러한 현상들은 모두 경제성장비용을 의미하며 경제성장의 양적 효과를 상쇄시키게 된다. 이에 대한 적절한 대책이 마련되지 않을 경우에는 결국에 가서는 생태계를 교란시키게 된다. 이러한 사회적인 현상들은 정신건강에도 해로운 영향을 미치기 때문에 사회적 비용의 측면에서 아주 중요한 요인이 된다.

따라서 경제성장이 이루어지고 더 많은 재화를 생산하는 것이 더 나은 생활을 반드시 가져다주지 않는다는 사실은 대체로 사회적으로 인정되는 바다. 이러한 점으로 볼 때 사회복지와 경제성장 간의 관계는 한 사회의 발달단계와 연계되어 파악되어져야 한다.

이러한 논의는 다음의 경제성장단계 모형을 통해 설명될 수 있다.[21]〈그림 1.1〉

---

20) 송병락, 앞의 책, p.105.
21) Zolotas, 앞의 책, pp.14~20.

〈그림 1.1〉 GNP와 사회복지와의 관계(자료: Zolotas, 앞의 책, p.16)

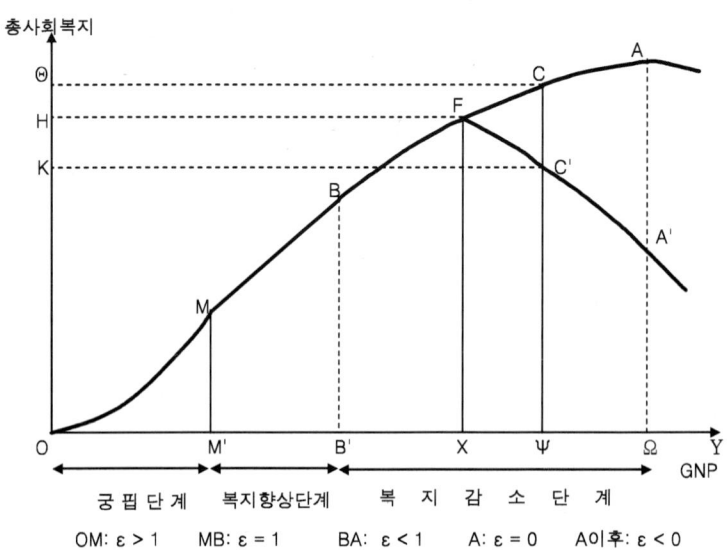

OM: ε > 1   MB: ε = 1   BA: ε < 1   A: ε = 0   A이후: ε < 0
(ε : 소득에 대한 복지탄성치)

위 그림에서 산업화 초기단계(OM)인 궁핍화 사회(the society of pri-vation)는 절대적인 빈곤으로 인해서 국민소득의 증가는 곧 사회복지를 증가시키는 것을 의미하게 된다. 이때는 경제성장 변화에 대한 사회복지의 탄성치가 1보다 크다. 그러나 절대빈곤이 경제성장으로 인해 점차 충족되면서 그 중요성이 감소되기 때문에 사회복지의 증가율이 낮아지게 된다. 이러한 추세는 정상적인 성장이 일어나는 사회단계(Society of steady improve-ments)인 MB를 지나 B점에 이르러서 소득증가에 대한 사회복지 증가율이 감소하기 시작해서 A점에 다다라 제로(0)가 된다. A단계는 고도의 산업화된 나라의 경제로서 경제성장에 대한 사회적 편익이 사회적 비용과 같아지게 된다. 그리고 A점 이후에는 과거의 경제성장 수준을 유지시키는 노력이 경제복지 변화에 마이너스(-) 영향을 끼친다. 따라서 이때의 경제성장에 대한 사회복지의 탄성치는 마이너스(-)가 된다.

경제성장과 사회복지와의 관계에 대한 위의 설명은 이론적이며 실제로는 몇 가지 중요한 요인들의 변화에 의해서 그래프 상에서 다른 경로를 보인다. 이러한 변수들이 F점에서 작용을 하게 되는데, 그 이후 경제성장은 소득분배 구조의 변화, 삶의 질 저하 등으로 인해 사회복지와 복지의 경제적인 측면을 파괴시키게 된다. $C'A'$의 경로를 통해 볼 때 GNP가 상승한다 해도 총 사회복지는 계속적으로 감소한다는 점을 알 수 있다. 이는 두 가지 측면에서 의미를 가진다. 첫째는 부유한 사회는 감소되는 사회복지단계에 있으며 GNP 성장에 따른 복지의 경제적 측면에서의 향상은 감소되다가 제로(0)가 된다. 둘째는 경제성장의 선두단계에서 나타나는 중요한 변화영향을 고려하면 복지의 경제적 측면의 최적수준에 이르기 전에 총 사회복지에서는 정체 또는 마이너스(-) 변화가 일어난다.

이러한 설명을 토대로 볼 때 경제성장이 곧바로 사회복지 수준의 향상을 의미하지 않는다는 사실을 알 수 있다. 즉, 경제성장과 사회복지 간의 관계를 설명하기 위해서는 한 나라 경제의 발달과정의 단계가 어떤 상황에 와 있는가 하는 점에 주안점을 두어야 한다. 절대빈곤을 벗어났다고 판단되는 한국의 경제상황과 사회복지에 관한 논의 또한 이러한 이해를 반영해야 한다.

복지는 상당히 포괄적인 개념으로 성장, 안정은 물론 형평 및 생활의 질 등 모든 근본 경제문제와 긴밀한 관계가 있으므로 경제학자들이 가장 중시하는 개념의 하나이다. 이에 대한 구체적인 의미와 다른 문제와의 관계를 가장 체계적으로 밝힌 경제학자는 브론펜브렌너(Martin Bronfenbrenner)와 야수바(Yasukichi Yasuba)인데 이들은 "일본의 경제복지"라는 유명한 글에서 복지의 구성요소를 다음과 같이 6가지로 밝히고 있다.[22]

① 1인당 GNP에 의해 추정되는 현재의 생활수준이다. ② 예상되는 장래의 생활수준으로서 예상되는 1인당 실질 GNP 증가율에 의해서 측정된다. ③ 현재의 소득이나 과거에 축적된 소득인 부가 연령, 직업, 성별, 기능, 지역

---

22) 송병락, 앞의 책, pp.655~656.

등의 기준으로 볼 때 어떻게 분배되어 있으며 또한 어떻게 분배되어야 하는 가가 복지를 결정한다. ④ 생활수준의 안전보장이다. 국민의 생활은 단기적 인 경기변동으로 파동을 겪거나 장기적인 기술변화에 따라 가구주의 직업을 잃게 되어 환란을 치르거나 석유파동 등 해외충격에 따라 심한 파동을 겪어 서는 안 된다. ⑤ 생활수준이 심신의 건강을 촉진하는 방향으로 이루어지느 냐의 여부이다. 여기에는 생활수준의 향상에 따른 산업재해, 교통사고, 환경 오염, 범죄의 증가, 도덕의 타락 등이 있다. ⑥ 생활수준과 자유와의 합치여부 이다. 생활수준의 향상은 국민이 더 많은 자유를 누리는 방향으로 전개되어 야 한다.

이 중에서 ①과 ②는 경제성장을 그리고 ④는 경제안정과 관련된 복지이 다. ③은 형평의 문제이고 ⑤와 ⑥은 생활의 질 문제이며, 이 중 ⑥은 정치 와 관련된 문제이다. 이처럼 복지는 포괄적인 내용의 범위를 가진다.

그러나 본 절에서는 전술한 바 있는 졸로타스의 2가지 논의에 초점을 맞 춰, 즉 경제의 절대적인 성장에도 불구하고 상대적으로 느끼는 빈곤문제 차 원에서 ③ 소득분배의 문제를, 그리고 경제성장 결과로서 나타나는 광범위한 피해의 한 범주로서 ⑤ 환경문제와 관련된 생활의 질 문제만을 논의의 대상 으로 한정한다. 또한 이 주제는 본 논문의 주제인 지속가능성경제복지지표 중 중요한 요인이기도 하다.

먼저 소득분배의 문제에 대한 것이다. 한국의 소득분배 상태를 십분위분 배율(DDR: deciles distribution ratio)로[23] 나타내면 다음 표와 같다 (〈표 1.3〉).[23]

---

23) 모든 가구의 소득의 크기에 따라 일렬로 나열한 다음 10등분(deciles)한다면, 소득수 준이 제일 낮은 10%의 가구를 제1십분위, 반대로 제일 높은 10%의 가구를 제10분 위라고 한다. 그리고 소득수준이 낮은 40%의 가구, 즉 제4십분위까지의 가구를 저소득 층, 제일 높은 20%의 가구인 제9분위, 제10분위의 가구를 고소득층, 그리고 그사이 의 40% 계층의 가구를 중산층이라고 한다. 이때 하위 40% 계층의 소득을 상위 20% 계층의 소득으로 나눈 것을 십분위배열이라고 한다(송병락, 앞의 책, pp.668~669).

〈표 1.3〉 한국 가구의 계층별 소득분포

	전 가구				농가 가구				도시 가구			
	1965	1970	1980	1988	1965	1970	1980	1988	1965	1970	1980	1988
하위 40%(A)	19.3	19.7	16.1	19.7	22.7	21.3	17.5	21.4	14.0	18.9	15.3	19.2
상위 20%(B)	41.9	41.6	45.5	42.2	38.0	38.7	42.2	37.6	46.9	43.1	46.9	43.7
십분위분배율(A/B)	0.46	0.47	0.35	0.47	0.60	0.55	0.41	0.57	0.30	0.44	0.33	0.44
지니계수	0.34	0.33	0.39	0.34	0.33	0.29	0.33	0.29	0.42	0.35	0.41	0.35

자료: 송병락, 앞의 책, p.670.

위 표에서 보면 한국의 불평등도는 도시부문의 불평등도가 농촌부문에 비하여 심한 편이며, 그리고 전체적으로 볼 때 소득분배의 변동이 많았던 것으로 나타난다. 또한 도시가계소득의 분배는 계속 低균등분배상태에 있었다.[24]

한국의 소득분배는 지니계수나 십분위배열로 볼 때 상당 정도 균등분배되어 있다.[25] 또한 한국의 소득분배에 관해서 지금까지 나온 실증연구를 보면 한국의 소득분배가 장기적으로 악화되는 경향이 없으며, 오히려 1980년대 이후에 와서는 소득불평등이 축소하는 경향이 있다고 보는 연구결과들이 제시되고 있다. 그러나 문제는 각종 여론조사에서 한국 사람들이 소득분배 문제를 가장 중요한 사회문제로 인식하고 있으며, 우리나라의 빈부격차가 심화되고 있다고 느끼고 있다는 점이다.[26] 이에 대해서 김대모(1991)는 토지, 주식, 분양아파트 등으로부터 나오는 자산이득의 규모를 소득분배에 반영함으로써 양자간의 괴리이유를 설명하였다. 즉, 그런 의미에서 한국의

---

24) 십분위배열과 균등도와의 관계는 다음과 같다.

$$DDR > 45.0\% \text{------고균등분배}$$
$$35.0\% < DDR < 45.0\% \text{------저균등분배}$$
$$DDR < 35.0\% \text{------불균등분배}$$

25) 송병락, 앞의 책, p.683.
26) 김대모, 앞의 글, p.327.

소득분배를 파악하기 위해서는 부와 재산소득에 주목해야 한다는 주장이다〔김동원(1988), 유종구(1989), 곽태원(1991)〕.[27]

결국은 요약하자면, 절대빈곤을 추방하는 것이 최우선 과제였던 과거 경제개발 초기부터 중반까지는 경제성장이 소득분배에 기여했으나 1980년대 이후부터 최근에 이르러서는 불평등도가 높아졌으며, 이 시기는 자본이득의 급증시기와 일치하고 있다. 이러한 점으로 보아 부와 재산소득을 포함한 소득분배상태의 평가는 각종 여론조사에서 나타난 주민들의 의견을 그대로 반영하고 있기 때문에 한국의 복지와 관련해서 중요한 의미를 가진다.

다음은 환경오염과 관련된 사회복지에 대한 논의이다. 한국에서 환경문제에 대한 관심이 급증하게 된 원인을 세 가지 측면에서 설명할 수 있다. 하나는 환경오염 자체가 심화된 것이요, 또 하나는 과학과 대중매체의 발달로 인해서 환경오염의 상태를 객관적으로 밝히고 알림으로써 주민들의 환경보전에 관한 의식이 높아졌다는 점이다. 그리고 마지막 하나는 고도의 경제성장으로 인해 절대적인 소득수준의 상승으로 이제는 생활의 질에 대한 관심이 증대하게 되었다는 점이다. 이러한 의미로 볼 때, 앞 절에서 논한 바 있는 한국 환경오염의 현황은 그 오염정도가 심각한 수준에 이르게 되어 국민의 복지상태를 현저히 위협하고 있다는 객관적인 사실의 측면에서 유용하다. 그러나 전술한 바대로 환경문제와 관련해서 국민이 느끼는 복지란 환경오염 자체가 심화되는 것뿐만 아니라 주민들이 이에 대해 어떤 인식을 가지고 있는가가 또한 중요하기 때문에 본 절에서는 환경오염현황에 대해 주민들이 주관적으로 느끼는 의식구조를 중심으로 알아보고자 한다.

1990년 대륙연구소가 시행한 "환경보전에 관한 국민의식 조사"에 의하면[28] 환경문제는 이미 국민들의 관심의 초점이 되고 있으며 경제성장문제 등과 같은 다른 분야와의 비교에서도 상대적으로 중요하다는 점을 보여주고 있다. 국민의 일상생활과 직접 관련된 여러 문제 중 가장 시급히 대책을 세워야 할

---

27) 김대모, 같은 글, p.333.
28) 대륙연구소, "환경보전에 관한 국민의식 조사", 1990.

과제로 첫째가 국민을 범죄로부터 보호하는 것이 47.3%, 그 다음이 환경
오염을 방지하여 쾌적한 삶을 누리게 하자는 의견이 41.5%로, 경제성장을
이루어 더 잘살게 하자는 의견인 20.6%를 훨씬 앞질러 범죄나 환경문제의
해결이 경제성장보다 더 중요한 문제임을 시사하였다(p.79). 이러한 의식의
연장에서 경제력과 환경보전에 대한 투자정도를 묻는 질문에는 환경보전을
위한 투자가 경제력에 비해 미흡하기 때문에 환경투자를 늘려야 한다는 지
적이 89.9%나 되었다(p.82).

다른 분야와의 상대적인 중요성에 대한 의견이 아닌 전반적인 생활환경
오염에 대한 인지정도를 묻는 질문에는 77.2%가 생활오염이 심각하다는
반응을 보였다(p.35). 이러한 환경오염으로부터 어느 정도 피해를 받고 있
느냐는 질문에는 아주 많이 받고 있다는 의견이 14.0%, 조금 받고 있다는
의견이 50.4%로서 피해가 없다는 응답인 17.9%를 크게 앞질렀다(p.43).

지금까지 살펴본 바와 같이 주민들의 생활의 질 향상에 대한 관심은 지
대하다고 볼 수 있다. 결론적으로, 한국의 사회복지의 경제적인 측면을 제외
한 여타 복지, 특히 환경문제와 관련된 복지수준은 환경현황에 대한 객관적
인 데이터로 보나 주민의식 조사와 같은 주관적 인지도로 판단해 볼 때 과
거보다 상황이 악화되었음은 주지의 사실이다. 경제성장단계로 볼 때, 한국은
절대빈곤의 추방이 최대의 과제였던 경제상황을 벗어난 지는 이미 오래되었
고 한국의 경제력은 전술한 대로 양적으로 커다란 발전을 이룩하였다. 이러한
성과와 함께 졸로타스의 경제성장단계와 사회복지와의 관계에서 살펴본다면,
한국의 경제성장은 소득분배구조, 환경오염, 교통혼잡 등의 사회적인 비용으
로 말미암아 그 성장률이 점차 줄어들고 있으며, 이에 따라서 사회복지 수준
또한 이미 하강 곡선을 그리고 있는지 모른다. 따라서 중요한 것은 이러한
발전단계에 있어서는 경제성장에 최우선으로 초점이 맞추어져 있었던 시대
의 경제지표에 대해서 새로운 물음을 제기해야 한다는 점이며, 이에 대한
답으로 새로운 복지지표 개발이 요청된다.

제3절
국민총생산(GNP)의 문제점과
경제복지지표 대두

1. 국민총생산의 유용성과 한계

1) 국민총생산의 유용성

GNP는 한 국가의 경제력, 국민의 생활수준 그리고 국방력 평가 등의 척도로 사용된다. 사실 GNP의 지속적인 증가는 기업가의 사업이나 정부의 소득분배 등 경제사회 문제의 해결을 용이하게 하므로 많은 사람들은 경제성장을 '만병통치약'으로까지 간주하고 있다. 특히 2차대전 이후 많은 후진국은 GNP 성장을 국가발전의 신조로 삼았으며 GNP의 증가를 경제적 및 정치적 승리로 간주하기까지 하였다. 한국이 1960년대에 성장제일주의를 채택한 것도 이와 같은 맥락에서이다. 그러나 GNP를 이러한 척도로 사용하는 데 있어서 몇 가지 문제점이 있기 때문에 이에 유의할 필요가 있다.[29] 이를 위해서 먼저 경제발전의 지표로서 가지는 GNP의 유용성에 대한 논의로부터 그 출발점을 삼고자 한다.

한 나라의 국민경제는 일정한 기간 동안에 여러 가지 재화와 용역을 생산한다. 생산된 각 품목이 판매되든 안 되든 간에(생산물의 일부는 그 기간 동안에 판매되지 않고 기간 말에 재고로서 보유될 수도 있다) 모든 품목에 대하여 시장가격을 매길 수 있으므로 우리는 최종생산물의 총량을 화폐단위로 측정할 수 있다. 따라서 GNP는 '일정기간 동안에 자국민에 의하여 생산된 최종생산물의 시장가치에 대한 총액'이라고 정의할 수 있다.[30]

---

29) 송병락, 〈한국경제론〉, p.394.

이러한 개념의 GNP는 3가지 측면에서 유의성을 논의할 수 있다.[31]

첫째는 경제성장지표로서의 GNP이다. 일국의 GNP 크기 및 그 변동은 그 나라 경제활동의 수준 또는 경제성장률을 측정하는 데 매우 좋은 지표가 된다. 일국의 경제활동 수준은 곧 생산 및 고용에 의하여 측정될 수 있는데 이들은 모두 GNP와 밀접한 관련이 있다. GNP가 증가한다는 것은 거의 모든 경우 실질생산과 고용이 증가하고 있다는 것을 의미한다. 따라서 GNP 의 증가는 경제성장의 지표로 사용될 수 있다.

둘째는 국민소득지표로서의 GNP이다. 최종생산물의 가치는 생산에 참여한 사람들에게 요소소득의 형태로 배분된다는 의미에서 국민소득 수준을 나타내는 지표로 사용할 수 있다. 물론 국민에게 귀속될 소득을 보다 정확히 측정하기 위해서는 감가상각을 공제해야 하고, 반대로 정부부문에서 민간부문인 가계나 기업으로 흘러 들어오는 보조금은 가산해야겠지만 GNP의 변화에서 이들의 변화를 충분히 유추할 수 있는 점, 그리고 감가상각, 간접세, 보조금 등을 측정하기 어렵다는 현실적인 문제점 등 때문에 국민소득지표로서의 GNP가 가장 널리 사용되고 있다.

셋째는 경제복지지표로서의 GNP이다. 경제학에서 논의되는 복지는 추상적인 만족도가 아니고 소비량이 많으면 복지가 증가한다고 본다. 따라서 GNP가 증가하면 산출량과 소비량이 그만큼 증가하기 때문에 GNP와 국민복지는 정(+)의 상관관계를 가지고 있다고 볼 수 있다. 이러한 이유로 해서 GNP는 불완전하긴 하지만 국민복지지표로서 사용할 수 있다.[32]

이상에서 제시한 GNP의 유용성 중에서 주목해야 할 사항은 경제복지지표로서의 유용성에 관한 것이다. 왜냐하면 이에 대해서 많은 논자들의 반론이 있으며, 일반적으로 GNP의 한계를 논할 때도 국민복지지표로서의 의미

---

30) 조순, 〈경제학 원론〉, 1990, P.374. GNP의 정의에 대한 보다 자세한 내용은 조순 경제학원론(1990)의 pp.374~375를 참조하고, GNP의 결정원리와 결정요인에 대한 내용은 송병락의 한국경제론(1993) 제10장에 이해하기 쉽게 설명되어 있다.

31) 조순, 같은 책, P.382.

32) 황해두, 〈거시경제학〉, 무역경영사, 1991. p.45.

를 말하기 때문이다. 그럼에도 불구하고 熊谷尙夫는 "GNP 혹은 국민소득의 개념이 어떤 전제하에서 국민의 복지 내지 후생에 대하여 의의를 가질 수 있다는 것은 케인스 이전에 이미 밝혀져 있었던 것으로, GNP와 국민소득이 국민 생활의 복지에 관계없는 것이라고 생각하는 것은 잘못이다"라고 말한다. 국민소득을 경제적 복지지표로서 파악한 국민소득론은 피구에 의해서 제시된 견해이다. 그에 의하면, 국민소득은 "어느 일정기간에 재산을 감소시키지 않고 소비 또는 투자에 돌릴 수 있는 실질적이라고 생각되는 경제재의 흐름"이라고 정의하고 있다. 여기에서 '실질 국민소득'이라는 것은 '모든 순수하게 제도적, 화폐적 및 가격상의 변화에 대하여 불변이어야 하는 것'을 의미하는 것으로서 시장 메커니즘이 그 본래의 역할을 커다란 결함 없이 완수했던 시대를 배경으로 할 때 나름대로의 의미를 가진다.33)

결국 국민소득은 교환경제에 맞는 개념으로서 시장기구가 철저할수록 그 사회의 경제활동은 최대한 시장에 의해 포착되기 때문에 국민소득의 크기가 경제적 복지의 지표가 된다고 하는 사고방식도 성립하기 쉬워진다. 피구가 국민소득을 경제적 복지의 지표로 간주한 데는 이러한 근거에 바탕을 둔 것이며 熊谷尙夫의 주장 또한 이의 전통 위에 선 것이다.34)

논란의 여지는 있지만 GNP는 이러한 유의성 때문에 일국의 경제발전의 수준을 측정하는 지표로 널리 이용되어 왔으며 GNP 성장은 경제성장을 의미하게 되었다. 그러나 이러한 유의성과 많은 활용성에도 불구하고 GNP는 경제발전지표로서 한계를 가지며 특히 국민복지를 나타내는 지표로서의 GNP의 한계에 대한 문제는 꾸준히 제기되어 왔다.

2) 국민총생산의 한계

GNP가 한계를 가진다라고 말할 때 그것은 보통 GNP를 복지의 지표로서 사용하는 것의 한계라는 의미로 받아들여진다. 小宮隆太郎은 "GNP라든

---

33) 都留重人, 조홍섭 역, 〈공해의 정치경제학〉, 풀빛, 1983, pp.93~94.
34) 都留重人, 같은 책, p.95.

가 국민소득은 원래 한 나라의 경제활동 혹은 생산 소비 투자의 수준을 나타
내는 지표로서 애초부터 경제복지의 지표, 더구나 사회복지 지표로서의 의의
는 매우 한정된 것이다. 그런 것은 경제학의 상식일 것이다"라고 말한다.35)

　이러한 견해가 대두되는 근거는 케인스의 유효수요론의 등장과 함께 시작
된다. 케인스는 유효수요의 표현으로서 집계적(集計的)인 국민소득 개념을
사용하였다. 이것은 국민소득을 경제적 복지의 지표로서 생각하지 않고 주
로 그것이 고용수와 비례해서 움직인다는 점에 주목했던 것이다. 실업을 없
애는 것이 최대의 과제였던 당시로서는 그런 의미에서의 복지적 의의가 국
민소득의 확대라는 목표에 대하여 인정되었다고 할 수 있다.36)

　그렇다면 GNP는 구체적으로 어떤 한계점을 가지는가? GNP는 시장에서
거래되는 최종생산물과 서비스만 계상하기 때문에 시장 외 거래를 나타낼 수
없으며 환경오염, 교통혼잡, 불평등의 심화 등으로 인한 생활의 질 감소를
적절히 반영하지 못하고 있다. 또한 환경오염 손실의 비공제와 방어적 지출
(defensive expenditures)로 인해서 이중적인 계산문제가 일어난다. 이
러한 모든 한계들은 국민의 복지수준과 직결되어 있다. 이 중 많은 내용이
환경문제와 밀접히 관련되어 있으며 따라서 이에 대한 자세한 논의는 본 연
구의 출발점으로서 매우 중요한 의미를 갖는다.

　GNP가 국민의 복지수준을 측정하는 수단으로서 가지는 한계는 다음 몇
가지로 요약된다.37)

　① 시장거래가 되지 않는 생산물의 가치를 반영하지 못한다. 이에 대한
대표적인 것은 가사노동을 들 수 있다. 가정주부가 가족을 위해서 하는 집
안청소, 식사준비, 빨래, 육아(育兒) 등의 서비스 가치는 국민의 의식주 생
활과 직결되어 있다. 따라서 이러한 가사노동은 국민복지에 매우 중요함에
도 불구하고 GNP에 계상되지 않는 반면 똑같은 일이 음식점이나 세탁소,

---

35) 都留重人, 같은 책, p.93.
36) 都留重人, 같은 책, pp.97~98.
37) 송병락, 〈한국경제론〉, pp.394~398.

탁아소 등에서 이루어진다거나 가정부에 의해서 행해졌을 때에는 GNP가 증가한다. 이와 같이 화폐화(monetization)의 증가는 생산물의 양적 증가 없이도 GNP가 증가한다. 그런데 이러한 화폐화의 경향은 선진국으로 갈수록 증가하여 후진국의 GNP는 선진국의 GNP에 비해 상대적으로 과소평가되어 있다.

또 하나의 중요한 예로서 천연자산을 들 수 있다. 예를 들면, 삼림은 산소의 공급, 물의 함양, 이산화탄소의 흡수능력, 토양유실의 방지 등 생태계상 매우 중요한 역할을 수행함에도 불구하고 이러한 천연의 가치는 시장활동과 무관하기 때문에 GNP에 전혀 고려되지 않으며, 대신 이러한 삼림으로부터 수목을 베어내어 목재로 만들었을 때는 그 가치가 시장기구에 의해 측정된다. 그러나 산림의 기능은 후자보다는 오히려 천연상태로서 인간에게 주는 혜택이 더욱 중요하다는 것은 상식적인 일이다. 따라서 천연자산은 비시장거래 자산으로서 국민복지와 관련하여 매우 중요한 의미를 가진다.

② 여가시간을 반영하지 못한다. 같은 GNP를 생산하기 위하여 얼마나 많은 시간을 들여 일을 했는지에 대한 것은 전혀 고려되지 않는다. 근무시간이 줄어들고 이에 따르는 여가가 많아질수록 GNP는 줄어들지만 인간의 복지수준은 올라갈 것이라는 것은 자명한 문제이다.

③ 외부불경제로 인한 환경오염 등을 계상하지 않는다. 환경의 파괴, 도시의 인구집중, 교통혼잡 등의 정신적 물질적 대가를 지불하고 얻어지는 물질적인 생산은 계상하고 있으나 이와 같은 외부불경제로 인한 효용의 감소는 공제하지 않고 있다. 이러한 현상들은 오히려 GNP를 증대시키는 요인으로 작용한다. 따라서 GNP는 외부불경제로 인해 감소된 복지만큼 국민의 복지를 과장하고 있다.[38]

④ 생산품의 질적인 향상은 국민의 복지를 향상시킨다. 내구재의 수명이 길어지고 편리성이 증대되며 성능이 우수한 공산품은 생활에 직접적인 편익

---

38) 조순, 앞의 책, p.385.

을 제공하게 되지만 GNP는 이를 전혀 나타낼 수 없다.

⑤ GNP는 비용과 편익을 구분하지 않는다. 홍수통제, 공해방지, 의료보건, 치안유지와 국방 등은 복지의 현상유지, 원상회복, 감소를 초래하는 사태를 방지하기 위한 행위이다. 따라서 이러한 오염방어지출(defensive expenditures) 또는 중간재적 성격(intermediate nature)이나 교정적 성격(corrective nature)의 공공지출부문은 사회적인 편익이 될 수 없으며 따라서 비용으로 간주해야 된다. 그럼에도 불구하고 이것은 GNP 증가 요인으로 작용하는 것은 국민복지에 대한 올바른 평가가 되지 못한다.

⑥ 소비의 수준은 국민의 생활수준을 나타내며 따라서 소비증가는 복지를 증가시킨다. 그러나 GNP는 국민의 소비량을 적절하게 나타내 주지 못한다. GNP는 경제 전체의 생산물의 총계이고 정부소비, 기업투자, 수출입, 감가상각 등을 모두 포함함으로 국민이 다 소비할 수 있는 것이 아니다. 실제로 GNP 중에서 국민의 소비지출은 1990년의 경우 65%에 불과했다. 따라서 보다 국민의 복지에 충실히 반영하기 위해서는 민간소비량을 기본 숫자로 그 출발점을 삼아야 한다.

⑦ 소득의 불평등이 클수록 국민의 복지는 감소하게 된다. 그러나 GNP는 이러한 소득분배상태를 잘 반영해 주지 못한다.

3) 국민총생산과 환경문제

GNP의 한계점을 더욱 뚜렷이 부각시키게 된 계기는 역시 환경문제가 심각해지기 시작하면서부터 마련되었다. 따라서 특히 환경문제가 국민총생산을 어떻게 과장시키고 있는가에 대한 보다 심도 있는 논의가 필요하다.

먼저, GNP의 계산방법인 최종생산물접근법(final product approach)의 한계와 관련되어 나타나는 GNP와 오염물질 배출량과의 관계를 들 수 있다. GNP란 일정기간 동안 국민경제가 생산한 모든 '최종생산물'의 총액을 의미하기 때문에 각 산업부문이 생산한 것 중에서 각 가정, 정부, 외국 등 최종소요부문에 판매한 재화나 용역들의 총액을 나타낸다. 그런데 산업부문에서 배출되는 환경오염물질은 최종재뿐 아니라 중간재의 생산까지 합친 전체 생산과정에서 발생한다. 그러므로 GNP로서의 국민총생산에 직접 결부된 환경오염물질의 배출량은 산업부문 전체에서 배출된 환경오염물질의 배출량보다 훨씬 적게 된다.[39] 따라서 경제성장과 관련하여 발생하는 산업부문의 공해 배출량은 최종재와 중간재를 포함한 산업부문 전체에서 배출된 환경오염물질의 총배출량으로 파악되어야 한다.[40]

둘째는 환경오염으로 발생하는 피해에 대한 비용을 고려하지 않는다는 점이다. GNP가 일정기간 동안 경제활동 결과로 생산된 소득의 양을 의미한다면 이 과정상에서 발생되는 각종 환경오염과 손실은 비용으로 공제해 주어야 한다.[41]

셋째는 방어적 지출에 대한 이중계산문제이다. 환경을 오염시켜 놓고 이것을 다시 원상태로 돌려놓기 위한 투자는 새로운 소득의 창조도 아니고 새로운 후생이 증가한 것도 아니다. 그러나 GNP 계산 과정에서는 환경오염이 증가함에 따라 늘어나는 방어적 지출을 상당부분 GNP에 포함시키게 된다.[42] 독일은 환경보호와 환경오염제거를 위한 환경지출이 1970년 대비 1985년에 GNP의 5~10%로 증가했는데 이것의 대부분이 GNP의 성장으로 계정되었다.[43]

넷째는 자연자본에 관한 것이다. 산림, 수산자원, 토양, 지하수 등 재생산가능자원의 스톡은 자본재와 같은 역할을 한다. 자연자원과 관련된 경제활동은 이들 자본재를 이용하여 소득을 창출한다. 그런데 문제는 다른 인공자본재와는 달리 국민소득계정에 포함되지 않아 자연자본의 잠식이 소득으로

---

39) 이정전, 신의순, 앞의 책, p.49.
40) 정현제, 앞의 글, p.77.
41) 오호성, "경제성장과 녹색 GNP", 아산사회복지사업재단, 〈현대산업사회와 환경문제〉, 제5회 심포지엄(1993), p.21.
42) 오호성, 같은 글, p.21.
43) The International Herald Tribune, 1990 / 12 / 10(오호성, "Green GNP 연구의 현황과 과제", 환경경제학회, 〈환경경제연구〉, 제2권 제1호(1993. 봄) p.5).

계산되고 있다는 점이다.44)

지금까지의 논의에서 살펴본 바와 같이 GNP는 그 유용성 때문에 정책
결정의 강력한 지표로 사용되어 왔지만 한편으로는 국민의 복지수준을 적절
히 반영하지 못한 결점 때문에 오래전부터 이러한 한계를 보완하려는 시도들
이 있어 왔다. 전술한 대로 역사적으로 볼 때 특정한 배경 속에서 구체적인
의미를 부여받아 왔던 국민소득 개념은 이제 새로운 역사적인 요구에 직면해
있다. 과거 20여 년 전부터 GNP에 대한 한계는 경제복지 측면에서 문제
가 제기되어 왔고 특히 오늘날의 환경문제는 이러한 노력에 가장 강력한 명
분을 제공해 주었다.

2. 경제복지지표의 발달과정

경제복지지표 개발의 근원은 힉스의 소득개념으로부터 찾을 수 있다. 힉스
(J. R. Hicks, 1948)의 저서인 「가치와 자본(Value and Capital)」에
나오는 소득개념을45) 국가 차원에서 그리고 일 년의 기간 중에서도 동일하

---

44) 오호성, 앞의 글, p.22.
45) 힉스는 그의 저서에서 소득개념을 다음과 같이 표현한다. "실질적인 일로서 소득을
계정하는 목적은 사람들 자신들이 쪼들리지 않으면서 소비할 수 있는 양이 얼마인지
를 사람들에게 가르쳐 주기 위함이다. 만약 이러한 생각을 실행에 옮긴다면, 한 사람
의 소득은 일주일간 그가 소비할 수 있는 최대의 가치로서 정의되어야 하며 그리고
일주일 중 마지막 날에도 여전히 처음과 같이 잘살 수 있기를 기대할 수 있어야 할
것 같다. 그래서 사람들이 저축할 때는 장래에 잘살 계획을 세우는 것이며, 반면에
소득 이상의 생활을 할 때는 가난해질 작정을 하는 것이다. 소득의 실질적인 목적이
신중한 행동에 대한 안내자로서 역할을 한다는 것을 기억한다면, 내 생각에 이것이
중심적인 의미가 되어야 한다는 것은 상당히 명확하다."〈1948, p.172〉(Herman E.
Daly and John B. Cobb, Jr., 1989. *For The Common Good: Redirecting
the Economy toward Community, the Environment, and a Sustainable
Future*, Beacon Press, p.70에서 재인용.

게 적용해 본다면 소득은 단순히 이론적인 개념이 아니라 궁극적으로 궁핍하지 않으면서 한 국가가 소비할 수 있는 최대한의 양으로 이르는 실제적인 경험법칙(rule of thumb)이 된다.[46] 즉, 소득개념은 '개인이나 개별 국가가 일정기간 최대한 양을 소비할 수 있으면서 그 기간의 초기상태와 같이 말기에도 여전히 잘살 수 있게 되는 양'이다. 따라서 힉스의 소득개념은 최대한의 지속가능한 소비(maximum sustainable consumption)와 같다.[47] 소득의 특성에 대한 가장 중요한 정의는 '지속가능성(sustainability)'이다.

힉스의 소득개념(HI)은 순국민소득(NNP), 방어비용(DE), 천연자원의 감모분(DNC)을 이용해서 다음과 같이 표시할 수 있다.[48] 따라서 힉스의 소득개념(HI)은 순국민소득(NNP), 방어비용(DE), 천연자본의 감모분(DNC)을 이용해서 다음과 같이 표시할 수 있다.

$$HI = NNP - DE - DNC$$

그러나 힉스의 소득개념은 '지속가능한 소득'이라는 보다 새로운 개념을 도입함으로써 소득과 복지와의 관계를 높이기는 했지만 직접적으로 경제복지를 나타내 주지는 못했다. 그래서 GNP가 복지지표로서 가지는 한계를 보

---

46) Daly and Cobb, 앞의 책, p.70.

47) F. Archibugi, P. Nijkamp, 1989. Economy and Ecology: Towards Sustainable Development, Kluwer Academic Publishers, pp.79~80.

48) 국민순생산(NNP: Net National Product)은 GNP에서 감가상각을 뺀 것으로서 일정기간 동안에 생산된 순국민생산의 총액이다. 따라서 NNP야말로 적어도 개념상으로는 GNP보다 엄밀한 국민소득 개념이라고 볼 수 있다. 그러나 NNP는 '지속가능한 소득'의 개념으로써 사용하기에는 몇 가지 한계를 갖는다. 하나는 인공자본의 소비는 지속가능하지 않기 때문에 소득으로 취급하지 않고 감가상각이라는 명목으로 공제해 주는 반면, 고갈성 천연자본의 소비는 지속가능성에 매우 중요한 의미를 가지고 있음에도 불구하고 소득에 포함된다는 것이다. 또 하나는 원치 않은 외부효과로부터 우리를 보호하기 위해 투입된 방어비용(defensive expenditures)은 중간 소비의 성격을 가지는데도 최종소비로 간주하고 수입에 계상된다는 점이다(F. Archibugi, P. Nijkamp, 같은 책, pp.79~80).

다 완전하게 하기 위해서는 GNP로부터 복지와 관련된 경제복지지표 (MEW)로 나아가야 한다.[49)

힉스의 소득개념을 출발점으로 해서 경제복지지표가 구체적으로 지표화되었다. 노드하우스와 토빈(Nodhaus ank Tobin)은 경제복지지표(MEW: Mesure of Economic Welfare)를 개발하였다(1972). 그러나 이들이 MEW를 개발하게 된 목적은 포괄적인 사회복지지표의 개발을 주장하기 위해서가 아니고 경제가 사회복지에 긍정적으로 기여한다는 것을 확증해 주는 지표를 개발할 수 있다는 것이 여전히 가능할지도 모른다는 것이었다. 이러한 목적 때문에 GNP는 자신들이 고안하는 도구가 필요 없을 정도로 경제복지와 충분히 관련성이 있음을 설명하였다. 이러함에도 불구하고 이들은 새로운 지표인 MEW에서 'GNP와 MEW의 차이를 더욱 분명하게 보여주는 시도'를 하였다. 이들은 GNP를 출발점으로 해서 3가지를 조정하였다. 첫째는 GNP 지출을 소비, 투자, 중간재로 나누었다. GNP는 생산의 지표이며 반면 경제복지는 소비의 문제이다. 또한 자본재로서 모든 내구재를 고려했으며, 더욱 중요한 것은 정부 자본을 공제하고 교육과 의료비용을 자본투자로 재분류하였다. 그리고 통근비용, 경찰서비스, 위생서비스, 도로유지 보수, 국방에 지출된 비용은 복지에 기여한다기보다는 어쩔 수 없이 지출해야 할 것(regrettable necessities)으로 간주하고 이만큼을 공제해야 하는 것이다.[50) 둘째는 자본서비스, 여가 그리고 비시장활동인 가사노동을 계정하는

---

49) Daly and Cobb, 앞의 책, p.64.
50) 이에 대해 Denison과 Jaszi의 견해는 다르다. 어쩔 수 없이 지출하게 되는, 또는 방어적 비용(regrettables or depensive expenditures)은 최종소비로 계정되어야 하며 또한 모든 지출은 기본적으로 방어적이라고 주장한다. 식품비는 배고픔에 대한 방어, 옷과 주거비용은 추위와 비에 대한 방어비용 등, 그리고 심지어 교회에 지출되는 비용은 악마에 대한 방어비용이라는 것이다. 그러나 이러한 주장이 그럴싸할지 모르지만 '방어적(defensive)'의 의미는 환경의 기본적인 조건에 대한 방어가 아니다. 그것의 핵심은 다른 생산으로 인해 나타나는 원치 않은 부수효과에 대한 방어를 의미하는 것이다. 따라서 '방어비용(depensive expenditures)'은 다른 생산활동에 의해 야기되는 '어쩔 수 없이 꼭 필요한(regrettably made necessary)' 비용으로서 결국 생산비용으로 계산되어야 한다. 즉 최종생산물이 아닌 중간생산물로 계산

것이다. 셋째는 도시화로 인한 비쾌적성을 교정해 주는 것이다.[51]

그러나 이 복지지표 또한 문제점이 있다. 복지지표 내용 중에서 환경공해 (disamenities)로 인한 비용을 도시와 시골 사이의 근로자의 임금격차로서 추정하였다는 점이다. 즉 도시의 근로자와 시골 근로자 사이의 임금차액은 도시화와 같은 환경공해를 보상받기 위한 균형의 원리가 적용된 결과라고 보았다. 비록 임금격차로 환경공해를 GNP에서 고려하고자 하였지만 MEW의 보다 더 근본적인 문제점은 자연자원이나 자연환경의 감모분을 고려하지 않았다는 데에 있다.[52]

이러한 한계에 대해서 데일리와 콥은 MEW가 경제복지지표로서 지속가능성이 결여되어 있음을 지적하고 자신들의 경제복지지표 개발에서 이 결점들을 보완하였다.

노드하우스와 토빈의 경제복지지표를 바탕으로 일본에서는 1973년 시노하라 미요헤이 교수가 '국민복지척도(NNW: net national welfare)'라는 개념을 사용하여 1955~1970년간 일본의 국민복지상태를 측정한 바 있고, 카나모리 일본경제연구센타 회장은 이를 1975년까지 연장하여 추계한 바 있다.[53]

일본의 NNW는 GNP에서는 고려하지 않은 여가시간, 시장외활동, 환경오염 등이 중요한 복지요인이 된다. 그런데 중요한 것은 NNW에서는 현재의 복지를 증가시키는 것은 투자총액이 아니라 그로부터 당해연도에 발생하는 서비스이므로 장래보다 현재가 중시된다는 점이다. 따라서 NNW방식은 현재를 중시한 나머지 장래의 복지결정요인인 투자의 중요성을 과소평가하기 쉽다. 이러한 특징은 현재뿐만 아니라 장래에도 복지수준이 계속 높아질 수 있는 방향으로 투자가 지속되어야 한다는 점을 감안한다면 현재의 복지

해야 한다(Daly and Cobb, 앞의 책, p.78~79).
51) Daly and Cobb, 앞의 책, pp.76~78.
52) 유동운, 앞의 책, p.431.
53) 송병락, 앞의 책, p.704.

에 치중하는 NNW는 이에 대한 만족할 만한 답을 제시하지 못한다.

가장 최근에 개발된 경제복지지표는 크세노폰 졸로타스가 "경제성장과 사회복지 감소〈*Economic Growth and Declining Social Welfare, 1981*〉"에서 제시한 경제복지지표(EAW index)이다. 졸로타스는 노드하우스와 토빈과는 달리 더욱 뚜렷이 재화와 서비스의 현재 플로우(flow)에 초점을 두었으며 대부분 자본축적과 지속가능성 문제는 무시하였다. 또한 그는 1인당 복지가 아닌 총국민복지에서의 변화만을 고려하였다.[54]

GNP가 국민의 복지증진과 직접적인 관련이 없는 투자를 포함시키는 반면 EAW지표는 사회복지에 직접적으로 관련이 있는 민간소비를 기반으로 한다. 그 이유는 사회 각 개인에게 이용될 수 있는 기회가 많아지면 그 사회의 경제복지를 증가시키는 데에 그만큼 기여하기 때문이다. 소비 중에서도 총소비가 아닌 민간부문의 소비만을 기준으로 삼는 이유는 첫째로 공공지출을 중간적 성격(intermediate nature) 또는 교정적인 성격(corrective nature)으로 보기 때문이며, 둘째로 공공지출은 시민들의 공무원 월급을 포함하고 있는데 이것은 시민들에 의한 재화와 서비스에 대한 수요로서 민간부문에 많은 정도가 다시 나타나기 때문이다. 이러한 이유로 해서 EAW는 민간소비를 계산의 기본 틀로서 삼는다는 것은 정당하다.[55]

이처럼 EAW는 민간소비를 기본으로 한다는 점에서 MEW와 출발점에서 유사하다. 이러한 유사점 이외에도 여가와 가사노동을 고려하며 출근비용과 같은 '어쩔 수 없이 지출되는 비용'을 공제한다는 점, 그리고 내구성 소비재와 공공건물에 지출되는 비용은 공제하되 이로부터 나오는 서비스는 계산한다는 점 또한 유사하다. 그러나 많은 점에서 특징적인 차이점이 있다. ① 대부분의 교육지출비용을 소비가 아닌 투자로 다루며 투자는 복지의 한 요인으로 고려치 않는다. ② 광고지출비용 중에서 소비자에게 유용한 정보를

54) Daly and Cobb, 앞의 책, p.81.
55) Zolotas, Xenophon., 1981. Economic Growth and Declining Social Welfare, pp.44~46.

주는 부분이 절반 정도 된다는 가정하에 총 광고지출비용 중에서 절반 값만
을 공제해 준다. ③ MEW가 도시의 비쾌적성이라는 항목으로 환경피해를
간접적으로 다룬 반면 여기에서는 대기, 수질, 폐기물 오염에 대한 비용을
직접적으로 고려한다. 이 중에서 특히 민간부문의 지출을 중간적인 것으로,
공공부문의 지출을 최종적인 것으로 간주하고 민간부문만을 공제해 준다.
④ 보건의료비용은 공공과 민간지출 모두가 복지를 증진하는 것으로 보고
이를 플러스 요인으로 보는데 이 중에서 절반가량은 증대되는 환경적인 스
트레스로 인해 어쩔 수 없이 지출해야 하는 방어비용으로 간주하고 이만큼
은 계상하지 않는다. ⑤ 보다 중요한 것은 EAW는 자원고갈에 대한 숫자를
포함시킨 최초의 지표라는 것이다. 이러한 고려는 비재생자원은 가격 면에
서 장기적인 이자율과 위험 및 사용자비용에 대한 프리미엄(premium)을
합한 값과 같아지는 비율로 올라야만 한다는 정통경제학 관점에 바탕을 둔
것이다. 그러나 졸로타스는 이러한 점에 대해 많은 논란이 있음을 인정하고
결론을 내리는 데 있어서 이 점을 감안하여 자원고갈에 대해 고려했을 때와
고려치 않을 때로 구분하였다.[56]

전술한 EAW의 내용은 데일리와 콥이 '지속가능경제복지지표' 모형을 구
성하는 데 매우 중요한 영향을 미친다. 지속가능경제복지지표 모형은 그 구
성에 있어서 각각의 지표를 산출하는 기본 입장, 그리고 구체적인 산출방법
등에 있어서 졸로타스의 견해를 많이 반영하고 있다.

그렇지만 졸로타스는 노드하우스와 토빈과는 달리 더욱 뚜렷이 재화와 서
비스의 현재 플로우(flow)에 초점을 두었으며 대부분 자본축적과 지속가능
성 문제는 무시하였다. 또한 그는 1인당 복지가 아닌 총국민복지에서의 변
화만을 고려하였다(Daly and Cobb, 1989: 81). 따라서 이 점은 데일리
와 콥에 의해서 다시 보완되어 새로운 복지지표 개발에 중요한 근간을 이루
게 된다.

---

56) Daly and Cobb, 앞의 책, p.81.

  결국 지금까지 정리된 기존의 경제복지들은 나름대로의 유의성을 가지고 있으나 각각 독립적으로 사용해서 경제복지를 보다 올바로 반영하기에는 한계를 가지고 있다. 따라서 이런 지표들의 상호 장단점을 결합, 보완해서 보다 정교한 복지지표를 만드는 것이 중요한 과제로 남는다.

제4절
지속가능경제복지지표(ISEW)에 의한 한국 경제성장 평가

1. 지속가능경제복지지표(ISEW)의 대두

  지속가능성(Sustainability) 개념은 브런트란트 보고서(Brundtland Report, 1987)에 애매모호하게 정의되어 있다. 즉 "지속가능한 개발은 미래세대의 필요를 충족시킬 수 있도록 그들의 능력을 저해하지 않으면서 현세대의 필요를 충족시킬 수 있는 개발을 의미한다"[57]라고 되어 있다. 이 내용에는 2가지 중심개념이 있다. 그 하나는 '필요(needs)'의 개념으로서 특히 세계의 가난한 국가의 기본적인 필요를 의미하며 여기에 우선권이 주어져야 한다. 다른 하나는 기술과 사회조직의 상황에 의해 부과되는 한계의 개념

---

57) Sustainable development is development that meets the needs of the present without compromising the ability of future generations to meet their own needs(WCED, 1987. Our Common Future, Oxford Univisity Press, p.43).

인데, 이는 환경의 수용능력(carrying ability)에 바탕을 두고 있다.58) 이를 요약하자면, 경제성장을 지속시키되 환경이 지탱할 수 있는 한도 내에서 하자는 것인데 기본적인 필요충족이 최우선 과제인 빈곤한 자에게는 경제성장을 우선시할 수밖에 없으므로 이들을 위한 상호협력이 필요하다는 것이다.

그러면 경제개발과 환경보전의 통합개념인 '지속가능한 개발(ESSD)' 전략이 확립되기까지의 역사적인 과정을 논의해 보자.

자연환경의 한계성과 관련해서 제기한 경제성장에 대한 비판이 세계적인 관심을 불러일으키게 된 것은 60년대 후반부터라고 할 수 있다. 하딘(G. Hardin, 1968)은 "공공목장의 비극(The Tragedy of Common)"에서 '수용능력이라는 생태학적 법칙(ecological law of carrying capacity)'은 동물뿐만 아니라 인간에게도 적용되는 법칙'임을 주장하였으며, 또한 '구명선 윤리(lifeboat ethics)'를 통해 인구증가의 위험성을 경고하였다. 그리고 P. Ehrlich도 인구증가가 환경파괴의 기본 원인임을 제시하고 인구제로성장을 주장하였다. 이러한 신-맬서스주의의59) 전통은 1972년 로마클럽 보고서인 "성장의 한계"로 그 맥을 이어갔다. 이 보고서에 의하면 급속한 인구증가, 공업화, 식량부족과 자원고갈, 환경오염이 현재와 같이 계속될 때에는 경제성장은 곧 한계에 도달하게 될 것이라는 암울한 미래상을 제시하였다. 이러한 견해에 바탕을 둔 해결책이라는 것은 결국에 인구성장제로, 경제성장제로라는 극단적인 처방이며, 이러한 견해는 곧 경제성장과 환경보전 간

---

58) WCED, 1987. Our Common Future, p.43.
59) 신맬서스주의자란 맬서스의 '인구원리'-인구는 기하급수적으로 증가하고 식량은 산술급수적으로 증가한다-를 분석 방법으로 적용하여 사회현상을 보는 이론가들이다. 이들은 지켜야 할 자연법칙으로서 수용력(capacity)이라는 생태학의 법칙을 주장한다. 어떤 생태계에서 개체군의 규모는 식량과 기타 자원의 조건에 의해 임계점을 가지게 된다. 만일 개체군의 규모가 수용력의 한계를 넘게 되면 환경저항에 의해 개체군의 수는 감소하게 된다. 이러한 감소는 타의에 의해 비극적인 형태를 띠게 된다. 인구도 이러한 수용력의 법칙을 적용받으며 만일 인구가 수용력 이상으로 성장하게 되면 비참한 죽음-의식적인 산아제한, 기근, 질병, 전쟁 등등-이 나타날 것이다. 신맬서스주의자들은 이러한 이론에 입각해서 '강제적인 인구성장 정지론'을 역설하였다.(환경문제연구회, 〈환경문제〉, 서울대환경대학원, 창간호(1993.2), p.74.)

의 관계를 선택의 문제(trade-off)로 설정해 놓은 계기를 만들어 주었다.

이러한 흐름 속에서 개최된 1972년의 스톡홀름 회의는 최초의 국제환경 회의로서 경제개발을 환경보전과 조화시켜야 한다는 필요성을 인식하게 되는 계기를 마련하였다. 10년 후인 1982년에 UNEP회의에서 설치가 결정된 "환경과 개발에 관한 세계 위원회(WCED)"는 1987년에 "우리의 공동의 미래(Our Common Future)"를 발간하였다. 이 보고서에는 환경과 개발 간의 관계를 선택(trade-off) 아닌 조화라는 수준까지 끌어올렸으며 '지탱가능한 개발(sustainable development)'이라는 용어 속에 그 의미를 함축시켰다. 즉, 지속가능한 개발이란 미래세대가 자신의 필요를 충족시킬 수 있도록 그들의 능력을 저해하지 않으면서 현세대의 필요를 충족시킬 수 있는 개발이라는 것이다.60) 이 말은 경제성장으로 저개발국가들의 필요(needs)인 빈곤을 퇴치해야 하지만 환경의 수용능력하에서 활동이 이루어져야 한다는 의미로 경제개발과 환경보전을 통합하는 개념으로 평가받게 되었다. 이러한 개념 정의는 1992년 브라질 리우 회의에서 중심의제로 채택되어 Agenda 21에 각 환경분야별, 공통사항별 행동지침서로서 지속가능한 개발의 가속화를 위한 국제적인 협력과 각 개별 국가들의 구체적인 정책수단들을 제시하고 있다.61)

환경에 대한 관심은 경제학 내에서도 태동하여 환경경제학을 성립시켰다. 초기 환경경제학에 있어서 가장 중요한 성과는 볼딩(Boulding, 1966)에 의한 '우주선경제' 개념의 도입이라 할 수 있다. 볼딩은 경제계가 커다란 생태계의 하나에 불과하다고 지적하면서, 경제학자들이 전통적으로 채택하거나 사용하고 있는 기본개념이나 분석 방법을 완전히 뒤바꿔야만 한다고 주장하였다. 즉, 주류경제학자들은 환경계로부터 경제계로 유입되거나 경제계로부터 환경계로 유출되는 관계를 고려하고 있지 않은 채 경제계를 개방체계(open system)로 인식하고 있는 데 비하여, 그는 경제계가 우주선과 같이

---

60) WCED, Our Common Future: Oxford University Press, 1987, p.43.
61) 환경처, U.N 환경개발회의 합의문서, 1992.8.

폐쇄체계(closed system)로 운영된다는 것을 지적하였다.[62] 이러한 개념을 이용하여 새로운 환경경제를 특징지었으며 오염통제, 자원보존 등을 경제성장의 틀 속에 편입시킬 수 있었다. 이 새로운 경제개념에 따르면 경제성장을 측정하는 필수요인은 생산과 소비가 아니고 총자본량의 본질(nature), 정도(extent), 질(quality), 복합정도(complexity) 등이다. 이러한 체제는 내부에 인간의 육체와 정신을 포함해야 하며, 장래의 경제정책은 이 요인을 중요시해야 한다. 이의 뒤를 이어서 경제학자들은 고전적인 일반평형이론을 기초로 하여 폐쇄경제시스템의 이론적인 투입-산출 모형을 발전시켰다.[63]

지속가능한 개발개념은 많은 학자들에 의해서 경제학의 개념으로 재정의되기 시작하면서 보다 정교한 이론적인 뒷받침을 받게 되었다. 퍼어스(Pearce)와 터너(Turner)는 지속가능한 개발개념을 경제학적으로 정의하였다. 지속가능한 개발은 "자연자원이 갖고 있는 질과 서비스의 기능을 미래에도 계속 유지하면서 경제발전이 가져올 순편익을 극대화하는 것" 그리고 "재생가능자원을 사용할 때는 그 사용률이 자연적 재생능력을 초과해서는 안되고 재생산불가능자원을 이용할 때는 자원대체와 기술진보를 고려하여 가장 능률적으로 이용해야 한다"는 조건을 달고 있다. 그들은 또 자연환경과 경제성장은 단기적으로는 경쟁관계에 있으나 장기적으로는 자원보전에 의해 보완관계로 갈 수 있다는 지속적 발전을 그림과 수식을 통해서 이론화하고 있다. 비만(Veeman)은 지속가능한 개발은 성장, 분배 및 환경의 세 가지 요인으로 구성되어 있다고 보고 이들 세 요인의 균형적 성취를 통해 지속적 발전을 기할 수 있다고 주장한다. 즉 성장의 방향과 속도를 조절함으로써 분배의 개선과 세대간의 형평 및 성장과 환경의 조화를 꾀할 수 있는 길이 있다는 것이다. 그는 또 최소안전기준을 도입해서 특정자원의 보호를 위해 현존상태를 우선적으로 보호해야 하는 것이 합리적이라고 하였다. 비숍(Bishop)과 크루틸라(Krutilla) 등은 자연이 갖고 있는 생명부양생태시스템에 대한 이해

---

62) 유동운, 〈환경경제학〉, 비봉출판사, 1992, p.36.
63) T O'Riordan, 1981, Environmentalism, Pion Limited, London, p.101.

와 함께 환경론자들의 주장을 반영하는 방법으로서 편익, 비용분석 시에 선택가치(option values)와 존재가치(existence value) 등도 충분히 감안할 것을 강조하고 있다.64) R. U. Ayres, A. V. Kneese(1989)은 물질보전의 경제기구를 위해 '고갈성 자원의 동적 평형가격(dynamic equiblium price of any exhaustible resource)'을 제안하였다. 이의 요지는 환경자원에 대한 저렴한 가격 책정은 고갈성 자원에 대한 값싼 가격정책을 이루게 하고 이는 환경에 악영향을 끼친다. 따라서 자원의 처리비용, 보상할 수 없는 환경파괴에 대한 계산이 이루어져야 한다. 고갈성 자원의 동적 평형가격이 사용속도와 같은 점에서 설정되어야 하는데 사용속도는 할인된 환경파괴한계비용과 한계편익의 할인율 추이가 균형을 이루는 속도이다. 바로 이 가격이 지속가능성의 기준이 될 수 있다는 것이다. 이를 위해서 해결해야 할 일은 지속가능한 환경개념이라 할 수 있는 제로 할인율을 적용해야 하며, 채굴된 자원의 양과 생산될 수 있는 경제적 서비스의 총가치 사이의 근본적 관계가 설정되어야 한다고 주장한다.65) 엘 세라피(Salab El Serafy)는 지속가능성의 개념을 힉스의 '지속가능한 소득' 개념에 바탕을 두고 자연자원을 빌려 설명한다. 그는 자연자원을 소득과 자본으로 분류하면서 이를 이용해서 고갈성 자원을 사용하는 자에게 부과해야 할 '사용자비용(user cost)'을 계산했다.66)

이러한 이론적인 논의를 역사적인 배경으로 데일리와 콥은 힉스의 지속가능한 소득개념을 이용하여 '지속가능성'을 '약한 지속가능성(weak sustainability)'과 '강한 지속가능성(strong sustainability)'으로 구분하여 설명한다. 힉스의 소득을 적용하는 주요 수단은 자본을 완전히 보전하는 것인데 문제는 '인공적으로 형성된 자본(humanly created capital)'만이 완

---

64) 오호성, 앞의 글, p.22~23.
65) F. Archibugi, P. Nijkamp, Economy and Ecology: Towards Sustainable Development, Kluwer Academic Publishers, 1989, p.97.
66) Robert Goodland 외 3인, Environmentally Sustainable Economic Development: Building on Brundtland, UNESCO, 1991, p.59~67.

전한 상태로 유지하는 데 노력해 왔을 뿐 '자연자본(natural capital)'은 무시해 왔다는 것이다. 그 이유는 과거 상대적으로 적은 인간의 경제규모 때문에 자연자원이 부족하지 않았다는 것 이외에 신고전경제학 이론 때문이다. 이 이론에 따르면 인공자본은 자연자원(natural resource)의 플로우(flow)를 생산하는 자연자본(natural capital)의 스톡(stock)에 대한 거의 완전한 대체물(near-perfect substitute)이다. 그런데 자연자본이 파괴된 양에 해당한 만큼의 손실은 인공자본의 축적으로 보상된다는 논리는 인공자본과 자연자본 간의 높은 대체성(이것은 생산성 기능에 있어서 자본과 자연자원 사이의 높은 대체성을 의미함)에 일반적인 가정을 두고 있다는 점에서 '약한 지속성(weak sustainability)'이라 할 수 있다. 반면, '강한 지속성(strong sustainability)'은 인공자원과 자연자원의 대부분의 생산기능에 있어서 대체물이 아닌 요소라는 가정에 바탕을 둠으로써 양자를 각각 완전하게 유지시키게 된다.[67] 결국 인공자원은 경제개발을 의미하게 되고 천연자원은 환경의 지속가능성을 의미함으로써 앞서서 논의한 개념과 근본적으로 의견을 같이하고 있다고 볼 수 있다.

데일리와 콥이 고안한 새로운 경제복지지표인 '지속가능경제복지지표(ISEW: Index of Sustainable Economic Welfare)'는 이러한 '지속가능성' 개념에 기초를 두고 경제복지를 다룬다. 이러한 의미에서 볼 때 GNP가 경제복지지표로서 가지는 한계점을 보완하고 새로운 지표를 개발하려는 일련의 노력은 MEW, NNW 그리고 EAW index를 만들어 냈으나 이들 각 지표의 어느 것 하나도 적합지 않아 보인다. 졸로타스(1981)는 지속가능성을 고려하지 않았으며 반면에 노드하우스와 토빈(1972)은 지속가능성은 고려하였지만 자신들의 책이 출판된 이후 급격히 중요해진 환경문제를 중요시하게 취급하지 않고 있다. 이러한 기존지표들의 불충분성 때문에 데일리와 콥(Herman E. Daly and John B. Cobb)은 그들의 성과에 기초

---

67) Daly and Cobb, 앞의 책, p.72.

를 둔 새로운 지표를 제안한다.[68]

지속가능성(sustainability)이라는 개념이 위에서 논의한 바와 같이 경제개발과 환경보전의 조화에 기초한 것임을 전제로 한다면 졸로타스가 지속가능성에 대한 고려를 하지 않았다는 의미는 경제적인 측면에서의 미비점을 지적한 것으로 보인다. EAW지표의 내용에는 자원고갈비용이나 환경오염비용 등을 고려한 환경적인 측면은 많이 고려되었으나 경제활동의 지속성을 나타내 주는 자본에 대한 부분이 빠져 있다는 것을 볼 때 이러한 지적은 옳다. 일본의 순국민복지지표 또한 동일한 지적을 받는다. 반면에 MEW가 지속가능성을 고려했다는 것은 경제적인 측면에 강조점을 두고 말하는 것으로 보인다. MEW는 EAW와는 달리 지표내용에 환경공해를 공제항목으로 다루고 있으며 여러 다른 항목들을 고려한 후에 산출된 '조정후의 총생산고'에 '성장필요지출액'을 또한 공제항목으로 다루고 있다. 따라서 항목상으로 볼 때 양자를 모두 고려한 것이 된다. 그러나 앞에서 지적한 바와 같이 환경오염 문제를 비쾌적성에 초점을 맞추고 이의 손실비용에 대한 계산을 도시와 시골 사이의 근로자의 임금격차로 추정한 것은 EAW가 대기, 수질, 폐기물 비용을 모두 계산하고 자원고갈까지를 고려한 점에 비추어 볼 때 실제 환경오염으로 인한 손실비용을 제대로 고려하지 않은 것으로 볼 수 있다. 따라서 '지속가능성'에 대한 본래의 개념을 기준으로 볼 때 EAW나 MEW 양자 모두 다 지속가능한 경제지표가 되지 못한다.

따라서 '지속가능성'에 대한 의미를 보다 충실히 반영하고 있는 경제복지지표를 개발하기 위해서는 양자의 결점을 적절히 보완하여야 한다. 이러한 노력의 일환으로 데일리와 콥은 '지속가능경제복지지표(ISEW)'를 개발하였다.

---

68) Daly and Cobb, 같은 책, p.401.

2. 지속가능경제복지지표(ISEW)의 내용

데일리와 콥은 기존의 경제복지지표의 단점을 보완한 새로운 경제복지지표를 개발하기 위하여 세 가지 중요한 요인을 고려한다. 첫째는 경제성장의 부산물로서 문제시되는 불평등으로서 소득분배요인을 포함시킨다. 둘째로는 환경의 수용능력에 대한 고려로 비재생자원의 고갈, 대기, 수질, 소음 등의 환경오염, 장기적인 환경오염 등 자연자원의 지속가능성을 파괴하는 활동에 대한 비용을 공제한다. 이것은 기존의 NNW나 EAW의 환경 측면을 보다 강화한 것이다. 셋째로는 경제적인 고려다. 순자본의 증식과 자본투자의 국내외적인 입지변화를 포함시킴으로써 경제적인 지속성을 또한 고려하고 있다.

이러한 일련의 시도는 '지속가능성' 개념의 핵심을 모두 포함하고 있기 때문에 환경문제가 고려된 지속가능성 측면에서 볼 때 새로운 경제복지지표로서 충분한 의의를 가진다.

그렇다면 '지속가능성' 개념을 중심으로 위에서 논의된 지속가능성경제복지지표를 이제는 국민복지 측면에서 본다면 어떠한 기준으로부터 그 내용을 구성해야 하는가? 첫째, 이 지표는 개인의 소비가 증가할수록 개인의 복지 또한 증가한다는 가정으로부터 출발해야 한다. 국민복지는 국가의 총생산량이 얼마인가 하는 것보다는 그 생산량 중에서 실제 국민이 소비하는 양이 얼마인가에 더 관련되어 있기 때문이다. 둘째, 그런데 소비 중에서도 정부투자는 교정적 성격(corrective expenditures)의 지출에 해당함으로 직접적으로 복지와 관련이 없으며 국민복지와 보다 직결된 부문은 개인소비이다. 셋째, 그러나 개인소비만으로 국민의 복지수준을 그대로 반영할 수는 없다. 왜냐하면 개인이 지출한 비용이라 하더라도 환경오염이나 출근비용 등 어쩔 수 없이 지출해야 하는 비용이 있는가 하면 교정적이며 중간적인 성격의 공공지출이라 하더라도 국민복지 증진에 직접적으로 기여하는 부분이 있기 때문이다. 또한 축적된 자본스톡으로부터 매년 생산되어 나오는 서비스도 복지증진의 이유가 된다. 따라서 전자는 개인소비로부터 공제하며 후자는 더해 주어야 한다. 넷째, 그리고 국민복지에 매우 중요한 시장 외 활동인 가사노동에 대한 가치고려가 있어야 한다.

따라서 '개인의 소비가 증가할수록 복지는 증가한다'는 기본 가정을 출발점으로 하되 여기에 위에서 제시한 요인들을 함께 고려함으로써 국민복지수준을 보다 실질적으로 측정할 수 있는 접근이 된다.

결국 이상의 논의에서 본 바와 같이 경제복지지표의 핵심은 국민의 복지수준을 측정하되 이러한 상태가 계속적으로 지속될 수 있을 것인가 하는 물음을 또한 반영해야 한다. 바로 이러한 물음에 대한 답으로서 '경제복지 수준이 지속가능한가'를 평가하는 수단으로서 개발된 것이 '지속가능경제복지지표(ISEW)'이다.[69]

전술한 바와 같이 지속가능경제복지지표(ISEW)는 '개인의 소비가 증가할수록 개인의 복지가 증가한다'는 가정으로부터 출발한다. 여기에다 지금까지 논의된 '지속가능성'과 '경제복지'의 양 측면에서 강조된 점들을 함께 고려해서 이를 바탕으로 그 내용을 정리해 본다면 크게 다섯 가지 범주로 나누어 볼 수 있다.[70]

---

69) 기존의 GNP에 대한 대안으로서 또 다른 갈래는 녹색 GNP이다. 이에 대해서는 최근에 집중적으로 연구가 진행되는 분야로서 주로 서구 선진국으로부터 시도되고 있다. 이 분야는 두 흐름이 있는데 하나는 물질균형론적 입장에서 경제활동을 물질과 에너지의 흐름으로 보거나 반대로 물질과 에너지의 변화를 통해 경제활동을 관찰하여 전체적인 복지의 변화를 파악하고자 하는 움직임이다. 이들 국가의 후생복지 개념에는 자연환경과 생태계의 변화를 포함하여 측정할 수 있도록 GNP의 개념을 확대함으로써 근본적인 개혁으로 나가자고 하는 입장이다. 이러한 그룹에는 노르웨이, 프랑스가 있다. 또 다른 하나는 GNP의 장점을 살리고 환경적 측면에서의 단점만을 보완하려는 움직임으로서 유엔통계국(UNSTAT)과 UNEP, 세계은행, 미국 등이 주도하고 있다. 이러한 흐름은 후생경제학적 입장에서 환경서비스의 변화를 금전적으로 계량화하여 현재의 국민소득계정체계를 보다 합리적으로 개선하는 것을 주요 목적으로 하고 있다(오호성, "경제성장과 녹색 GNP", 아산사회복지사업재단, 〈현대산업사회와 환경문제〉, 제5회 사회윤리 심포지엄, p.23~24. 녹색 GNP와 관련된 또 다른 문헌은 오호성, "Green GNP 연구의 현황과 과제", 〈환경경제연구〉, 환경경제학회, 제2권 제1호(1993, 봄), p.4). "지속가능성 경제복지지표"가 녹색 GNP와 비교해서 가질 수 있는 유용성은 본 논문의 연구배경을 참조할 것.

70) Daly and Cobb, 같은 책, p.420.

첫째, 개인의 소비에 소득분배를 반영하는 것으로서 불평등지수를 고려한 가중치를 지속가능성경제복지지표의 가장 기본 값으로 한다.

둘째, 비록 개인의 직접적인 소비를 통한 복지증진은 아니지만 계속적으로 서비스를 발생시킴으로써 국민복지에 기여하는 영역이 있다. 따라서 이 부분은 국민복지 수준을 증가시키는 요인으로 작용하게 된다. 여기에는 비시장활동인 가사노동의 가치, 내구성 소비재로부터 매년 산출되는 서비스 가치, 도로와 거리에 지출되는 자본으로부터 매년 생산되는 서비스, 그리고 교육과 건강에 사용하는 공공지출이 있다.

셋째, 개인소비를 측정할 때 복지로서 과대평가된 부분에 대한 보상의 차원에서 이 부분을 공제해 준다. 매년 산출되는 서비스 가치를 국민복지 증진요인으로 고려하는 반대급부로서 내구성 소비재를 구입하기 위해 드는 가계지출, 건강과 교육의 방어비용, 국민의 구매의욕을 강제함으로써 복지감소요인으로 간주되는 국민광고를 위한 비용, 도시화로 인해 개인이 부담해야 되는 비용과 자동차사고비용이 있다. 그리고 중요한 것은 환경오염으로 인한 피해비용을 들 수 있다. 수질오염비용, 대기오염비용, 소음공해비용 등이 그것이다.

넷째, 천연자원의 지속가능성을 파괴하는 활동에 대한 비용을 복지감소요인으로 고려한다. 여기에는 개발과 경제활동으로 인해 야기되는 습지와 농경지유실비용, 비재생자원의 고갈과 범지구적인 환경문제인 장기적인 환경오염의 피해로 인한 비용이 있다.

다섯째, 순자본의 증식과 자본투자의 내용에 있어서 국내외 자본의 구성내용을 고려한다. 경제복지의 지속성은 자본의 공급이 늘어나는 인구수의 수요를 충족할 수 있도록 증가해야 한다. 그리고 자본의 형성이 자국의 것인지 아닌지의 여부에 따라 그 나라 경제의 지속성 또한 달라진다.

지속가능경제복지지표(ISEW) 모형은 위의 다섯 가지 영역에서 총 20가지로 되어 있으며 이를 요약하면 다음 표와 같다(〈표 1.4〉).[71]

〈표 1.4〉 지속가능성경제복지지표(ISEW)의 구성

항 목	평가지표
(1) 소득분배를 고려한 소비 (ISEW의 기본 숫자)	개인소비에 대한 가중치 값(D)
(2) 지속적인 서비스 양(+)	가사노동(E) 내구성 소비재(F) 도로와 거리(G) 건강, 교육에 대한 공공지출(H)
(3) 개인소비 측정 시 복지로서 과대 평가된 부분에 대한 보상(−)	내구성 소비재에 대한 지출(I) 건강과 교육의 방어비용(J) 국민광고비용(K) 출근비용(L) 도시화 비용(M) 자동차사고비용(N) 수질오염비용(O) 대기오염비용(P) 소음공해비용(Q)
(4) 자연자원 기반의 지속가능성을 파괴하는 활동에 대한 추정(−)	습지 손실비용(R) 농업용지 손실비용(S) 비재생자원의 고갈비용(T) 장기적인 환경오염 피해비용(T)
(5) 자본축적과 국내외 간 자본구성(+)	순자본의 증식(V) 자본투자의 국내외적 구성변화(W)

3. 한국의 지속가능경제복지지표(ISEW) 모형

한국에서 지속가능성경제복지지표(ISEW)를 산출해 내기 위해서는 몇 가지 통일된 기준을 제시할 필요가 있다.

---

71) 이하 본 연구논문에서는 '지속가능성경제복지지표(ISEW)'와 '지속가능성경제복지지표(ISEW) 모형'을 각각 구분해서 사용한다. 설명한 바와 같이 지속가능성경제복지지표는 총 5가지 영역에서 20가지의 지표가 있는데 이들 각각의 지표를 말할 때는 '지속가능성경제복지지표'라는 용어를 사용하고, 이 지표들을 모두 합친 집합적인 의미로서 하나의 평가수단을 나타낼 때에는 모형이라는 말을 덧붙여 '지속가능성경제복지지표 모형'이라 표현한다.

첫째, 한국의 지속가능성 지표는 데일리와 콥이 선정한 지표를 기본 구성으로 하지만 국내에 적용 시 자료부족이나 국내 자료의 특성 또는 지표에 대한 인식수준 등의 요인들을 감안해서 일부 지표를 대체사용한다(예 Q, R). 또한 국내의 경우에 별 의미가 없는 항목은 제외한다(예 T).

둘째, 지표산출 방법은 데일리가 제시한 방법에 준하나 위와 동일한 이유로 인해 적용 시 무리가 있을 경우에는 그 의미를 벗어나지 않은 범위 내에서 독자적인 방법으로 지표를 산출한다(예 F, G, L, M).

셋째, 몇몇 지표를 산출하는 데 있어서 70년대 초반의 데이터가 없거나 최근 데이터를 기준으로 볼 때 일관성이 떨어지는 자료들일 경우에는 이 값 대신 최근까지의 일관되게 기록되어 있는 데이터를 기준으로 추정한 값을 사용한다(예 B).

넷째, 같은 내용의 시계열 데이터가 출판연도에 따라 다를 경우에는 최근 것을 따르며, 각 지표에 이용된 시계열 데이터가 연도만 다를 뿐 동일한 참고문헌일 때에는 최근 것만을 수록한다.

다섯째, 모든 지표의 값은 1985년도를 기준으로 한 불변가격을 이용한다. 만약 두 지점 사이의 GNP가 실질적으로 얼마만큼 변화하였는가를 알고자 한다면 두 시점의 경상가격 GNP를 비교해서는 안 된다. 이를 위해서는 t년도의 경상 GNP를 물가지수로 나눔으로써 기준연도의 화폐가치로 표시되는 GNP로 환산해야 한다. 경상가격 GNP에는 물가상승이 반영되어 있기 때문이다.[72]

여섯째, 본 연구에서는 "국민계정(한국은행, 1990)"을 가장 우선하는 자료로 삼으며, 최종적인 ISEW 숫자의 기본 단위는 국민계정 단위인 '억 원'을 그 기준으로 한다.

이러한 여섯 가지 원칙을 전제로 한국의 ISEW지표를 산출해 본 결과 한국에 적합한 ISEW모형은 데일리와 콥의 모형을 약간 수정하여 다음과 같이 재구성할 수 있다. 먼저 기존의 ISEW모형의 다섯 가지 영역은 다음과 같

---

[72] 조순, 앞의 책, p.381.

이 재구성된다.

1) 소득분배를 고려한 소비수준
2) 지속적인 서비스 양
3) 어쩔 수 없이 지출되는 부분
4) 환경문제와 관련된 사회적 비용
5) 자본의 축적과 구성

이에 대한 구체적인 설명은 각 지표를 산출하면서 이루어진다. 이렇게 새로 구성된 한국의 ISEW지표의 구체적인 산출결과와 모형은 부록에 따로 수록한다. 아울러 각 지표의 산출내역과 사용된 자료의 출처 또한 명시해 둔다. 5가지 영역의 총 18가지 지표의 산출방법은 다음과 같다.

A. 년 도

본 연구는 지속가능성경제복지지표를 이용해서 한국의 경제성장을 시계열로 분석하는 것이며 그 적용범위는 1971년부터 1990년까지로 한다.

1) 소득분배를 고려한 개인소비

소비란 주로 가계부문의 경제주체들이 소모품(예: 사과, 우유, 의류), 내구성 소비재(예: 자동차, 냉장고) 및 여러 가지 서비스(예: 이발, 영화) 등이 제공하는 효용을 향유하는 것을 말한다. 소비는 사람이 자신의 욕망과 필요를 충족시켜 스스로를 재생산하는 가장 기본적인 경제활동이다.[73] 따라서 소비야말로 실제 국민이 생활하는 경제적인 수준을 나타내 주는 지표가 된다.

반면, GNP는 경제전체 생산물의 총계이고, 정부소비, 기업투자 및 수출입, 감가상각 등도 모두 포함하므로 국민이 다 소비할 수 있는 것이 아니다. 1990

---

73) 조순, 〈경제학원론〉, 1990, p.408.

년 한국의 경우에 그 예를 들면 한국 GNP 중 국민의 소비지출은 65%에 불과하다. 그러므로 GNP나 1인당 GNP가 곧 국민의 생활수준을 그대로 나타내는 것으로 생각하면 잘못이다.[74]

이러한 의미로 볼 때, 소득과 재산은 어떠하든 간에 인간의 물질적 복지는 현실적으로 소비를 통하여 구현된다.[75] 따라서 국민의 복지를 측정하기 위해서는 생산보다 소비에 초점을 두어야 한다. 그러나 소비 중에서도 정부부문의 지출은 중간적(intermediate)이거나 보정적(corrective)인 성격을 가지기 때문에 국민후생과 크게 관련이 없으며 주로 민간부문의 소비가 직접적으로 국민복지와 직결된다. 따라서 국민의 복지는 민간지출을 측정함으로써 그 수준을 알 수 있다.[76]

그러나 엄밀한 의미에서 본다면 소비가 많다 하더라도 국민전체의 복지가 반드시 증가하는 것이라고는 말할 수 없다. 왜냐하면 소득의 불평등으로 인해 국민복지가 왜곡될 수 있기 때문이다.

소득분배를 복지수준과 관련된 요인으로 고려한 것은 일정한 소득이라 하더라도 그것이 부유한 사람에게보다는 가난한 자에게 취득되었을 때 복지증진에 더욱 기여하게 될 것이라는 가정을 바탕으로 한 것이다. 총 사회적 편익이 일정량 감소한 대신에 불평등이 얼마만큼 증가했다면 우리는 더 나아진 것인가 아니면 더 못살게 된 것인가? 신고전경제학의 관점으로 볼 때 이에 대한 답을 구할 수 없다. 따라서 소득분배요인을 ISEW에 포함시키는 데는 개념적인 문제가 있을 수 있다. 그럼에도 불구하고 소득분배를 복지와 분리해서 다룬다는 것은 그의 중요성에 대한 가치를 감소시키는 것이 되기 때문에 ISEW에서는 이를 한 요인으로 포함시킨다.[77]

이처럼 소득분배문제는 국민복지와 관련되는 중요한 한 요인이 된다. 따라

---

74) 송병락, 〈한국경제론〉, p.396.
75) 송병락, 같은 책, 1993, p.657.
76) Zolotas, 앞의 책, p.44.
77) Daly, 앞의 책, p.402.

서 소득수준에 있어서 불평등이 심할수록 복지는 감소하기 때문에 경제복지 지표에 불평등지수를 고려해 주어야 한다.

B. 개인소비(Personal Comsumption)

GNP는 지금까지 논의 과정에서 밝혀진 바와 같이 개인이 다 사용할 수 있는 소득이 아니다. 이 중 개인이 처분가능한 부분, 즉 개인가처분소득은 GNP의 약 69%(1990년 기준)에 해당하며, 그리고 국민의 소비는 GNP의 52%(1991년 기준)에 불과하다. 이 중에서 개인소비에 해당하는 것은 후자이다. 왜냐하면 개인가처분소득은 소비용과 저축용이 있으며 여기에서 사용하는 개인소비는 저축이 포함되지 않은 최종소비지출이기 때문이다.

한국의 "국민계정"에는 국내총생산(GDP)에 대한 지출구조 중 '민간최종소비지출'이 있다. "신국민계정(1986)" 이전에는 GNP에 대한 지출구조로 되어 있으나 그 이후부터는 GDP에 대한 지출구조로 되어 있다. 그리고 1990년 국민계정에는 1970~1990년까지 이를 기준으로 일관된 데이터가 수록되어 있다. 따라서 본 연구에서는 한국은행에서 발행한 1990년 "국민계정"을 기준으로 해서 '국내총생산(GDP)에 대한 민간최종소비지출'을 개인소비의 데이터로 사용한다.[78]

GNP는 '국민'을, GDP는 '국토'를 기준으로 한 개념으로 경제성장분석에 다같이 사용된다. 이 중 '국내'의 경제상황을 판단하는 데에는 GDP가 유용한 개념이다.[79]

C. 불평등지수(Distributional Inequality)

지난 30년간의 급속한 경제발전 과정에서 나타난 소득분배의 상황을 살펴보면 두 가지 설명이 가능하다. 하나는 우리나라의 빈부격차가 점차 심화하고 있다고 보는 견해로서 이는 주로 여론조사에서 나타난다. 이러한 반응은

---

78) 한국은행, 〈국민계정〉, 1990, pp.130~133.
79) 송병락, 〈한국경제론〉, 박영사, 1993, p.343.

응답자 중에서 압도적 다수를 점하고 있는 것으로 드러났다[예컨대 서울대
사회과학연구소(1987), 한국노동연구원. 서울대사회과학연구소(1989), 한
국노동조합총연맹(1990)].80)

그러나 한국의 소득분배에 관한 지금까지 나온 실증연구를 보면, 본문 제
2장의 '한국경제복지'에서 밝힌 바와 같이 한국의 소득분배가 장기적으로 악
화되는 경향이 없으며, 오히려 1980년 이후에 와서는 소득불평등이 축소하
는 경향이 있다고 보는 연구결과들이 제시되고 있다. 즉, 우리나라의 빈부격차
가 심화되고 있다고 느끼고 있는 대다수 국민의 판단과 지금까지 제시되고 있
는 실증적 지표는 상반되는 결과를 보여주고 있다. 이와 같은 통계와 감각의
불일치를 해명하는 데는 우리나라 부의 불평등과 거기서 파생되어 나오는
자본이득(capital gains)의 문제에 주목할 필요가 있다[김대모(1990)].81)

그렇다면 본 연구를 수행하는 데 있어서 한국에서 적용해야 하는 소득분배
지표는 어떤 것이 되어야 하는가? 먼저 연구범위인 1970~1990년까지의
일관성 있는 불평등지표가 있어야 하며 또 하나는 위에서 설명한 상반된 견
해를 적절히 반영하는 것이어야 한다.

우선적으로 한국에서 적용가능한 지표에는 '소득 10분위'와 '지니계수'가
있다.82) 지니계수는 완전 평등인 경우의 값인 0과 완전불평등일 경우의 값
인 1 사이 값을 가진다. 그러나 현실적으로는 각국의 소득분배 통계를 보면
0.2와 0.6 사이를 벗어나지 않으며,83) 한국의 경우에는 85년에 0.3449,
1988년에 0.3355를 나타낸다.84) 이러한 불평등지수는 그 값이 클수록 불
평등한 정도가 심함을 나타낸다. 십분위분배율도 한 시계열 데이터의 부족
으로 적합지 않다. 그러나 한국의 사회지표에는 1980, 1985, 1988년도

---

80) 이정우, "한국의 부, 자본이득과 소득불평등", 서울대학교 경제연구소, 〈경제논집〉,
　　제30권 제3호(1991.9), p.327.
81) 이정우, 같은 글. p.327.
82) 통계청, 〈한국의 사회지표〉, 1992, p.84.
83) 이정우, 〈소득분배론〉, 한국방송통신대학, 1991, p.39.
84) 통계청, 〈한국의 사회지표〉, p.84.

지표만 있기 때문에 시계열 분석에는 적합지 않다.

따라서 본 연구에서는 '도시가구의 소비지출 불평등도'[85]를 이용한다. 여기에는 1966년부터 1990년까지 2년 간격으로 나와 있기 때문에 시계열 분석에 용이하다. 그리고 또 하나 중요한 점은 이 데이터가 위에서 제시한 상반된 견해를 설명해 줄 수 있기 때문이다. 이 자료는 근로자를 포함하는 도시의 모든 가구가 포함되어 있으며, 전 가구의 소비지출의 불평등도가 감소하는 경향이 발견되지 않으며, 특히 1988년 이후의 불평등도가 높게 나타나 있는데 이 시기는 자본이득 급증시기와 일치하고 있다.[86]

즉, 본 연구에서 이용될 한국의 불평등지수는 '도시가구의 소비지출 불평등도'를 사용하며 2년마다 빠져 있는 데이터는 보간법을 이용해서 추정한다.

D. 개인소비의 가중치 값(Weighted personal comsumption)

위에서 산출한 불평등지수는 그 값이 클수록 불평등이 심함을 의미함으로 개인소비의 가중치 값은 개인소비에 지수 값을 곱하는 것이 아니고 나누어 주어야 한다. 즉 B / C ×100가 된다. 이 값은 ISEW모형을 구성하는 가장 기본적인 숫자가 된다.

2) 지속적인 서비스 양

자본은 흔히 '인간에 의하여 만들어진 자원'을 의미한다. 이것은 생산요소를 말한다. 이처럼 생산요소로서 자본은 기계, 건물, 도구, 재고품과 같은 다양한 형태를 가진 자산을 통틀어 말하는 것이며, 보다 그 의미를 정확히 하기 위해서는 자본재(capital goods)라는 표현을 쓴다. 그런데 이러한 자본을 일정시간 동안 사용함으로써 수익이 발생하는데 이러한 소득을 자본서비

---

85) 이정우, 앞의 글, p.355.
86) 그러나 이 불평등지수는 전술한 바대로 그 유용성을 인정하지만 농촌지역이 반영되지 않은 것이라는 한계를 가진다. 한국의 경우에 일반적으로 지니계수는 농가가 비농가보다 다소 낮게 나타나기 때문에 '도시가구의 소비지출 불평등도'는 실제보다 그 지수가 높게 나타날 수 있다.

스(capital service)라 한다. 자본재는 貯量(stock)의 개념이며 자본서비스는 流量(flow)의 개념으로서 상호간에는 명백히 다르다. 본 연구의 '지속적인 서비스'란 바로 위에서 설명한 저량 개념인 자본서비스를 의미한다. 이에 해당하는 지표로는 내구성 소비재서비스, 도로서비스, 건강과 교육에 대한 공공지출서비스 등이 있다(이준구, 1992: 544~555).

이러한 자본서비스 외에 데일리는 시장 외 활동인 가사노동의 서비스를 지표의 중요한 내용으로 고려한다. 가사노동은 비시장활동으로서 경제적인 복지에 중요하게 영향을 미치기 때문이다.

E(+). 서비스: 가사노동(Services: Household labor)

경제복지에 중요한 가사노동의 가치가 경제복지지표에 포함되어야 한다는 원칙에는 비록 동의하지만 이를 측정하는 데는 개념적이고 경험적인 어려움이 있다. ① 개념적인 어려움은 가사노동 또는 가사노동의 생산성에 대한 정의를 내리는 일이다. 이 문제를 연구해 온 버크(Berks)에 따르면 조사에 응하는 자들은 가사노동이 일(work)인지 여가(lesure)인지에 대해 구별지어 답해 달라는 주문을 받는데 요리, 아기보기 등 몇몇 가사활동은 종종 양자 모두로 분류되기 때문이다⟨Berk and Berk 1979⟩. ② 이 외에 또 하나의 중요한 문제점은 경영과 노동 간의 차이다. 시장에서 경영과 노동 간의 차이가 중요하다면 가정에도 또한 적용하여야 하며 그래서 가사노동의 가치를 단순한 임금률로 산출하는 것이 아니라 경영자 임금에 기준해야 한다는 것이다. ③ 가사노동의 생산기능이나 가사노동에 소비한 시간을 경험적으로 측정하는 어려움이 또 발생한다. 가사노동의 범위를 정확히 측정하고 그것이 경제복지에 기여하는 만큼을 계산한다는 것은 이처럼 어려운 문제이지만 이를 무시할 수는 없다(Daly and Cobb, 1989: 413~415).

가사노동의 가치를 평가하는 방법에는 크게 상실임금적 측면과 상실비용적 측면에서의 평가로 구분해 볼 수 있다. 전자는 주부가 가사노동을 포기하고 시장노동에 종사한다고 했을 때 벌어들일 수 있는 돈으로 가사노동의 가치를 환산하는 방법으로서 기회비용법, 요구임금법, 주관적 평가 등이 있다. 후자는 주부의 가사노동을 다른 노동이나 상품으로 대체시킨다고 가정했을 때 들어가는 비용으로 산출하는 방법으로서 여기에는 전문가 대체비용법, 총합적 대체비용법, 상품 및 서비스의 가격으로 산출하는 방법 등이 있다. 이 중에서 총합적 대체비용법은 파출부 또는 가정부를 고용한다는 가정하에 드는 비용을 산출하는 방법이다.[87]

본 연구에서는 '노동통계연감'의 '연도별, 산업별, 월평균임금'에 나와 있는 개인 및 가사서비스업(Personal & Household Servce)의 임금총액 항목을 이용한다.[88] 따라서 이 방법은 가사서비스업의 임금을 가사노동가치로 보는 것이기 때문에 총합적 대체비용을 이용한 가사노동의 가치를 측정한 것이라 할 수 있다. 이 문헌에는 월평균 가사노동만을 계산해 놓은 것이기 때문에 연간 총가사노동가치는 다음과 같다.

연간 총가사노동가치 = 월평균 한 가구 가사노동가치 × 12 × 총가구수

이 통계자료에 의하면, 85불변가격을 기준으로 볼 때 1989년의 가사노동가치는 44조 5,834억 원으로서 당시 85불변GNP 119조 5,767억 원과 대비로 볼 때 37.3%로 나타난다.[89]

---

87) 한국여성민우회, "주부의 가사노동가치평가에 대한 조사보고서", 1991, pp.3~5. 총합적 대체사용법은 가사노동을 측정하는 방법 중 지금까지 연구되어 온 일반적인 방식이긴 하지만 주부의 기능을 총체적인 관리직으로 간주하는 것이 아니고 대신 가정부직이나 파출부직으로 간주하기 때문에 그 가치가 과소평가될 가능성이 많은 것으로 지적되어 왔다(문숙재 외, 〈가사노동〉, 1986, p.177).
88) 노동부, 〈노동통계연감〉, 1992, p.223, 1988, p.219, 1983, p.171, 1981, p.171.
89) 이와 관련한 기존의 연구는 다음과 같다. 총합적 대체비용법에 의해 평가된 총가사노동가치가 GNP에서 차지하는 비율로 볼 때 Murphy(1982)는 GNP 대비 22.6%, Chadeau와 Fouquet(1981)는 44%, Suviranta(1982)는 42%를 제시하였다. 그리고 기회비용법에 의한 평가는 Nordhaus와 Tobin(1972)는 42%(29년치), 48%(65년치)를, Chadeau와 Fouquet(1981)는 40~44%를 나타냈다(문숙재, "주부의 가사노동가치", 앞의 책, pp.23~27).

F(+). 내구성 소비재(Services: Consumer durables)

내구성 소비재는 경제복지와 관련해서 두 가지 측면에서 논의되어야 한다. 하나는 내구성 소비재의 수명이 짧을수록, 혹은 새로운 제품개발로 인한 기존의 내구성 소비재의 구식화(obsolescence)로[90] 인해 지출되는 비용 등이 늘어나 국민복지에 나쁜 영향을 미친다는 것이고 다른 하나는 이들 재화로부터 매년 산출되는 서비스의 측면이다.

이러한 의미에서 내구성 소비재를 구입하는 데 지출되는 비용은 투자지출과 비슷하게 개인의 복지에 직접적으로 기여를 하지 못하기 때문에 민간소비로부터 공제되어야 한다. 그렇지만 이들 재화로부터 나오는 서비스는 개인의 복지에 기여하므로 공공자본으로부터 나오는 서비스의 경우와 마찬가지로 복지지표에 매년 플로우로서 첨가되어야 한다.[91]

내구성 소비재의 총자본스톡과 순자본스톡에 대한 데이터가 필요하나 국내의 경우에는 1968, 1977, 1987 단 3차례의 '국부통계조사보고'가 있을 뿐이다. 따라서 간접적인 방법으로 내구성 소비재 서비스의 연간 가치를 측정해야 한다.

먼저 "국민계정"에 나와 있는 '가계의 형태별 최종소비지출' 중 내구재에 지출된 비용에 대한 시계열에 따른 누적분을 내구성 소비재의 자본스톡으로 본다. 이때에 그 출발연도는 본 연구의 분석기간의 시점인 1971년보다 10년 전인 1961년의 값부터 시작해서 누적 계산한다. 그 이유는 내구성 소비재의 연간 서비스의 가치를 추정하기 위해서는 이미 기존에 투자된 자본이 현재 서비스를 생산해 내고 있으므로 이미 존재해 왔던 자본스톡을 평가해 주어야 하기 때문이며 그 기간이 10년인 것은 내구성 소비재의 수명을 일반적으로 10년으로 가정하고 기존에 투자된 자본은 10년이 지나면 모두 쓸모없게 될 것임을 전제로 한 것이기 때문이다.[92]

---

90) 구식화(obsolescence)에 대한 보다 상세한 내용은 Packard, Vance, 1960, The Waste Makers, U.S. Van Rees Press, New York, pp.53~77.

91) Zolotas, 앞의 책, p.87.

따라서 이를 바탕으로 원하는 데이터를 구하기 위해서 3가지 문제를 풀어야 한다. 하나는 순자본스톡이다. 매년 내구성 소비재비용의 누적분은 총자본스톡을 의미한다. 이로부터 본 연구에서 필요한 순자본스톡을 구해야 하는데, 이를 위해서는 매년 감가상각된 비용이 공제되어야 한다. 하지만 이러한 자료가 없기 때문에 본 연구에서는 1987년의 '국부통계조사'에 나와 있는 총자본과 순자본의 비율인 51.4%를[93] 일반적인 비율로 인정하고 이를 이용해서 매년 순자본스톡을 구하고 이를 토대로 시계열 자료를 구한다.

둘째는 순자본스톡으로부터 매년 생산되는 서비스를 계산해 내야 한다. 그 방법으로는 데일리가 사용한 '순주거자본(net housing stock)에 대한 주거서비스 비율(the ratio of housing service)'의 추정치인 10%를 적용한다.[94]

결국, 내구성소비재 서비스를 간단히 표현하면 다음과 같다.

$$\text{내구성소비재 비용의 누적분(총자본스톡)} \times 0.514 \times 0.1$$

셋째는 본 지표의 산출은 다른 것과는 달리 해당 자료가 1961년 것부터 필요하지만 이미 전술한 바대로 일관성 있는 데이터는 1970년부터 수록되어 있다는 점이다. 따라서 이 10년간의 데이터는 두 자료의 관련성을 검토한 후에 그 값을 추정해야 한다. 1961부터 1970년까지의 내구성소비재비용의 누적분은 "주요 경제지표"의[95] '민간소비지출의 구성' 중 가구 및 시설비(Furniture and household equipment) 항목을 이용하는데 이것은 이 항목이 전술한 국민계정의 항목과 같은 내용으로 판단되기 때문이다. 전술한 두 항목의 일관성 있는 데이터를 구하기 위해서 상호 지출비용을

---

92) Zolotas, 앞의 책, p.88.
93) 경제기획원조사통계국, 〈국부통계조사보고〉, 제1권 종합편(1987), p.34.
94) Daly and Cobb, 앞의 책, p.421.
95) 경제기획원, 〈주요 경제지표〉, 1976, p.41.

1970~1975년까지 비교해 본 결과 "국민계정"의 내구성소비재항목에 대한 '주요경제지표'의 가구 및 시설비 비용의 비율이 1970년에 31.3%, 1971년에 32.1%, 1972년에 34.6%, 1973년에 34.3%, 1975년에 35%를 나타냈다. 위의 수치를 보면 1973년으로 갈수록 비율이 낮아지고 있으며 따라서 이의 근거를 바탕으로 1961년부터 1970년까지의 내구성소비재의 지출비용은 해당 기간의 가구 및 시설비지출비용에다가 가장 낮은 수준인 1970년 비율 31.3%를 곱해 줌으로써 간접적이나마 추정이 가능해진다. 이러한 방법을 토대로 계산해 본 결과 1960~1970년까지의 가구 및 시설비의 누적분은 2조 6천 931억 원이며 이의 31.3%는 8천 429억 원인 것으로 계산되었다. 이 값이 1970년도의 내구성 가구재의 총자본스톡에 해당한다.

G(+). 서비스: 도로와 고속도로(Services: Street & highways)

정부부문의 소비는 중간적인 그리고 교정적인 성격을 가지기 때문에 그 지출량과 복지와는 크게 관련은 없다.[96] 그러나 병원, 학교, 박물관, 도로 및 거리 등과 같은 공공자본은 일종의 집합적 소비재(collectively consumded goods)로서, 이로부터 나오는 서비스는 사회복지 증진에 매우 중요하므로 매년 이들의 비용을 복지지표에 고려해야만 한다.[97] 이러한 의미에서 도로나 고속도로에 대해 지출되는 정부서비스는 경제후생에 관계됨으로 중요한 복지 증진 요인이 된다.

한국의 "국민계정"에는 '자본재형태별 총자본형성'과 '경제활동별 총자본형성' 부문은 있으나 여기에는 도로와 직접적으로 관련이 있는 데이터는 없을 뿐만 아니라 이 자료는 자본스톡을 의미하지도 않는다. 따라서 다른 방법으로 도로의 순스톡을 추정해야 한다. 즉, 도로에 대한 지표 중 도로연장을 이용한다. 도로연장은 매년 기존의 도로에 추가적으로 도로가 건설됨으로써 결국 과거로부터 그 해에 이르기까지 건설된 총 도로의 양을 나타내기 때문에 이

---

96) Zolotas, 같은 책, p.44.
97) Zolotas, 앞의 책, p.87.

를 경제적 가치로 환산할 수 있다면 이 값으로 자본스톡을 대체할 수 있다.

도로연장을 도로의 총자본스톡으로 환산하는 방법은 먼저 일정연도의 도로의 총자본스톡을 당해연도 도로연장(km) 수치로 나누어 주면 단위 km당 총 자본스톡양을 구할 수 있다. 이를 기본 숫자로 해서 매년의 도로연장 데이터를 이용하면 연도별 총자본스톡을 간접 추정할 수 있다. 1987년도 도로 총스톡은 15조 1,190억 원이며[98] 같은 해 도로연장은 54,689(km)이므로[99] 단위 km당 도로의 총스톡은 2억 7,645만 4천 원이 된다.

$$도로의 \ 총스톡 = 도로연장 \times 276,454(천 \ 원)$$

순자본스톡은 이렇게 구한 총자본스톡으로부터 구해지는데 순자본스톡 비율은 "국부통계조사"에 나와 있는 76%를 사용한다.[100] 서비스비율은 내구성소비재 서비스비율과 동일하게 10%를 사용한다.[101]

H(+). 건강 교육에 대한 공공지출
(Public expenditures on health & education as consumption)

교육과 건강에 쓰인 정부지출은 투입과 비용이라기보다는 산출과 편익으로 측정해야 하기 때문에 복지를 위한 지출이 되며 복지에 (+)요인이 된다. 그러나 교육은 생산성과 직접적인 관계가 없어서 투자로 계산하지 않으며 또한 교육은 방어적이므로 소비로 간주하지도 않는다(학교에 가는 것이 다른 사람들이 학교에 가기 때문에 나 또한 학교에 가게 되고 한편으로는 봉급을 받는 데 있어서 유리한 경쟁을 위해서 간다는 것이다. 따라서 이를 위

---

98) 경제기획원, 〈국부통계조사보고〉, 1987, p.35.
99) 통계청, 〈한국통계연감〉, 1992, 1985, 1977, 1973.
100) 경제기획원조사통계국, 〈국부통계조사보고〉, 1987, p.40. 이 문헌에는 건축물(structure) 중 교통시설의 총순비율(總純比率)이 75.5%로 나와 있으며 이 수치를 도로서비스에 적용한다.
101) Daly and Cobb, 앞의 책, p.422.

한 지출은 방어적 지출에 해당된다).102) 그럼에도 Zolotas는 대학교육의 절반은 자신을 위한 순수소비(pure consumption)로 간주하고 그만큼을 계상해 주어야 한다고 주장한다. 건강증진을 위해 쓰인 공공지출 또한 환경오염이 건강에 미치는 피해에 대한 보상의 차원에서 그 비용의 절반 값만 계상해 준다(방어비용).

이에 해당하는 국내의 자료로는 "국민계정"의 '정부의 목적별 최종소비지출'이 있으며 여기에는 교육항목이 나와 있다.103) 그러나 국민복지에 순수하게 기여하는 교육은 고등교육의 절반 값만 해당되기 때문에 이 값을 구하기 위해서는 먼저 총교육비 지출 중에서 고등교육비가 차지하는 비율을 구해야 된다.104)

총교육비 중 고등교육이 차지하는 비율을 구하기 위해서는 전문대학, 교육대학, 대학교의 교육재정을 알아야 하는데 이에 관한 정보는 "한국의 교육지표"의 '교육재정'에 잘 나와 있다.105) 따라서 이로부터 구한 고등교육비 지출비율을 '정부의 최종 소비지출'에 적용한다. 공교육비 중 고등교육비로서 매년 지출되는 비용을 구할 수 있다. 이 결과의 절반 값이 국민의 복지를 위해 공교육비가 기여한 비용이 된다.

국민의 건강증진을 위한 공공의료비에 대한 자료는 "국민계정"의 '정부 목적별 최종소비지출' 중 보건항목을 이용한다.106) 이 비용 중에는 환경피해가 건강에 미치는 결과인 방어비용이 포함되어 있기 때문에 이만큼은 국민복지 수준을 증가시키는 것과는 무관하다. 따라서 이를 보상해 주어야 하며 그것은 데일리의 방식대로 그 절반 값을 빼줌으로써 가능하다. 즉 '정부 목적별 최종소비지출' 중 보건비용의 절반 값만이 국민복지 수준을 증진시키는 공공비용이 된다.

---

102) Daly and Cobb, 앞의 책, p.403, pp.422~423.
103) 한국은행, 〈국민계정〉, 1990, pp.250~253.
104) 여기서 고등교육은 전문대학, 교육대학, 대학교를 말한다.
105) 한국교육개발원, 〈한국의 교육지표〉, 1991, p.313.
106) 한국은행, 〈국민계정〉, pp.250~253.

3) 어쩔 수 없이 지출되는 방어비용

I(-). 내구성 소비재에 대한 지출(Expendituers on consumer durables)

가사노동에 필요한 제품의 내구성이 떨어질수록 개인은 새로운 내구재 상품을 구입하는 데 드는 비용이 많아진다. 또한 광고의 강제구매 효과로 인한 내구재의 구식화 때문에 새로운 상품 구매를 위한 가계지출이 증가한다. 그러므로 증가된 만큼의 복지수준이 감소한다고 볼 수 있다. 따라서 내구성 소비재를 구입하는 데 들어간 초기 구입가격에 해당한 비용을 감해 주어야 한다(다른 측면에서는 이로부터 매년 나오는 서비스의 가치를 측정해 준다).

"국민계정"에는 '가계의 형태별 최종소비지출' 부분이 있으며 이 중 내구재에 대한 소비지출 항목이 있다.[107] 이 값은 내구성 소비재를 구입하기 위해 매년 국민이 지출해야 하는 가계비용으로서 복지수준의 감소요인이 된다.

J(-). 건강과 교육에 대한 가계의 방어비용
(Defensive private expenditures on health & education)

인적 자본의 질적인 축적은 고도로 전문화된 산업사회가 계속 기능하며 만족스럽게 향상되기 위해 없어서는 안 된다. 그래서 교육에 대한 총지출 중 이를 위해 이루어지는 지출의 정도가 문제가 된다. 즉 교육에 지출되는 일정부분은 투자의 성격을 가지며 따라서 가계소비로부터 빼줘야 한다. 왜냐하면, 투자는 현재소비를 감소시키는 것이기 때문이다. 이성적으로 추론해 본다면 기초교육과 중등교육은 '인적 자원(human captial)' 숙련도를 유지하는 데 필수적이며 이는 곧 투자에 해당된다.[108] 따라서 이만큼을 우선 개인소비로부터 공제해야 한다.

반면 고등교육은 다른 사람들보다 더 좋은 승진 전망을 가질 수 있으므로 고등교육의 상당부분은 소비재가 되며, 월급 차이가 나타나는 경우처럼, 이는 직

---

107) 한국은행, 〈국민계정〉, pp.242~245.
108) Zolotas, 앞의 책, p.82.

접적으로 총개인복지를 증진시키며, 단순히 생산성의 향상과는 관련이 없
다.109) 결국 교육에 지출되는 비용 중 고등교육의 일부만이 개인의 복지증진에
기여하는 순수소비가 되기 때문에 개인소비로부터 (-)로 계정해야 할 투자에
해당되는 부분은 초등교육과 중등교육 그리고 대학교육 중 일부분이 된다.

건강비용은 일정수준을 넘어서면 그 최종산물인 '건강' 질의 향상과 관련이
없다. 그래서 건강과 관련되어 지출되는 모든 비용을 전부 소비지출로 간주해서
는 안 된다. 예를 들면 미국의 경우 건강비용은 GNP 중 가장 높은 비율을
차지하고 있는 항목 중 하나이지만 실제 건강상태는 세계에서 최고를 나타내
지 않는 반면, 평균수명이 높고 유아 사망률이 낮은 국가들이 몇몇 있다.

주로 과거 이삼십 년간 건강비용의 편익효과는 인적 자본을 위한 투자든
단순한 소비든 관계없이 주로 다른 반대요인, 즉 환경오염, 현대생활의 정신
적인 스트레스, 의료서비스의 불평등한 분배 등에 의해서 상쇄되어 왔다. 이
러한 이유 때문에 건강비용의 증가분 중 많은 부분은 산업생활의 특징으로 인
해 야기되는 교정적 소비의 의미를 가진다. 따라서 이러한 교정적인 건강비
용은 복지지표에서 감해 주어야 한다.

"한국의 사회지표"에는 '가구당 연간 교육비'가 있다.110) 문제는 이 중에
서 얼마만큼이 고등교육을 위해 지출되는 가계비용인가 하는 문제이다. 이에
대한 데이터는 "한국의 교육비 수준"에 나와 있는 학교급별, 설립별 사교육비
총량규모로부터 사교육비의 총량규모당 고등교육(전문대학교, 교육대학교,
대학(교)) 비의 비율을 구한다. 이 자료에 의하면, 1990년 사교육비 중에서
고등교육비가 차지하는 비율은 19.04%이다.111) 보다 정확하게 계산해 내기
위해서는 이러한 비율이 시계열로 구해져야 하지만 이에 대한 데이터가 없기
때문에 이 값을 일반적인 값으로 보고 시계열 계산에 동일하게 적용한다.

총고등교육비가 구해지면, 이 중 개인의 순수복지를 위해 쓰였다고 추정되

---

109) Zolotas, 같은 책 p.82~83.
110) 통계청, 〈한국의 사회지표〉, 1992, p.195.
111) 공은배, 천세영, "한국의 교육비 수준", 한국교육개발원, 1990, p.52, 59.

는 값은 그 절반 값이므로 이만큼을 제외한 총가계의 교육비용이 국민의 복지와는 무관한 소비가 된다. 따라서 이를 지표에서 공제하면 된다.

가계의 의료비는 '가계의 최종소비지출' 중 의료보건비용이 있다.112) 이의 절반 값이 방어비용에 해당되기 때문에 이만큼만 공제한다.

K(-). 국민광고비용(Expendituers on national advertising)

Zolotas는 광고를 암시적 광고(suggestive advertising)와 정보제공적 광고(informational advertising)로 나눈다. 이 중 전자는 가계소비에 막대한 영향을 주는 중간 서비스로서 신상품에 대한 탐욕스런 욕망을 창출해 내고 기존 상품에 대해 불만족을 갖도록 함으로써 현 소비사회에서 시장 재화의 유형과 특성을 혼동, 왜곡시킨다. 이는 또한 재화가격을 상승시키는 요인이 되고 유사상품의 생산이 폭증하는 원인을 제공한다. 반면 후자는 소비자들에게 유익한 정보를 제공해 준다.

따라서 광고지출비 중에서 암시적 광고부분으로 추산되는 양인 총 광고지출비의 50%는 가계소비(private consumption)로부터 빼주어야 한다.113)

국민복지와 관련된 광고비 계정은 복지지표에서 매우 중요한 만큼 국내 복지지표의 경우에 있어서도 반드시 고려되어야 한다. 국내의 경우는 미국과는 달리 정부광고와 지방광고 간에 뚜렷한 구분이 없기 때문에 Daly방식보다는 Zolotas식이 더욱 유용할 것으로 생각된다. 즉, 정부광고는 마이너스(-)로 계산하고 지방정부는 플러스(+)로 계산해 주는 전자의 방식보다는 총광고비 지출 중에서 그 절반 값을 공제해 주는 후자의 것을 따른다.114) 이에 대한 자료는 1974~1991년까지 "한국광고연감"115)에 나와 있다.

그러나 이 자료는 1970년에서 1973년까지의 광고지출비용이 나와 있지

---

112) 한국은행, 〈국민계정〉, pp.242~245.
113) Zolotas, 같은 책, pp.48~49.
114) Zolotas, 앞의 책, p.49.
115) 제일기획, 〈한국광고연감〉, 1992, p.130.

않기 때문에 이 값은 1973~1990년 사이의 GNP 대비 광고비를 고려해서 구하며 여기에서는 1974년의 GNP 대비 0.59%를 일괄적으로 적용해서 값을 추정한다.

L(-). 출근비용(Costs of cmmuting)

직장으로 출퇴근하기 위해서 교통수단을 이용하는 것과 그와 관련된 교통혼잡은 도시화의 가장 부정적인 면에 해당된다. 그 원인은 주로 자가용에 있으며 이로 인한 피해로는 출근비용 상승, 시간의 낭비 그리고 대기 소음 공해, 교통사고로 인한 문제 등을 들 수 있다. 이 중 여기에서는 출근비용과 시간가치만을 고려하며 그 외 환경적인 요인이나 교통사고비용은 다른 지표에 반영한다.

도시화 비용의 보다 넓은 범주로 볼 때 통근비용은 2가지 측면에서 계산이 가능하다. 하나는 직장으로 출퇴근하는 데 이용되는 교통수단의 직접적인 비용이며 또 하나는 출퇴근할 때 소비되는 시간가치의 비용화 문제로 간접적인 비용이다. 교통수단 이용비용은 다시 대중교통 이용자와 자가용 이용자로 나눌 수 있다. 결국 출퇴근비용의 계산은 대중교통수단 이용비용, 자가용 이용비용 그리고 출퇴근 소모시간비용의 총합이 된다.

이 지표를 국내에 적용할 경우에는 "국민계정"에 나와 있는 '가계의 목적별 최종소비지출' 중 교통통신 항목을 이용한다. 그러나 사용코자 하는 값은 교통비용 중에서 국민복지에 관련성이 없는 교통비용이며, 특히 이 중에서도 국민복지와는 무관하게 '어쩔 수 없이 지출해야 하는(regrettable)' 출근비용을 원하기 때문에 이를 위해서는 2단계의 계산절차를 거쳐야 한다.

하나는 이 비용 중 통신비용을 빼주는 일이다. "도시가계 연보"의 '전 도시 전 가구의 가구당 월평균 소비지출 기준'에는 공공교통비, 개인교통비 그리고 통신비 항목이 나와 있다. 따라서 이를 이용하면 교통통신비 중 교통비만을 구할 수 있다. 또 다른 절차는 이 교통비 중 얼마가 통근을 위한 비용인가 하는 점이다. 이를 구하기 위해서는 우선 총 출근자 수 혹은 교통수단별 출근자 수, 각 교통수단별 이용비용에 대한 자료가 있어야 하며 또한 출근시간비용에 대한 자료가 필요하다. 그러나 이에 대한 자료가 구해지기 힘들기 때문에 국내 가계의 교통비는 주로 출근비용임을 가정하고 이 값을 사용하기로 한다.

M(-). 도시화 비용(Cost of urbanization)

Daly에 의하면 도시화 비용은 도시밀집으로 인한 토지가격 상승분이 연간 주거비 중에서 얼마를 차지하는 것인가를 추정하는 비용이다.

국내의 경우 "도시가계 연보"에 '전 가구 가구당 월평균 소비지출'이 있으며 여기에 주거비용 항목이 나와 있다.[116) 주거비용은 월세, 주택 설비 수리비, 기타 주거비로 되어 있다. 그러나 도시화로 인한 토지가격 상승을 반영하기 위해서는 이 주거비용에다 다른 항목에 있는 전세평가액과 자가평가액을 더해 주어야 한다. 이 값을 연간 비용으로 환산한 후 총 가구 수를 곱해서 연간 총주거비를 구할 수 있다. 그런데 문제는 이 총주거비 중에서 주거 자산의 총 가격 중 땅값 상승요인에 의한 비용 때문에 들어가는 주거비가 얼마인가 하는 점이다. 이를 구하기 위해서는 '거주지 땅값'과 '거주지 구조물 가격' 그리고 이들의 내용으로 구성된 주택자산가치에 대한 데이터가 구해져야 한다. 그러나 현실적으로 이러한 데이터는 구하기 어렵기 때문에 다른 방법을 사용한다.

즉 주거비 중의 월세와 주거비로 계산되지 않는 전세평가액 그리고 자가평가액의 총합을 도시화로 인해 생기는 '어쩔 수 없이 지불되는 비용'으로 간주하고 이를 공제해 준다. 이 총합은 도시가계의 월평균 값이므로 총비용을 구하기 위해서는 여기에 도시화 비용임을 감안해서 총가구 중에서 총도시가구 수만을 곱해 준다.[117) 그러나 이 값은 도시화 비용과는 무관한 비용이 과계

---

116) 통계청, 〈도시가계년보〉, 1992, p.32~37.
117) 총가구수에 대한 자료는 "건설통계편람"(건설부, 1992, p.303)에 있으며, 도시가구 수에 대한 자료는 없기 때문에 농가가구 수를 총가구에서 빼줌으로써 구한다. 농가가구 수에 대한 데이터는 "농림수산통계연보"(농림수산부, 1992)를 참고한다. 총가구수에 대한 정보는 5년마다 이루어지는 인구주택 센서스 자료가 있으나 이

정되어 있을 가능성이 많기 때문에 이를 보상하는 방법으로서 Daly가 일반적으로 사용하는 1/2공제를 적용한다. 즉 이 값 중 절반가량은 도시화 비용과는 무관하게 존재하는 비용으로 본다. 따라서 월세(Rents paid), 전세평가액(Rental value of rent deposit housing), 자가평가액(Rental value of owner occupied housing)의 총합의 절반 값을 도시화 비용으로 한다.

N(-). 교통사고비용(Cost of autoaccident)

교통사고란 ① 도로에서, ② 자동차에 의한 교통활동 중에 ③ 사람을 사상하거나 물건을 파괴한 각종 손실을 유발하는 것을 말한다. 이러한 교통사고는 인명피해, 재물적 피해와 정신적 피해 등 경제적 손실을 가져온다. 교통사고로 인한 이러한 모든 경제적 손실은 이해당사자가 각기 다르게 가치화할 수 있다. 그러나 교통사고로 인한 사회적 비용은 독일의 미할스키(Wolfgang Micha-lski)가 정의한 사회경제적으로 최적상태가 실현되지 못한 데서 생긴 국민경제적 손실로서 이를 화폐적 가치로 환산한 것이다. 여기에서 경제적 손실은 개인이 부담하느냐 사회가 부담하느냐의 부담주체에 대해서 구애받지 않으며 어떠한 형태로든지 사회 전체가 부담하고 있는 비용이라고 할 수 있다.[118]

우리나라는 80년대 이후 연평균 8%의 높은 증가율을 보이고 있다. 이에 대한 사회적 비용을 총생산손실 계산법에 의해 1991년도 교통사고의 물적 피해비용, 인적 피해비용 그리고 사회기관비용을 추계하고 평가한 결과 총사회적 비용은 약 5조 1,028억 원인 것으로 나타났다. 이러한 비용은 국내총생산(GDP)이나 국민총생산(GNP)의 약 2.5%에 이르며, 이 중에서 인적 피해비용은 약 70.1%(약 3조 5,761억 원), 물적 피해비용은 24.8%(약 1

는 그 외의 시계열 자료가 없기 때문에 본 연구에 있어서 총가구수에 대한 시계열 데이터는 전술한 자료를 참고로 한다. 위 양자간의 5년마다의 측정치를 비교해 보면 인구, 주택 센서스 자료가 보다 많은 수치로 나타난다.

118) 장영채, 김영찬, 〈교통사고의 사회적 비용에 관한 연구〉, 도로교통안전협회, 1992, p.7.

조 2,654억 원), 교통사고 처리를 담당하는 사회기관비용이 약 5.1%(약 2,612억 원)를 차지하고 있다. 피해종별 평균비용은 사망자 1명당 약 1억 3,471만 원, 부상자 1명당 약 575만 4천 원, 물적 피해는 1건당 약 108만 4천 원이었다.[119]

이러한 실정은 넓은 의미의 국민경제 생산현장인 도로에서 자동차에 의한 교통활동이 국민경제에 중대한 역할을 담당하면서도 교통사고로 인해 국내총 생산의 약 2.5%, 1991년도 자동차관련제세 5조 2,315억 원의 약 98% 수준의 사회적 비용이 발생되고 있다는 것을 보여주고 있다. 이러한 수준은 일본의 교통사고 사회적 비용이 일본 국내총생산(GDP)의 1% 수준과 영국의 0.7% 수준에 비교해 볼 때 우리나라는 교통사고로 인해 사회, 경제적 손실이 심각한 실정임을 대변해 주고 있다.[120]

본 연구에서는 위 연구자료에서 밝힌 피해종별 평균비용을 기준으로 교통 사고의 사회적 비용에 관한 시계열 값을 추정한다. 1970~1990년 사이의 교통사고에 관한 통계 자료는 경찰청, 교통사고 통계를 따른다.[121]

4) 환경문제와 관련된 사회적 비용

경제적 외부효과로서 환경오염이 심화되면서 이를 내부화하는 과정에서 사회비용이 발생되고 이는 GNP 증가 요인으로 이어진다. 반면 사회복지는 감소된다. 따라서 이 환경오염으로 인한 피해비용은 교정적 성질(corrective nature)을 가짐으로써 복지지표에 (-)로 계정해 주어야 한다.

환경오염으로 인한 사회적 비용은 통제비용(control cost)과 피해비용 (damage ccost)으로 구분할 수 있으며 전자는 오염의 파괴적인 결과를 예방하거나 개선하는 데 드는 지출비용이며 피해비용은 통제비용에 의해 영향을 받지 못해 일어나는 나머지 사회적 비용을 나타낸다. 피해는 경제적, 문

---

119) 장영채, 김영찬, 같은 책, p.64.
120) 장영채, 김영찬, 같은 책, p.58.
121) 경찰청, 교통사고 통계, 1992, p.14.

화적, 심미적, 심리적일 수 있으며 이 외에도 환경과 관련된 건강에 대한 피해, 환경과 관련되어 잃게 된 근무시간의 가치, 심미적, 환경적 변화와 파괴비용 등이 있다.

이론적으로 한계통제비용이 한계피해비용과 환경파괴로 야기된 피해와 같아질 때 최적이 되며 사회에 대한 총비용은 최저가 된다. 그래서 오염통제가 증가함에 따라 피해비용은 감소하게 된다.[122]

O(-). 수질오염비용(Costs of water pollution)

수질오염 방지는 대부분 공공기관에 의해 이루어지며 따라서 일부 비용만 가계로부터 (-)해 주어야 한다. 그러나 일반적으로 통제비용의 절반을 감해 왔다.

이 지표를 국내에 적용하기 위해서는 수질오염으로 인한 피해비용을 다각도로 연구한 데이터가 필요하다. 즉, 수질오염을 통제하기 위한 사전 방지비용, 발생한 오염물질을 처리하는 처리비용, 오염으로 인해 입게 되는 건강상, 생태계상에 미치는 피해비용 등에 대한 종합적인 데이터가 필요하다. 그러나 이에 해당하는 자료의 부족으로 간접적인 방법을 사용한다.

이에 대한 대안으로서는 2가지가 있다. 하나는 환경관련 예산내역 중 부문별 예산액수를 그 비용으로 간주하는 것이다. 그러나 이것은 기간상 데이터의 공백기가 존재하며, 특히 환경관련 업무가 일원화되지 못하는 현행 행정구조상에서 볼 때 이러한 방법은 오염비용을 과소평가하게 된다. 또한 이 예산액에는 국민복지비용과 관련이 있는 민간투자부문을 구분해 낼 수 없다.

따라서 또 다른 대안을 선택한다. 수질오염을 방지하기 위해 경제적으로 가장 효율적인 대응으로 나타난 것이 수질오염의 투자현황이라고 간주하고 이 지출을 수질오염으로 인한 사회적 비용으로 사용한다. 이 방법은 선행방법보다 덜 과소평가되어 있으며 또한 원하는 민간투자부문만을 구분해 낼 수

---

122) Zolotas, 같은 책, pp.60~63.

있다. 그러나 이 데이터도 역시 기간의 공백이 존재하기 때문에 이를 극복해야 한다. 그 방법으로는 몇 년의 기간을 기준연도로 설정하고 이 값의 GNP 대비율을 구해서 과거 연도에 이를 적용, 그 값을 간접 추정한다. 이렇게 산출된 비용은 실제로 지출된 비용은 아니다. 그러나 비용이 투자되지 않았다고 해서 환경오염이 일어나지 않은 것은 아니며 또한 일반적으로 GNP 성장과 환경오염 간에는 일정한 상관관계가 있다고 인정되기 때문에 이 방법으로서 시계열 자료를 구한다.

이를 위해서는 이용 가능한 문헌을 참고로 해서 먼저 1985~1987년의 '투자현황이 GNP 중에서 차지하는 비율'을 기준으로 다른 연도의 투자현황을 추정하며 이 값을 수질오염비용으로 대체한다. 이 중에서 개인의 복지와 관련되어 있는 민간부문의 투자비용은 데일리의 경우 통제비용 중 1/2만 고려했는데 본 연구에서는 '수질부문의 투자현황 중에서 민간이 차지하는 비율'의 데이터로부터 이를 직접 구한다.[123]

위 문헌에 나와 있는 1985, 1986, 1987년의 데이터 중에서 중간 값을 나타내는 1987년을 기준으로 삼고 계산하면, 1987년도 경상 GNP가 106조 244억 원이고 수질부문 투자현황은 5천 839억 원으로 GNP 대비 0.55%를 나타낸다. 또한 1985~1987년 사이에 수질부문 중에서 민간이 차지하는 비용은 34.9%로 제시되어 있다. 이 두 수치를 이용하면 원하는 비용을 추정할 수 있다.

그러나 마지막까지 중요한 문제로 남는 것은 위 계산결과 역시 수질오염에 대한 비용을 추정하는 데는 전술한 바대로 과소평가될 수밖에 없다는 점이다.

P(-). 대기오염비용(Costs of air pollution)

대기오염통제비용은 민간비용과 정부비용으로 이루어져 있으며 이 중 얼마를

---

123) 환경처, "환경부문 투자에 대한 문제점과 대응 방향", 1988. 6(이정전, 신의순, 앞의 책 p.182).

민간비용으로 간주하여 민간소비로부터 빼줘야 하느냐가 문제가 된다. CEQ 추정에 의하면 통제비용의 절반을 민간소비비용으로 간주하며 통제비용의 나머지 1/2은 정부지출비용이므로 경제복지지표 계정과는 관계가 없다.[124]

국내의 대기오염비용을 계산하기 위해서는 수질오염비용의 산출과 같은 이유 때문에 수질오염비용의 계산과 동일한 방법을 택한다.

대기의 경우에도 1987년도를 산출의 기준연도로 삼는다. 1987년도 GNP 가 106조 244억 원이고 대기부문의 투자현황은 4천 325억 원이므로 GNP 대비 0.43%를 차지한다. 또한 국민복지와 직접적으로 관련을 가지는 민간 부문의 투자는 99.3%를 차지하고 있다. 따라서 데일리의 방식인 절반 값을 공제해 주는 대신 이 비율을 적용한다.

Q(-). 소음공해비용(Cost of noise pollution) → 폐기물비용
(Costs of waste)

데일리는 소음공해비용을 ISEW모형에 포함시켰으나 본 연구에서는 다음 2가지 이유로 해서 그것 대신 폐기물비용을 고려한다. 첫째는 소음공해에 대한 비용을 추정할 수 있는 국내 자료의 한계와 둘째는 폐기물 또한 소음공해와 같이 국민의 생활 질을 파괴하는 중요한 공해요인으로서 이에 대한 자료는 구득이 가능하기 때문이다.

따라서 국내의 ISEW모형에서는 소음공해비용 대신 폐기물비용을 반영하는 것은 타당성을 갖는다. 폐기물비용의 계산은 수질비용 계산과 동일한 방법을 따른다.

1987년도 경상 GNP는 106조 244억 원이고 이해의 폐기물 투자현황은 3천 197억 원이다. 이를 GNP 대비로 나타내면, 0.32%가 된다. 또한 국민의 복지상태와 관련 있는 민간지출은 1985~1987년 사이에 52.4%를 차지한다.

---

124) Zolotas, 같은 책, pp.65~67.

R(-). 습지손실(Loss of wetlands) → 산림의 손실(Loss of forest)

과거 국내에는 100여 개의 자연 늪이 있었으나 이 중 대부분이 유전 늪처럼 쓰레기 처리장이나 공장부지로 메워져 이제 남아 있는 자연 늪은 10여 개 정도에 이른다. 66년에 경우 식물 200종, 곤충 234종, 거미류 16종, 규조류 57종의 생태학적 가치를 인정받아 천연기념물 지정을 받았던 강원도 양구의 대암산 큰 용늪은 스케이트장으로 쓰기 위해 손실되었고 작은 용늪은 토사유입으로 산지 초원화되고 있는 실정이다.[125)

습지는 생태학적인 면에서 매우 유용한 가치를 가진다. 따라서 그 중요성에 비추어 볼 때 습지의 손실을 ISEW모형에 포함시키는 것은 타당하지만 국내의 경우 이에 대한 시계열 자료가 없기 때문에 본 연구에서는 그 대신 다른 내용을 고려하기로 한다. 이에 대한 대안으로서 해안 매립으로 인한 생태계 파괴 또는 임야의 손실을 들 수 있다. 습지가 생태계에서 중요한 기능을 차지하며 국토개발과 환경오염으로 인해 그 피해가 매우 중요한 의미를 가진다는 점을 본다면 이 또한 동일선상에서 의미를 가질 수 있기 때문에 대체가능할 것이다.

그러나 해안 매립은 일정기간의 사업단위로서 대규모 건설공사에 해당하기 때문에 국민복지에 대한 영향을 지속적으로 고려하기 힘들고 자료 또한 한계가 있다. 그 반면에 임야의 손실은 과거 20여 년 간 꾸준하게 진행되어 온 것으로서 매년 손실면적에 대한 데이터가 충실하고 게다가 손실비용을 계산할 수 있는 연구가 최근 국내에서 이루어져 이를 이용한 임야의 손실비용을 계산해 낼 수 있다.

산림청 임업연구원은 "산림의 공익적 기능의 계량화 연구"(1992. 10)를 통해서 산림의 기능을 크게 환경개선기능, 수원함양기능, 국토보전기능으로 나누고 각 기능의 가치를 계량적으로 평가하였다. 먼저 환경개선기능에는 이산화탄소 흡수효과가 최소 3,825억 원에서 최대 1조 1,243억 원, 아황산가스 처리효과가 최소 334억 원에서 최대 1,480억 원, 산소공급효과가

---

125) 환경운동연합, 앞의 책, pp.18~25.

6조 1,193억 원인 것으로 추정하였다. 수원함양기능에는 다목적댐 대체효과가 9조 7,272억 원, 물 정화능력이 3,759억 원으로 평가되었다. 그리고 국토보전기능에는 토사유출 방지기능이 4조 5,992억 원, 토사붕괴 방지기능이 1조 1,703억 원으로 평가되었다.

본 연구에서는 이러한 연구성과를 바탕으로 임야의 손실비용을 계산한다. 위에서 제시한 평가액 중에서 최소와 최대가치가 함께 나와 있는 항목은 그 중간 값을 이용하고 나머지는 그대로 사용한다. 따라서 이 방법대로 한다면, 1991년의 삼림면적 628만 4천 헥타르(ha)를 기준으로 한 국내 산림기능의 총 가치는 22조 8,360억 원으로 나타난다.

결국, 1991년도 단위 ha당 국내 산림의 가치는 363만 4천 원으로 계산된다. 이 수치를 매년 손실되는 임야면적에 적용하면 과거 20여 년 간 임야의 손실로 잃게 된 가치를 추정해 낼 수 있다. 임야손실에 대한 데이터는 "임업통계연보"에 잘 나타나 있다.126)

S(-). 농경지유실(Loss of farmland)

도시팽창과 침식, 유기물분해, 땅의 경화 등 관리소홀로 인해 농경지 파괴가 일어나고 있다. 과거 토양의 생산성이 떨어질 때마다 에너지와 비료 등 기술의 발달로 이러한 문제를 극복해 왔으나 현재는 농사에 이용되는 저렴한 에너지자원의 급격한 고갈, 비료사용으로 인한 토양 내 무기물(humus) 파괴, 토양 탄소의 산화, 침식 등으로 인해 농경지의 위기가 왔다.

이러한 상황에 비추어 도시화와 관리소홀로 인한 토지의 장기적인 생산성에 대한 누적된 피해분을 소비부분에서 빼주어야 한다. 이때 중요한 것은 기존의 잘못된 경제학적 사고의 산물인 미래비용과 편익의 재할인이라는 개념을 버리고 현재의 상황을 재할인되지 않은 비용(undiscounted costs)으로 계산해야 한다.

---

126) 산림청, 〈임업통계연보〉, 1992, p.4~5.

매년 국내의 농경지 면적이 산림청, "임업통계연보(1992)"의 '국토이용 상황표'에 잘 나타나 있다. 따라서 매년 국내에서 줄어드는 농경지 면적을 구할 수 있다. 그러나 엄밀한 의미에서 이 자료는 ISEW모형에 적용하는 농경지유실과는 다소 의미가 다르다. 왜냐하면 ISEW모형의 농경지유실은 침식으로 인한 생산성 손실, 땅의 경화로 인한 손실 그리고 도시화로 인한 농업용지의 손실이 모두 포함되어 있기 때문이다. 이러한 차이점에도 불구하고 국내의 경우 이에 대한 성과가 미진하고 그 대신에 본 자료는 과거 20년간의 농경지 면적의 변화를 일관성 있게 보여주고 있기 때문에 이를 이용하기로 한다.

이를 바탕으로 '단위경지 면적당 농경지 손실비용'을 적용한다면 농경지 손실비용을 추정할 수 있다. 그러나 지금까지의 연구성과를 검토해 볼 때 이러한 데이터는 현재 구할 수 없으며 따라서 본 연구에서는 부득이하게 산림의 기능을 바탕으로 그 값을 추정한다. 농업 또한 산림과 마찬가지로 홍수조절기능, 수자원함양기능, 토양보전기능, 대기정화기능 그리고 자연공간과 휴양공간 제공기능 등이 있기 때문이다.[127]

T(-). 비재생자원의 고갈(Depletion of nonnewables resources)

비재생자원의 고갈비용은 자연자산으로서 재생되지 않는 천연자원을 소모해 버림으로써 미래에 사용할 에너지자원과 생산요소를 고갈시키는 데 따른 사회적 비용을 추정한 값이다. 이 비용은 자원이용 측면에서의 미래세대와의 형평성 문제의 중요성을 담고 있다. 또한 비재생자원의 고갈은 생태계를 위협하는 요인이 된다. 따라서 이를 ISEW모형에 포함시키는 것은 너무나 당연하다.

그러나 이 항목을 한국에 적용하는 데 있어서 중요한 문제점이 있기 때문에 이 지표를 배제한다. 한국은 천연자원의 종류는 많지만 매장량이 적고 채굴에 따른 경제성이 낮아 실제로는 자원빈국에 해당되기 때문이다. 특히 무

---

127) 성진근, "자연환경보전과 농업의 중요성", 〈자연환경보존과 농업〉, 농업중앙회, 자연보호중앙협의회 공동세미나, 1991, pp.33~36.

연탄, 철광석의 80~90%와 금, 은, 중석의 60~70%가 북한지역에 분포
하는 등 천연자원 분포의 지역적 편차가 크다. 따라서 남한지역에서는 주요
자원의 해외의존도가 매우 높다. 남한의 1989년 주요자원 수입의존도를 보
면 철은 98%, 금은 94%, 동은 99%이며 크롬, 알루미늄, 망간, 석유, 우
라늄은 전량을 해외수입에 의존하고 있다.[128)

특히 중요한 것은 국내에서 가장 소비량이 많고 따라서 ISEW모형에 중요
한 의미가 있는 비재생자원인 주요 에너지자원을 수입에 의존하고 있다는 점
이다. 1990년 현재 에너지공급구조를 보면 석유가 53.8%, 유연탄이 15.5%,
LNG가 3.2%, 수입무연탄이 1.1%로 총 73.6%를 차지하고 있는데 이
양을 전량 수입해 오고 있다. 국내 무연탄은 9.6%에 불과하다.[129)

따라서 한국에 적용 시 이 지표의 계정은 ISEW모형에 무의미한 것으로
판정되어 제외시킨다.

U(-). 장기적인 환경오염의 피해(Longterm environmental damage)

장기적인 환경오염은 전 지구적인 환경오염을 의미하며 국제환경문제의
중요한 원인이 된다. 특히 온실효과로 인한 지구온난화와 CFC에 의한 오존
층 파괴문제 등은 가장 문제화되는 부분이며 이는 결국 국제협약의 형태로
자리잡힐 전망이어서 이에 대한 비용화 문제는 전 지구적 생태위기뿐만 아니
라 각국의 경제활동 규제문제와 밀접히 관련되어 있어 지속가능한 개발론에
대한 뜨거운 논쟁이 계속되는 상황에 있다. 따라서 이에 대한 피해비용화는
매우 의미 있는 작업이 된다.

데일리는 장기적인 환경오염 피해 중에서 가장 중요한 것은 생태계가 위협
받고 있으며 이러한 현상은 화석연료와 핵에너지 소비량에 비례한다고 전제하
고 에너지소비에 부과하는 에너지세를 이용하여 그 피해액을 산정한다.[130)

---

128) 건설부, 〈제3차 국토종합개발계획 해설(1992-2001)〉, 1992, p.9~10.
129) 동력자원부 에너지경제연구원, 〈에너지통계연보〉, 1991, 통계도표(5. 에너지공급
　　 구조 1990년).
130) Daly and Cobb, 앞의 책, p.440~441.

본 연구에서도 이러한 방법을 적용한다. 현재 지구온난화 대책의 일환으로 국제적으로 활발히 논의되고 있는 에너지세 및 탄소세를 본 연구에 활용한다. 현재 에너지세 및 탄소세를 실시하고 있는 국가는 핀란드(1990), 네덜란드(1990),노르웨이(1991), 스웨덴(1991), 덴마크(1992) 등 5개국이며, 1992년 5월에는 EC국가들 간에 배럴당 $10($75 / 탄소톤)의 에너지 / 탄소세 도입 원칙에 합의하였다.131) 미국은 열량기준의 범에너지세로 백만(Btu)의 에너지소비에 25.7센트의 에너지를 94년 7월 1일자로부터 점진적으로 3단계에 걸쳐 본격화하여 96년 7월 1일부터는 제시한 목표 세율을 적용할 예정이다.132)

탄소세에 대한 여러 연구결과들을 종합해 보면, 이산화탄소 배출량을 2000년까지 1990수준으로 동결하고 2020년까지 추가적으로 약 20%를 더 감축하여 계속 안정화시키기 위해서 21세기에 요구되는 탄소세의 크기는 대략 200~300달러 / 탄소톤($27~$40 / Bbl)으로 추정하고 있다.133) 또한 보통 시나리오에 의해서 현 상태가 계속될 때(BAU: Business as useral) 이산화탄소 배출의 22.7%를 탄소세를 활용하여 대처할 경우 대체효과를 고려하지 않고 직접적인 가격효과만을 고려한다면 약 $20 / Bbl($150 / 탄소톤)의 탄소세를 부과해야 할 것으로 추정된다.134)

결국 본 연구에서는 지구온난화 문제가 심각한 수준에 이른 점을 인정하고 위에서 밝힌 대로 200~300달러 / 탄소톤의 에너지세를 비용산정의 기준으로 삼는다. 왜냐하면 2020년까지 20%를 감축하여 안정화시키기 위해서 이만큼의 비용이 필요하다는 것은 본 연구의 분석대상 기간인 과거 20여 년 동안 이 수준의 비용을 이산화탄소 저감을 위한 비용으로 투자되었다면 이산화탄소의 대기 중 농도를 안정화 수준으로 유지할 수 있었다는 논리적

---

131) 에너지경제연구원, "지구환경문제와 바람직한 에너지 자원정책 방향", 1993. 6.1.
132) 에너지경제연구원 자료.
133) 에너지경제연구원, 앞의 책, pp.13~14.
134) 에너지경제연구원, 앞의 글, p.23.

인 타당성이 성립하기 때문이다. 따라서 본 연구에서는 위의 값 중 최저가 격인 $200 / 탄소톤($27 / 배럴)의 탄소세를 적용한다.

국내의 에너지소비량에 관한 자료는 "에너지통계연감(에너지경제연구원, 1992)"의 최종에너지를 이용한다.[135] 본 자료의 톤당 소비량을 먼저 배럴 로 환산하고 이를 앞에서 제시한 배럴당 $200 / 탄소톤($27 / 배럴)의 탄소세 를 적용한다. 이 값을 1985년 환율(원/$=890.20)을[136] 기준으로 한화로 환산하면 178,040원 / 탄소톤이 된다.

5) 자본의 축적과 자본구성

V(+). 순자본 증식(Net captal growth)

경제복지가 지속되기 위해서는 자본공급이 증가하는 인구수의 수요를 충족할 수 있도록 증가해야 한다. 따라서 새로운 자본스톡(new capital stock)이 필요자본(capital requirement)보다 많아야 하며, 이 양을 측정하는 것은 경제복지지표 요인으로서 유용하다. 데일리에 의하면 새로운 자본스톡(new capital stock)은 재생산 가능한 고정자본(reproducible fixed capital) 의 증가분을 말한다. '재생가능하다'는 것은 총자본 중에서 고정자본 소모를 제외한 순자본을 의미하므로 결국 순자본스톡이 매년 얼마씩 증가했느냐를 측정하기 위해서는 순자본스톡의 전년도 대비 증가분을 구해야 한다.

본 연구에서는 "국민계정"의 '자본재 형태별 총자본 형성' 내용 중 총고정 자본 항목과 '분배구조'의 고정자본소모 항목을 이용한다. 순자본스톡은 매 년 형성되는 총고정자본으로부터 '고정자본소모'를 뺀 값이 되며 따라서 이 값의 매년 증가분, 즉 전년도 대비 증가분은 데일리의 '새로운 자본스톡'과 같은 의미의 값이 된다.

필요자본은 노동력의 변화율에 전년도로부터 발생된 자본스톡을 곱한 값이

---

135) 에너지경제연구원, 〈에너지통계연감〉, 1992.
136) 송병락, 앞의 책, p.49.

된다. 노동력 변화율에 관한 정보는 '주요 경제지표'의 '경제활동인구 중 취업자 증가율'을 사용한다.[137] 경제활동인구는 취업자와 실업자를 모두 합해서 일컫는 말이므로 이 중 일하는 자에 해당하는 취업자의 변화량을 노동력의 변화로 본다. 따라서 필요자본은 당해연도 취업자 변화율에 전년도 순자본 형성을 곱한 것이 된다.

본 지표의 산출과정에 문제가 되는 것은 1970년의 새로운 자본스톡은 구하는 것이다. 즉, 1970년도의 새로운 자본스톡은 1969년과 1970년 사이의 순자본스톡 양의 차이에 해당하는데 이를 구하기 위해서는 "국민계정"에 나와 있지 않은 1969년도 순자본스톡 데이터를 필요로 한다는 점이다. 따라서 이에 대한 데이터는 1981년의 "경제통계연보"의 1970년과 1969년 것을 참고로 한다. 이 문헌은 "국민계정"의 계정방법과 달라 데이터의 일관성이 없기 때문에 양자 문헌 간의 상호비교는 무의미하지만 "경제통계연보" 데이터 내에서의 두 연도 간 차이를 구하는 것은 증가분이기 때문에 의미상 크게 달라지지 않는다고 볼 수 있다. 1969년 자료에 의하면 1969년의 총고정자본 5조 9,822억 원, 고정자본충당금 1조 4715억 원, 따라서 순자본스톡은 4조 5,107억 원이 되며, 1970년은 총고정자본 형성 5조 8,664억 원, 고정자본소모가 1조 5,184억 원, 따라서 순자본스톡은 4조 3,480억 원이 된다. 결국은 1970년의 새로운 자본스톡이란 이 값의 차이에 해당되는 -1,627억 원이 된다.

W(+). 자본투자의 국내외적 입지변화
　　　　(Change in net international position)
자본투자의 국내외적인 연간 입지변화는 경제복지의 지속성을 측정하는 한 수단으로서 포함이 가능하다.
　① (A국이 해외에 투자한 양) - (외국인이 A국 내에서 투자한 양)

---

137) 경제기획원, 〈주요 경제지표〉, 1992, 1988, p.23.

② ①의 결과가 (+)이면, A 나라는 자본스톡 증가

①의 결과가 (-)이면, A 나라의 자본형성은 외국 소유주의 부를 빌린 것이다.

한국의 경우 '한국경제지표'의 해외투자와 외국인투자에 관한 정보를 이용한다.[138] 이 문헌에 의하면, 국내 자본의 형성 구성을 보면 해외투자보다 외국인투자가 더 많이 이루어져 있음을 알 수 있다. 따라서 국내 자본의 축적은 경제복지의 지속성에 부정적인 영향을 주고 있음을 나타내준다.

지금까지 살펴본 ISEW지표는 한국의 상황을 고려해서 몇 가지 지표가 수정되었으며 약간 다른 ISEW모형으로 재구성되었다. 소음공해비용(Q)은 폐기물비용(Q)으로, 습지손실(R)은 산림손실(R)로 대체하였으며, 그리고 농경지손실(S)은 다시 산림손실(R)과 합해져서 산림 및 농경지손실(RS)이 하나의 지표로 구성되었다. 또한 비재생자원의 고갈(T)은 모형에서 제외시켰다. 따라서 본 연구에 적용된 ISEW모형의 총 지표수는 18가지이며 이를 Daly의 ISEW모형과 구분하기 위해서 수정된 지표의 다음에 오는 지표의 알파벳 기호를 RS, UU, VV, WW로 사용한다.

결국 이를 요약해 보면 한국에 적합한 지속가능성경제복지지표(ISEW) 모형은 다음 표와 같다(〈표 1.5〉).

〈표 1.5〉 한국에 적합한 지속가능성경제복지지표(ISEW) 모형의 구조

항 목	평가지표
가. 소득분배를 고려한 소비 (ISEW의 기본 숫자)	개인소비에 대한 가중치 값(D)
나. 지속적인 서비스 양(+)	가사노동(E) 내구성소비재(F) 도로와 거리(G) 건강, 교육에 대한 공공지출(H)

항 목	평가지표
다. 개인소비 측정 시 복지로서 과대평가된 부분에 대한 보상: 어쩔 수 없이 지출되는 비용(−)	내구성소비재에 대한 지출(I) 건강과 교육의 방어비용(J) 국민광고비용(K) 출근비용(L) 도시화 비용(M) 자동차사고비용(N)
라. 환경문제와 관련된 사회적 비용(−)	수질오염비용(O) 대기오염비용(P) 소음공해비용(Q) 습지 및 농경지 손실비용(RS) 장기적인 환경오염 피해비용(UU)
마. 자본축적과 국내외 간 자본구성(+)	순자본의 증식(VV) 자본투자의 국내외적 구성변화(WW)

최종적으로 한국형 ISEW모형은 다음과 같이 표현된다.

$$ISEW모형 = D + (E+F+G+H) - (I+J+K+L+M+N)$$
$$- (O+P+Q+RS+UU) + (VV+WW)$$

제5절
지속가능경제복지지표에 의한 한국 경제성장 평가

한국의 ISEW지표의 산출결과와 이를 1971년부터 1990년까지 한국에 적용해 본 결과는 다음 표와 같다(〈표 1.6〉).

〈표 1.6〉 한국의 ISEW지표의 산출결과와 ISEW모형

연 도	개인소비	불평등지수	불평등 고려 개인소비	가사노동	내구성소비재 서비스	도로서비스	건강교육 공공지출	내구성소비재 가계지출	건강교육 가계비용
	B	C	D	E(+)	F(+)	G(+)	H(+)	I(−)	J(−)
1970	181,798	100	181,798	−	433	7,944	1,149	1,432	3,462
1971	198,208	96	206,898	76,009	523	8,021	1,208	1,737	4,021
1972	207,668	91	227,457	83,458	628	8,462	1,313	2,053	4,690
1973	225,867	93	243,917	89,217	760	8,602	1,257	2,568	5,195
1974	242,218	94	257,953	92,315	913	8,720	1,713	2,976	5,305
1975	254,665	99	257,237	92,729	1,083	8,864	1,673	3,301	5,831
1976	275,965	104	264,842	99,794	1,304	8,985	2,427	4,301	6,717
1977	292,001	106	276,778	137,197	1,571	9,014	1,689	5,191	7,118
1978	318,852	107	298,551	158,203	1,978	9,071	1,946	7,920	7,910
1979	347,005	105	330,167	192,165	2,474	9,146	2,366	9,657	8,983
1980	343,660	103	333,004	221,906	2,877	9,268	2,563	7,844	9,358
1981	360,001	106	341,233	228,093	3,424	9,936	2,865	10,630	10,686
1982	383,365	108	355,956	249,273	4,098	0,646	3,120	13,113	13,568
1983	418,311	108	388,404	261,069	5,024	10,778	3,064	18,029	16,523
1984	450,055	107	419,046	263,417	6,245	10,068	3,213	23,741	19,328
1985	478,749	107	448,267	278,469	7,670	10,317	3,116	27,716	22,029
1986	517,120	106	488,310	287,024	9,487	10,591	3,259	35,372	24,186
1987	560,200	103	544,412	323,107	11,866	10,795	3,578	46,280	26,962
1988	615,198	107	572,810	383,719	14,661	11,010	3,821	54,376	30,309
1989	682,351	108	629,475	445,833	17,865	11,149	3,962	62,334	35,193
1990	722,836	107	674,917	475,576	21,540	11,195	4,398	71,503	40,025

주: 단위: 억 원. 1985년 불변가격. C는 1970년의 지니 지수를 100으로 환산기준.

〈표 1.6〉 계속

연 도	광고비용	출근비용	도시화 비용	교통사고 비용	수질오염 비용	대기오염 비용	폐기물 비용	산림, 농지 손실
	K(−)	L(−)	M(−)	N(−)	O(−)	P(−)	Q(−)	RS(−)
1970	737	7,517	7,323	4,517	479	1,066	419	655
1971	801	8,274	8,348	5,268	521	1,158	455	1,092
1972	841	9,167	8,815	4,745	547	1,217	477	289
1973	952	11,378	8,528	4,750	620	1,378	541	-1,291

연 도	광고비용	출근비용	도시화 비용	교통사고 비용	수질오염 비용	대기오염 비용	폐기물 비용	산림, 농지 손실
	K(−)	L(−)	M(−)	N(−)	O(−)	P(−)	Q(−)	RS(−)
1974	988	11,937	7,999	4,789	670	1,490	585	105
1975	1,191	13,264	7,014	5,798	713	1,586	623	583
1976	1,205	14,937	7,908	6,283	806	1,793	704	683
1977	1,559	18,828	9,616	6,975	889	1,970	774	598
1978	1,761	22,010	11,203	8,499	972	2,163	849	568
1979	1,927	25,326	15,876	9,950	1,042	2,318	910	353
1980	1,958	23,758	18,321	9,859	1,003	2,231	876	310
1981	1,936	24,673	18,815	10,187	1,063	2,364	928	432
1982	2,424	26,813	22,259	11,146	1,150	2,533	998	506
1983	3,060	29,012	26,557	12,792	1,282	2,852	1,120	536
1984	3,560	31,852	30,719	13,755	1,401	3,117	1,224	408
1985	3,697	34,282	35,381	14,410	1,499	3,334	1,309	263
1986	3,983	36,342	40,350	14,961	1,692	3,765	1,478	681
1987	4,568	42,073	43,963	15,759	1,912	4,253	1,669	326
1988	5,671	48,093	49,190	22,305	2,149	4,781	1,878	449
1989	6,597	59,686	60,564	24,840	2,295	5,106	2,005	662
1990	7,622	74,886	73,175	24,534	2,509	5,580	2,191	655

〈표 1.6〉 계속

연 도	장기적 환경피해	순자본 증식	자본 투자구성	ISEW	1인당 ISEW(천 원)	GNP	1인당 GNP(천 원)
	UU(−)	VV(+)	WW(+)	X(총계)	Y	Z	AA
1970	31,837	−	−216	−	−	249,730	775
1971	33,558	−465	−310	226,671	689	271,280	825
1972	33,812	−554	−545	253,566	757	285,047	851
1973	39,817	8,158	−1,361	276,114	809	322,738	946
1974	40,438	7,294	−1,341	290,287	837	349,036	1,006
1975	41,704	4,648	−491	285,135	808	371,433	1,053
1976	45,998	10,994	−876	296,135	826	420,016	1,172
1977	52,570	22,994	−722	342,433	940	461,354	1,267
1978	57,735	39,966	−522	387,603	1,048	506,456	1,370
1979	65,823	9,884	−935	403,101	1,073	542,895	1,446
1980	66,938	−20,902	−1,116	405,144	1,062	522,608	1,371
1981	69,350	−9,775	−1,051	423,661	1,094	553,543	1,430

연 도	장기적 환경피해	순자본 증식	자본 투자구성	ISEW	1인당 ISEW(천 원)	GNP	1인당 GNP(천 원)
	UU(−)	VV(+)	WW(+)	X(총계)	Y	Z	AA
1982	68,921	8,339	−785	467,276	1,188	593,222	1,509
1983	73,596	21,102	−1,429	502,653	1,259	668,030	1,674
1984	79,842	12,390	−3,313	502,119	1,243	730,040	1,807
1985	83,675	2,016	−3,709	518,551	1,271	780,884	1,914
1986	89,953	18,591	−1,521	562,978	1,367	881,735	2,142
1987	98,255	25,518	−5,784	627,472	1,509	996,116	2,396
1988	108,551	25,518	−9,427	674,355	1,607	1,119,799	2,668
1989	117,157	50,651	−4,635	777,861	1,835	1,195,767	2,822
1990	133,587	75,708	1,396	828,463	1,956	1,306,851	3,049

위의 종합적인 결과를 5개 영역별로 구분해 그 절대량을 나타내면 다음과
같다(〈표 1.7〉).

위의 두 표에 의하면 ISEW에 가장 큰 영향을 미치는 요인을 영역별로
보면 ① 서비스영역 ② 방어비용 ③ 환경문제관련비용 ④ 자본축적과 구성
순으로 나타난다. 그리고 환경문제관련비용 영역을 의미상으로 볼 때 일반
적인 하나의 지표로 보고 세부 지표별로 비교해 본다면, 1990년을 기준으
로 할 경우에 서비스영역의 가사노동이 47조 5,576억 원으로 가장 많고 다
음이 환경문제로 14조 4,522억 원의 규모를 보이고 있다. 그 다음으로는
내구성소비재, 출근비용, 도시화 비용 모두 7조 원이 넘는 비슷한 규모를
보이고 있다.

〈표 1.7〉 각 영역별 절대규모량

연 도	개인소비	가중치 고려 개인소비	지속적인 서비스 (+)	방어비용 (−)	환경비용 (−)	자본(+)	ISEW*	1인당 ISEW*
	B	D	E-H	I-N	O-UU	VV-WW		
1971	198208	206898	85761	28449	36784	−755	263455	801
1972	207668	227457	93861	30311	36342	−1099	289908	865
1973	225867	243917	99836	33371	41065	6797	317179	930

연 도	개인소비	가중치 고려 개인소비	지속적인 서비스 (+)	방어비용 (−)	환경비용 (−)	자본(+)	ISEW*	1인당 ISEW*
	B	D	E-H	I-N	O-UU	VV-WW		
1974	242218	257953	103661	33992	43288	5953	333575	962
1975	254665	257237	104349	36399	45209	4157	330344	936
1976	275965	264842	112510	41351	49984	10118	346119	965
1977	292001	276778	149471	49287	56801	22272	399234	1096
1978	318852	298551	171198	59303	62287	39444	449890	1217
1979	347005	330167	206151	71719	70446	8949	473547	1262
1980	343660	333004	236614	71098	71358	-22018	476502	1250
1981	360001	341233	244318	76927	74137	-10826	497798	1286
1982	383365	355956	267137	89323	74108	7614	541384	1377
1983	418311	388404	279935	105973	79386	19673	582039	1458
1984	450055	419046	282943	122955	85992	9077	588111	1456
1985	478749	448267	299572	137515	90080	-1693	608631	1492
1986	517120	488310	310361	155194	97569	17070	660547	1604
1987	560200	544412	349346	179605	106415	19734	733887	1765
1988	615198	572810	413211	209944	117808	16086	792163	1887
1989	682351	629475	478810	249214	127225	46016	905087	2136
1990	722836	674917	512709	291745	144522	77104	972985	2274

주: ISEW*는 ISEW모형 중에서 환경관련지표(라)를 제외시킨 모형

이상의 결과를 바탕으로 한국의 경제개발 계획에 의해 달성된 과거 20년 간의 한국 경제성장에 대한 새로운 평가를 시도해 볼 수 있다. 먼저, 1인당 GNP 성장률과 1인당 ISEW의 성장률을 상호 비교분석함으로써 경제성장에 따라 나타나는 경제복지의 변화추이를 알 수 있으며, 이를 바탕으로 경제성장과 경제복지 간의 관계를 조심스럽게 설명해 볼 수 있다. 둘째는 1인당 ISEW의 시계열 분석을 토대로 과거 20여 년 간 한국의 경제복지의 변화양상을 장단기적으로 분석해 보고 이와 관련된 각 지표의 내용을 구체적으로 검토함으로써 복지수준을 향상시키는 요인과 복지정책유형을 제시해 볼 수 있다. 셋째는 ISEW모형에서 환경문제와 관련된 ISEW지표를 배제시킨 다음 이의 변화양상을 1인당 GNP의 경우와 비교함으로써 환경문제가 경제복지에서 차지하는 의미를 찾아볼 수 있다.

1. 경제성장과 경제복지와의 관계

한국의 1인당 ISEW는 1972년에 75만 7천 원, 1990년에는 195만 6천 원을 기록, 이 기간 동안 108%가 증가해 연평균 5.70%의 증가율을 보였다. 반면, 같은 기간의 한국의 1인당 GNP는 1972년에 85만 1천 원이던 것이 1990년에는 304만 9천 원으로 나타나 이 기간에 151.8%가 증가, 연평균 7.99%라는 성장률을 보이고 있어서 양자간에는 많은 차이가 있음을 나타내준다(〈표 1.8〉). 이를 그래프로 나타내면 다음과 같다(〈그림 1.2〉).

〈그림 1.2〉 1인당 GNP와 1인당 ISEW의 변화추이

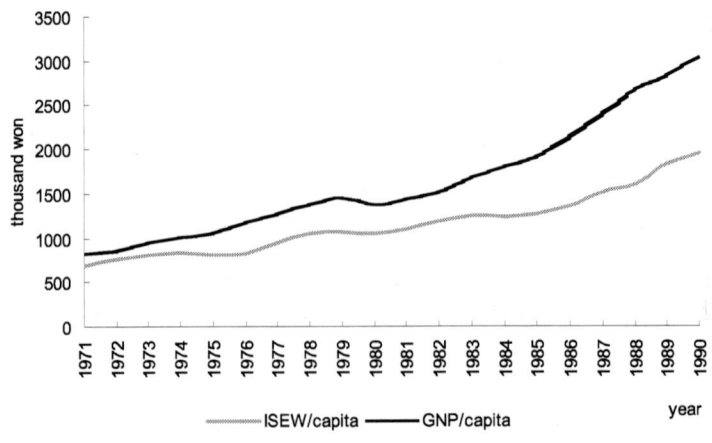

이를 단기간별로 분석해 보면 다음과 같다(〈표 1.8〉).

〈표 1.8〉 1인당 GNP와 1인당 ISEW의 연간 성장률(%)

구 간	연 도	1인당 GNP(a)		1인당 ISEW(b)		탄성치
		매 년	5년 평균	매 년	5년 평균	b / a
1구간	1972	3.15	6.33	9.87	4.18	0.66
	1973	11.16		6.87		
	1974	6.34		3.46		
	1975	4.67		-3.46		
2구간	1976	11.30	5.58	2.23	5.78	1.04
	1977	8.11		13.80		
	1978	8.13		11.49		
	1979	5.55		2.39		
	1980	-5.19		-1.03		
3구간	1981	4.30	6.93	3.01	3.71	0.54
	1982	5.52		8.59		
	1983	10.93		5.98		
	1984	7.95		-1.27		
	1985	5.92		2.25		
4구간	1986	11.91	9.79	7.55	9.04	0.92
	1987	11.86		10.39		
	1988	11.35		6.49		
	1989	5.77		14.19		
	1990	8.04		6.59		
전 구간	총증가율	136.79		109.39		0.80
	연평균	7.20		5.76		0.08

위 표를 바탕으로 두 가지 사항을 발견할 수 있다. 하나는 매년 나타나는 1인당 GNP 성장률과 1인당 ISEW 성장률 간의 증감여부의 비교로서, 이들 상호간에는 대체로 같은 변화추세를 보여주고 있다. 이는 위 결과를 그래프로 나타낸 다음 그림에서도 그대로 나타난다(〈그림 1.3〉).

〈그림 1.3〉 1인당 GNP 성장률과 1인당 ISEW 성장률

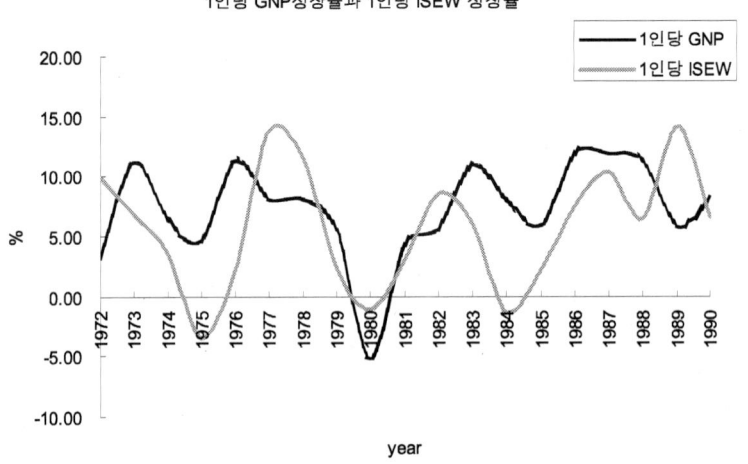

1인당 GNP성장율과 1인당 ISEW 성장율

그런데 이러한 결과를 놓고 경제성장과 경제복지는 단순히 비례관계에 있다는 식의 관계설정은 무리다. 왜냐하면 국민의 실제 복지수준을 구성하는 인자에는 경제적 복지요인뿐 아니라 비경제적인 복지요인이 또한 포함되며[139] 따라서 여기에서 나타나는 경제성장과 경제복지와의 상호관계는 물질적 측면에서의 복지수준 향상에만 초점을 두는 것을 의미하기 때문이다.

경제성장과 경제복지와의 보다 의미 있는 관계를 알아보기 위해서는 양자 간의 성장률을 비교한 탄성치를 분석해야 한다. 2구간(1976-1980)은 1인당 GNP가 가장 낮은 성장률인 5.58%를 보인 반면에 1인당 ISEW의 성장률은 5.78%로서 경제성장률보다 높아서 탄성치는 1을 넘어섰다. 이 값은 4구간 중 가장 높은 탄성치를 나타낸 것이다. 또한 3구간은 2구간에 비해서 1인당 GNP 성장률이 1.35% 증가한 반면 1인당 ISEW 성장률은 반대로 2구간보다 2.07%가 감소한 것으로 나타났다. 이러한 결과는 경제성장과 경제복지와의 관계가 결코 직선적이지 않음을 설명해 준다. 이러한 사실은 또한 GNP가 복지지표로서 가지는 한계를 뚜렷이 보여준다.

---

139) Daly and Cobb, 앞의 책, p.146.

그러면 기간별로 이러한 특징을 보이게 하는 요인은 무엇이며 또한 이러한 변화양상은 무엇을 의미하는가? 이 물음에 대한 보다 자세한 답을 두 번째 분석을 통해서 제시해 보자.

2. 한국 경제복지 수준의 결정요인과 복지정책의 유형

한국의 경제복지 수준을 결정하는 주요 요인을 살펴보기 위해서는 본 연구에서 구분했던 5가지 영역(〈표 1.5〉)에 대한 자세한 분석이 선행되어야 한다. 본 내용에서는 분석의 편리를 위해서 이를 다시 3그룹으로 구분해 설명하기로 한다. 첫째는 소득분배요인이다. 이 요인은 다른 지표와는 달리 절댓값으로 산출된 것이 아니라 불평등지수인 지니지수를 이용해서 개인소비(B)에 가중치를 주는 방식으로 지표에 고려되었기 때문에 이 요인은 여타 지표와 직접적으로 비교할 수 없다. 따라서 이 요인에 대한 설명은 개인소비(B)와 불평등지수를 고려한 가중치 값(D)과의 비교를 통해 이루어져야 한다(〈그림 1.4〉).

둘째는 〈표 1.5〉의 '나', '다', '라' 항인 지속적 서비스, 방어비용 그리고 환경문제 관련비용 등의 연간 성장률의 상호간 비교이다. 여기에서 방어비용과 환경비용은 복지의 감소요인인 점을 감안하여 지표의 최종수치에 (-)를 곱한 값으로 표시하여 복지수준과의 상호관계를 알기 쉽게 표시하였다(〈그림 1.5〉).

〈그림 1.4〉 개인소비와 소득불평등을 가중치로 적용한 개인소비

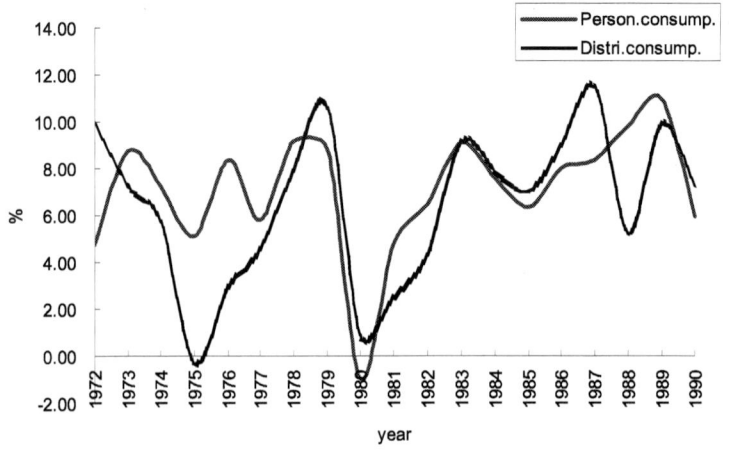

개인소비와 소득불평등을 가중치로 적용한 개인소비

〈그림 1.5〉 서비스, 방어비용, 환경비용 증가율 변화추이

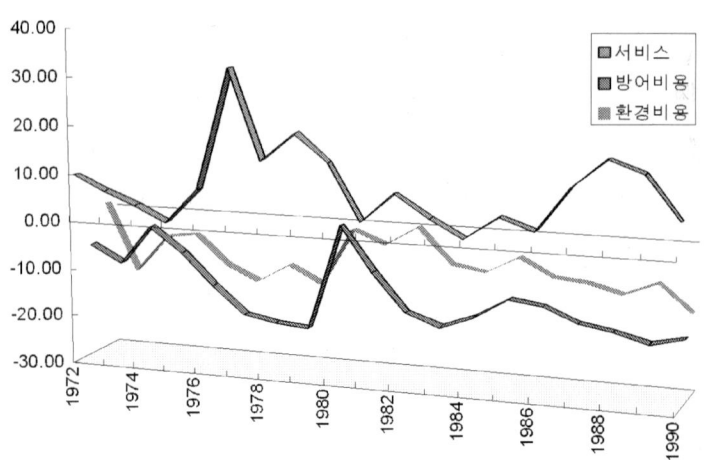

서비스, 방어비용, 환경비용 증가율 비교

셋째는 자본의 축적과 구성요인이다. 절대적으로 그 규모가 작고 매년 격심한 변동 폭을 보이고 있어 다른 영역과의 상호 직접적인 비교가 곤란하다. 그러나 전년도 대비 증감률이 워낙 커서 ISEW의 단기간의 변화양상에 큰 영향을 준다(〈그림 1.6〉).

〈그림 1.6〉 자본의 축적과 구성의 연간 증감률 추이

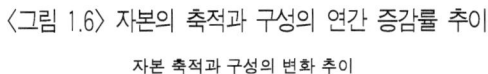

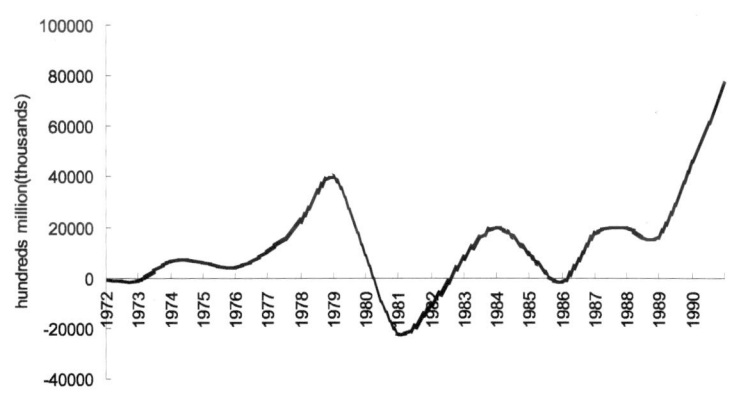

따라서 이들 3그룹 간의 결과 데이터를 종합함으로써 전술한 바 있는 한국 경제복지의 시계열 변화양상에 대한 적절한 설명을 할 수 있을 것이다.

〈그림 1.2〉에서 나타난 바와 같이 장기적으로 1인당 GNP와 1인당 ISEW의 증가를 상호 비교해 볼 때 양자간의 폭은 1990년에 가까워지면서 절대적인 양이 크게 차이나지만 과거 20여 년 간 한국의 경제복지는 경제성장과 함께 꾸준히 증가해 왔다. 그러나 단기적으로 볼 때 많은 등락의 폭을 보여왔다(〈그림 1.3〉, 〈표 1.8〉). 이러한 변화추이를 분석하기 위해서는 각 요인별 성장률이 좋은 데이터가 된다. 이것은 아래와 같다(〈표 1.9〉).

〈표 1.9〉 영역별 증가율

연 도	1인당 ISEW	개인소비	가중치	서비스	방어비용	환경문제	자 본
1972	9.87	4.78	9.94	9.44	6.55	-1.20	45.56
1973	6.87	8.76	7.24	6.37	10.10	13.00	-718.47
1974	3.46	7.24	5.75	3.83	1.86	5.41	-12.42
#1975	-3.46	5.14	-0.28	0.66	7.08	4.44	-30.17
1976	2.23	8.36	2.96	7.82	13.60	10.56	143.40
*1977	13.80	5.81	4.51	32.85	19.19	13.64	120.12
*1978	11.49	9.20	7.87	14.54	20.32	9.66	77.10
#1979	2.39	8.83	10.59	20.42	20.94	13.10	-77.31
#1980	-1.03	-0.96	0.86	14.78	-0.87	1.29	-346.04
#1981	3.01	4.75	2.47	3.26	8.20	3.89	-50.83
1982	8.59	6.49	4.31	9.34	16.11	-0.03	-170.33
1983	5.98	9.12	9.12	4.79	18.64	7.12	158.38
#1984	-1.27	7.59	7.89	1.07	16.02	8.33	-53.86
#1985	2.25	6.38	6.97	5.88	11.84	4.75	-118.65
1986	7.55	8.01	8.93	3.60	12.86	8.31	-1108.27
*1987	10.39	8.33	11.49	12.56	15.73	9.07	15.61
1988	6.49	9.82	5.22	18.28	16.89	10.71	-18.49
*1989	14.19	10.92	9.89	15.88	18.71	7.99	186.06
1990	6.59	5.93	7.22	7.08	17.07	13.60	67.56

주: *: 연간 10% 이상의 높은 성장률을 기록한 해
　　#: 연간 3%에서 마이너스까지의 성장률을 보인 해

위 결과 표 중에서 3% 이하의 낮은 성장률, 특히 마이너스 성장률을 기록한 연도를 분석해 봄으로써 역으로 복지를 향상시킬 수 있는 요인을 찾아볼 수 있다. 이해를 쉽게 하기 위해서는 〈표 1.9〉 내용과 〈그림 1.4〉, 〈그림 1.6〉을 같이 비교 분석하는 것이 필요하다.

① 1975년에는 1인당 ISEW 성장률이 -3.46%를 기록해 최저를 나타냈는데(〈표 1.8〉), 이때는 지속적으로 매년 생산되는 자본 또는 비시장

서비스가 0.66%에 그치고, 반면에 방어비용, 환경문제 요인의 증가율이 7.81%, 4.44%로 더 높게 나타나며(〈그림 1.5〉), 자본의 경우는 전년도 대비 -30.17%가 감소했다. 그리고 이해는 특히 소득분배를 고려한 개인소비의 가중치 값이 (-)성장률을 기록하고 있다(〈그림 1.4〉).

② 또한 1984년도에는 ISEW 성장률이 -1.27%를 나타내 개인소비가 당해에 7.59%의 높은 성장률을 보였음에도 마이너스 성장을 이루었는데, 이 것은 자본스톡으로부터 매년 생산되는 서비스 증가율이 1.07%에 불과한 반면에 복지상태의 마이너스 요인인 방어비용과 환경관련비용은 각각 16.02%, 8.33%로 나타났다. 또한 이때의 자본 성장률은 -53.86을 기록하고 있다(〈그림 1.6〉). 이해의 경우에는 소득분배요인이 거의 영향을 미치지 않고 있음을 알 수 있다(〈그림 1.4〉).

③ 그런데 1980년의 1인당 ISEW가 -1.03%의 성장률을 보여 감소한 원인은 이것과는 다르다. 복지의 플러스 요인인 서비스가 14.78%나 증가하고 반면에 복지의 마이너스 요인인 방어비용은 오히려 -0.87%로 줄어들고 환경문제 관련비용 또한 겨우 1.29% 증가에 머물렀음에도 불구하고 성장률이 감소한 것은 1980년도에는 1인당 GNP가 -5.19% 감소됨으로써 그에 따라 개인소비도 -0.96%가 줄었기 때문이다. 자본요인은 전년도에 비해서 무려 -346.04%나 감소했다. 이해에는 오히려 소득분배요인이 복지에 (+)효과를 나타냈다(〈그림 1.4〉).

이러한 결과를 토대로 볼 때 가장 기본적인 복지지표인 개인소비를 제외한 요인 중 복지에 가장 큰 영향을 주는 것은 지속적인 자본서비스 영역이다. 이 요인의 성장률이 높은 경우에는 방어비용이나 환경관련비용 등은 ISEW 성장률을 낮추는 데 별 영향을 주지 못한 것으로 나타났다. 그러나 서비스 양의 성장이 적게 일어난 경우에는 방어비용이나 환경관련비용의 증가가 복지감소요인으로 작용하고 있음을 알 수 있다(1975, 1984, 1985년). 또한 소득분배요인은 본 지표모형에서 결정적인 요인은 되지 못했지만 연도에 따라 복지에 영향을 주었다(75년, 84년). 자본의 축적과 구성은 최하

-1,108.27%에서 최고 186%까지의 큰 변동 폭을 나타내 비록 절대규모 면에서는 작지만 ISEW의 단기간의 변화에 영향을 주고 있다. 이의 근거로 〈표 1.9〉의 내용 중에서 1인당 ISEW의 증가율이 높은 1972, 1977, 1978, 1987, 1989년도는 모두 양의 증가율을 보인 반면에 1인당 ISEW의 증가율이 낮거나 감소한 경우인 1975, 1979, 1980, 1981, 1984, 1985 년에는 모두 -30.17%에서 -346.04%까지의 감소를 보이고 있다.

따라서 위에서 분석한 복지상태와 복지지표와의 상호 관련성을 참고한다 면 한 나라의 복지수준을 보다 더 향상시키기 위한 복지정책의 유형은 어떤 것이어야 하는지에 대한 시사점을 준다.

3. 환경문제와 경제복지와의 관계

환경문제로 인해 발생하는 사회적 비용을 내용별로 구분해 본다면 3가지 로 나누어 볼 수 있다. ① 하나는 환경오염을 방지하기 위해 사전에 투자되 는 방지비용이며 ② 두 번째는 이미 자연으로 방출된 오염물질을 처리하는 데 들어가는 처리비용을 들 수 있다. ③ 그리고 또 하나는 환경문제로 인해 야기되는 피해에 대한 비용을 산정하는 피해비용이다.

따라서 환경문제와 관련된 사회적 비용에는 이 내용을 모두 포함시켜야 지표로서 올바른 의미를 가지게 된다. 그러나 현실적으로 볼 때, 환경문제로 인한 비용을 추정하는 일은 매우 힘든 작업에 속한다. 특히 어려운 점은 방 지비용과 처리비용은 환경문제의 대응주체들이 해당 분야에 투자한 비용으로 추정해 볼 수 있는 반면, 환경비용 중에서 가장 중요한 비용인 피해비용은 전혀 그렇지 않다는 데 있다. 먼저, 환경문제로 인해 야기되는 피해의 범위가 어디까지인지를 밝히는 상호 역학관계의 불분명성, 피해의 대상이 물질적인 것 혹은 신체적인 것뿐 아니라 생태계 그 자체와 정신적인 측면까지를 고려 했을 때의 피해가치 산정의 어려움 등이 있다. 그리고 환경문제로 야기되는 피해는 오염원 방출시기로부터 일정기간이 지난 후에 피해로 나타나는 지연성, 여러 오염원의 상호 상승작용으로 인해 생기는 피해 정도의 누적성 등의 특성 때문에 환경문제로 야기되는 사회적 비용을 올바로 산정하는 데 주요 난제가 된다. 이러한 이유 때문에 이에 대한 연구성과가 아직 미진한 상태에 있다.

본 연구에서는 이러한 현실을 인정하고 사전방지비용만을 환경문제와 관련된 사회적 비용으로 사용하였다. 또한 방지비용을 산정하는 방법에 있어서도 과거 20년간의 구체적인 데이터가 없는 관계로 일정연도를 기준으로 하는 GNP 대비 추정값을 사용하였다. 따라서 위 설명을 기준으로 볼 때 복지와 관련된 환경문제 분석에 있어서 본 지표모형에 고려된 환경관련비용은 두 가지 점에서 실제보다 훨씬 과소평가된 것이라는 사실을 우선 염두에 두어야 한다.

본 모형의 환경관련지표는 대기오염비용, 수질오염비용, 폐기물비용 등 환경오염지표가 3가지, 산림 및 농경지유실 그리고 장기적인 환경오염의 피해 등 천연자원의 지속가능성을 파괴하는 활동에 대한 비용이 2가지 등 모두 5개로 구성되어 있다. 따라서 이 내용을 모두 포괄해서 하나의 환경관련지표로 단일화할 수 있다.

이렇게 본다면, 본 모형의 환경관련지표의 값은 1990년 기준으로 가사노동가치가 47조 5,576억 원으로 가장 많고(〈표 1.6〉), 환경문제관련비용은 14조 4,522억 원으로 그 다음의 크기를 나타내고 있다(〈표 1.7〉). 이 중 전자는 국민복지를 향상시키는 요인인 반면 후자는 복지감소요인으로서 각각 복지에 중요한 영향을 미친다.

그러면 환경문제가 국민복지에 얼마만큼의 영향을 미치는가? 이를 알아보기 위해서 본 연구에서는 ISEW모형에서 환경관련지표를 배제시킨 모형(ISEW*모형)과 ISEW모형을 상호비교해 본다. 그 결과는 다음 그래프와 같다(〈그림 1.7〉).

〈그림 1.7〉 환경문제관련지표가 배제된 1인당 ISEW의 변화추이

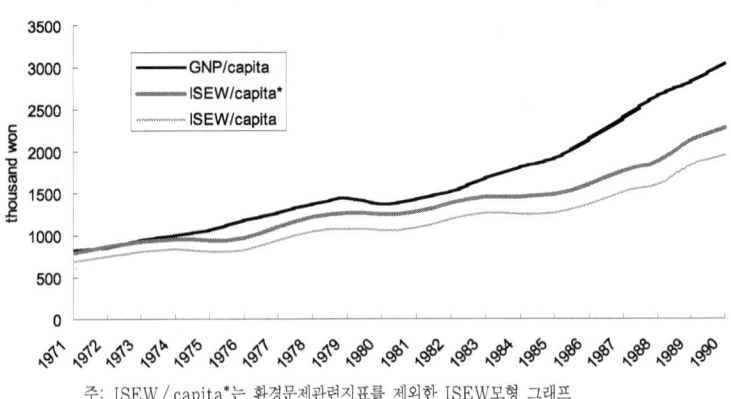

환경관련 지표 배제된 1인당 ISEW 변화 추이

주: ISEW/capita*는 환경문제관련지표를 제외한 ISEW모형 그래프

위 그래프에서 가운데 선은 환경문제관련지표를 배제시켰을 때의 복지를 나타내는 것이다. 즉, 국민의 복지수준을 측정하는 데 있어서 복지의 감소 요인인 환경문제를 전혀 계산에 고려치 않았을 때를 의미한다. 맨 아래의 그래프는 본 ISEW모형의 산출결과로서 환경문제관련지표를 고려한 것이다. 환경문제를 배제한 ISEW*의 경우 1970년대 초반은 1인당 GNP 성장률과 1인당 ISEW 성장률은 거의 같게 나타나 있다. 그리고 그 이후 성장률은 ISEW보다 훨씬 1인당 GNP곡선에 근접해 있다.

전술한 바와 같이 환경문제의 비용 중 피해비용을 계산에 포함시키고 환경문제의 지연성과 누적성을 근거로 한다면, 환경문제를 고려했을 때의 그래프는 그렇지 않았을 때보다도 그 기울기가 연도 축에 근접해야 한다. 그럼에도 불구하고 양자가 절대적인 폭에서는 차이가 나지만 변화추이에서는 크게 구별되지 않는 것은 앞서 설명한 바 있는 환경문제관련비용의 산정에 있어서 두 가지 한계 때문이다.

하나는 피해비용 산정의 배제로부터 오는 것이다. 환경오염 피해의 지연성과 누적성의 특성으로 인해 동일한 오염원을 매년 발생시켰을 때 그 피해

비용은 시계열에 따라 변화 폭이 증가해야 하는데 본 연구에서는 이를 반영하지 못했다는 점이다. 다른 하나는 GNP 대비 산정방법의 문제점이다. 특히 한국의 경우 환경오염물질의 발생률이 경제성장보다 더 빨리 이루어졌음은 이미 밝힌 대로이지만 이 산정방법은 전혀 이것을 반영하지 못하고 있다.

따라서 본 연구결과로 나타난 ISEW의 시계열 변화추이는 실제로는 그 성장률이 둔화되게 나타나야 됨에도 불구하고 이를 적절히 반영치 못하고 있다. 그러나 이러한 한계에도 불구하고 위 그래프의 결과로 볼 때 환경문제는 복지수준에 분명한 영향을 끼치고 있음을 알 수 있다. GNP 대비로 본다면 환경문제관련비용은 85년 이후 최근까지 10%를 넘는 큰 규모를 나타내고 있다(〈표 1.10〉).

4. 한국의 경제성장에 대한 새로운 평가

졸로타스(Zolotas, 1981)는 경제성장단계 모형을 통해서 경제가 성장함에 따라 복지수준이 어떻게 변해 가는가를 설명하였다. 산업화의 초기단계는 궁핍화 사회로서 절대적인 빈곤을 추방하는 것이 제일의 목표가 되며 이때는 국민소득의 증가가 곧 사회복지를 증진시키는 것이지만 경제성장에 따라 국민복지의 증가추세는 점차 둔화되어 고도의 산업화 단계에서는 복지가 감소한다는 것이다.

이에 앞서 바클리(W. Barkley, 1972)는 경제성장과 경제복지와의 관계를 설명하였다. 그는 경제성장단계를 정착기(settlement), 급속성장기(rapid grewth), 미래시기(future)로 구분하고 정착기에는 순사회복지가 순국민소득보다 더 크게 증가하지만 급속성장기를 기점으로 해서 그 추세는 둔화되어 미래, 즉 산업화 후기에는 오히려 순사회복지가 순국민소득보다 낮아지게 된다는 이론을 전개하였다.

이러한 두 사람의 견해는 경제성장에 따른 경제복지가 일직선적인 관계에

있지 않으며, 따라서 일국의 경제성장과 경제복지와의 관계를 이해하는 데
있어서 중요한 것은 그 나라 경제성장단계에 따른 분석을 필요로 한다는 점
을 공통적으로 시사해 주고 있다. 이것은 또한 경제활동의 성과를 측정해
주는 도구로서 가지는 GNP의 유용성이 경제성장의 발전단계에 따라 그 의
미를 점차 잃어가고 있음을 아울러 암시해 준다.

이러한 의미의 연장선상에서 볼 때 한국의 경제성장에 대한 평가가 새롭게
이루어져야 한다. 한국의 경제성장률을 살펴본다면 1965~1990년 사이에 1
인당 GNP가 연평균 7.1%라는 고도성장을 이룩하였다. 한국의 경제상황은
1977년에 1인당 GNP가 1,012$를 기록해서 '세계개발보고서, 1991'에 따
른 분류에 의하면 중소득경제(middle-income economy)를 이미 넘어섰으
며, 1990년에는 1인당 GNP가 5,569$에 이르러 고소득경제(highincome
economies)에 거의 다다르고 있다.[140] 이러한 점으로 볼 때 현재 한국의
경제력은 졸로타스(Zolotas)의 궁핍화 단계를 이미 넘어서서 정상적인 발달
단계가 아직까지 계속되고 있으며, 바클리의 용어를 빌린다면 급속성장기에
속해 있다고 판단해 볼 수 있다. 이 시기는 경제성장의 증가에 대한 사회복지
의 증가율이 점차적으로 감소하기 시작해서 결국은 마이너스로 변화되는 전환
점인 고도산업화 시대의 진입을 목전에 두고 있는 상태를 의미하게 된다. 이
과정에서 경제성장의 부산물인 소득분배구조와 환경오염 등의 삶의 질 저하가
사회복지와 복지의 경제적인 측면을 파괴하는 변수로 작용한다.

본 연구의 결과 또한 이러한 사실을 보여준다. 〈그림 1.2〉과 〈표 1.8〉에
서 보는 바와 같이 한국의 고도 경제성장은 계속되고 있으며 이에 따른 경제
복지는 1976~1980년 기간에 비해서는 그 성장률이 둔화되었지만[141] 여

---

140) 저소득경제(low-income economies)는 1인당 GNP $600 이하, 중소득경제
    (middle-income economies)는 1인당 GNP $600~$6000 사이, 고소득경제
    (high-income economies)는 1인당 GNP $6000 이상을 말한다(송병락, 앞의
    책, p.23).
141) 경제성장에 따른 경제복지의 변화추이 이해는 경제성장률에 대한 경제복지 성장률
    의 탄성치를 통해 가능하다. 1976~1980년간 탄성치는 0.97인 반면에

전히 높은 증가율을 보이고 있다. 따라서 아직까지 한국의 경우는 절대적인 복지상태가 감소하는 졸로타스의 산업화 후기단계에는 이르지 못한 것으로 보인다. 그러나 한편으로는 국민복지를 저하시키는 감소요인이 누적되고 있음을 발견할 수 있다(〈표 1.10〉).

〈표 1.10〉 GNP 대비 복지감소요인의 최근 증가율 추이(단위: %)

	1985	1986	1987	1988	1989	1990
환경문제	11.54	11.07	10.68	10.52	10.64	11.09
출근비용	4.08	4.12	4.22	4.29	4.99	5.73
도시화 비용	3.93	4.58	4.41	4.39	5.06	5.61
내구성소비재	3.55	4.01	4.65	4.86	5.21	5.48
교통사고비용	1.85	1.70	1.58	1.99	2.08	1.88
소득분배요인	106.8	105.9	102.9	107.4	108.5	107.1

주: 소득분배요인은 본 연구에서 사용한 1970년의 지니지수 0.311을 100으로 했을 때의 수치를 나타낸 것이다.

위 표에서 환경문제는 GNP의 10%가 넘는 비율을 보여주고 있고 출근 비용과 내구성소비재의 구입비용은 1985년 이후 꾸준히 증가하고 있다. 또한 출근비용과 교통사고비용은 다소 기복이 있으나 특히 1988년 이후에는 높은 비율을 보여주고 있다. 소득분배요인을 본다면 1988년 이후 불평등 정도가 높게 나타나 있다.

결국 한국의 경제성장은 절대빈곤을 추방하고 물질적인 풍요를 충족시키는 데 일단 기여했으나 최근에 이를수록 복지의 감소요인이 큰 규모로 계속 증가 또는 누적되어 향후 한국 경제복지 수준이 마이너스로 떨어지게 되는 요인을 안고 있다고 볼 수 있다. 이 사실은 또한 경제활동 성과에 대한 평가

1986~1990년 구간은 0.79이다. 이것은 1인당 GNP의 성장률과 1인당 ISEW 성장률 각각은 높지만 경제성장과 경제복지와의 관계를 염두에 둔 경제성장에 따른 경제복지 수준의 변화 폭은 감소하고 있음을 의미한다(〈표 1.8〉).

도구인 GNP의 유용성이 현 단계의 한국 경제에 있어서도 점차 그 의미가 퇴색되어 가고 있음을 말해 준다.

따라서 ISEW모형 중에서 가사노동 다음으로 큰 규모를 차지하고 있는 환경문제는 그 해결을 위한 노력여하에 따라 국민의 복지수준을 향상시킬 수 있는 의미 있는 분야로 판단된다. 특히 ISEW모형에서 국민복지에 제일 큰 비중을 차지하고 있는 가사노동의 가치는 그 성격상 항상 존재하고 있는 본질적인 것으로서 한 국가의 정책유형에 따라 그 가치에 큰 변동이 있을 수 없지만, 반면 환경문제는 국가의 정책유형과 해결의지에 따라 복지감소요인을 크게 줄일 수 있다는 점에서 그 중요성은 더욱 커진다. 따라서 이러한 유형의 국가정책에 대해서 경제성장과 경제복지를 포괄하는 수준에서 그 성과를 평가해 낼 수 있는 지속가능경제복지지표(ISEW), 또는 보다 완전한 새로운 경제복지지표의 개발 필요성이 아울러 중요한 과제로 남는다.

제6절
결 론

경제학의 관점에 의하면 인간의 욕망은 무한하다. 욕망이 무한하다는 것은 인간의 욕구가 끊임없이 다음 단계를 향해 커져간다는 것을 의미한다. 반면 이를 충족시킬 수 있는 수단은 희소하다. 바로 이들 상호간의 괴리를 메우기 위한 고민이 경제학의 출발이다. 이를 복지 측면에서 본다면, 국민의 복지란 바로 이 양자간의 괴리를 최소화하려는 사회적 노력의 정도라고 할 수 있다. 따라서 경제활동의 한 부분인 경제성장은 실제 국민의 복지를 증진시키는 데 주요 요인이긴 하지만 중요한 것은 경제성장의 결과가 실제 생활에서 국민의 욕구와 어느 정도 합치되고 있는가 하는 점이다.

경제성장우선정책이란 국가적 차원에서 본다면 인간의 욕망이나 욕구 중에서 주로 물질적인 측면에 초점을 두는 것을 의미한다. 결국 경제성장으로 생긴 물질적인 부는 인간욕구 충족수단의 한 측면일 뿐이며, 특히 경제성장으로 인한 사회적인 불평등, 환경오염의 심화 등으로 국민의 삶의 질을 파괴한다면 경제성장은 국민복지를 오히려 감소시키게 된다.

따라서 국가의 역할로서 중요한 것은 경제성장우선정책을 지양하고 동시에 이들 복지감소요인에 대한 적절한 정책수단을 개발, 수행하는 것이다. 그런데 이를 위해서는 그 정책을 평가하는 지표가 올바르게 설정되어야 한다. 이러한 의미의 연장선상에서 한 국가의 경제활동 성과를 평가하는 데 주로 경제력만을 나타내는 기존의 GNP는 국민의 질적 수준을 측정할 수 있는 또 다른 지표로서 대체되어야 한다.

이러한 노력의 일환으로 1970년 초반부터 경제복지지표 개발에 대한 연구가 진행되어 왔다. 그러나 당시만 해도 경제성장우선정책이 세계적인 추세였으며, 특히 국민복지에 큰 영향을 미치는 환경오염 또한 현재와 같이 그리 심각한 수준은 되지 못했었다. 또한 개발된 지표는 그 유용성에 있어서 많은 한계가 있었다. 이러한 이유 때문에 몇몇 연구성과들은 경제활동의 평가지표로서 국가의 정책과정에 적절히 반영되지 못하고 번번이 개인적인 학문 차원의 성과로만 머물렀다.

이러한 와중에서 데일리와 콥은 1989년에 '지속가능경제복지지표(ISEW)'라는 시기적절한 지표를 개발, 1950~1986년 동안의 미국 경제성장에 대한 새로운 평가를 시도하였다. 소득의 분배요인, 환경문제, 자본축적 등 총 20여 가지 항목이 고려된 이 지표를 적용해 본 결과 당해기간 미국 경제성장률과 경제복지성장률 간에 큰 차이가 났으며, 특히 1980년대부터는 경제복지가 감소하고 있는 것으로 나타났다.

이 연구는 GNP가 경제복지지표로서 뚜렷한 한계점을 가지고 있음을 증명해 보였다. 그리고 1987년은 브란트란트 보고서에서 지속가능개발(ESSD) 개념이 정립되었고 ISEW의 개발은 2년 후인 1989년에 이루어졌으며, 1992년 리우 회의에서는 ESSD개념이 각국의 정책수단으로 구체화되기 시작한 점을 상기한다면, 시기적으로 볼 때 매우 중요한 시도로 보인다.

이러한 배경을 바탕으로 경제복지지표로서 유용성과 시의성 있는 ISEW를 한국에 적용, 과거 고도경제성장에 대한 새로운 평가를 시도하는 것을 본 논문의 목적으로 삼았다.

본 논문의 결과를 요약하면 다음과 같다.

첫째 1972~1990년 동안 한국의 1인당 ISEW는 연평균 5.76% 증가해 같은 기간의 1인당 GNP 성장률 7.20%에 크게 미치지 못하고 있다. 1인당 GNP에 대한 ISEW의 비율로 나타낸 탄성치를 비교해 볼 때 ISEW는 경제성장률이 가장 낮은 2구간(1976~1980년)에서 가장 높은 탄성치를 보였고, 가장 높은 경제성장률을 기록한 4구간(1986~1990년)에서 오히려 더 낮은 탄성치를 나타냈다.

둘째, 본 ISEW모형에서 복지수준에 가장 큰 영향을 미치는 영역은 지속적인 서비스부분이며, 지속적인 서비스의 성장이 적게 이루어진 해에는 방어비용이나 환경비용의 증가가 복지수준을 저하시키는 감소요인으로 작용하고 있다. 소득의 분배요인은 그 중요성에도 불구하고 결정적인 요인은 되지 못했으나 연도에 따라서는 복지수준에 영향을 주고 있다. 또한 자본축적은 전년 대비 변동 폭이 워낙 심해서 작은 규모에도 불구하고 단기적인 ISEW 변동에 영향을 주었다.

셋째, 환경비용은 비용산정방법의 한계로 인하여 시계열에 따른 ISEW곡선의 성장률을 크게 둔화시키지 못했으나 절대규모 면에서는 시계열상 최근에 이를수록 경제성장과 경제복지 간의 격차 폭을 크게 하고 있어서 환경문제가 경제복지를 감소시키는 요인으로 작용하고 있는 것으로 나타났다.

이러한 결과를 바탕으로 다음과 같은 시사점을 찾을 수 있다. 하나는 한국의 경우도 역시 경제성장과 경제복지 사이에는 일직선적인 관계가 없다. 오히려 경제성장단계가 고도화될수록 경제복지의 성장률은 상대적으로 감소한다. 이것은 경제성장의 지표인 GNP가 경제성장의 일정단계부터는 복지지표로서 한계를 가질 수 있음을 보여준다.

둘째는 환경문제가 경제복지에서 차지하는 의미다. 환경관련지표들은 ISEW모형에서 가사노동 다음으로 큰 비중을 차지하고 있기 때문에 이의 해결을 위한 정부의 정책은 국민복지를 향상시킬 수 있는 정책유형이 된다. 특히 국민복지의 증진요인에 가장 큰 요인인 가사노동은 정부정책유형에 크게 관계없이 본질적으로 존재하는 복지요인인 점을 감안한다면 복지정책유형에서 환경문제가 차지하는 비중은 더욱 커진다.

셋째는 따라서 환경문제를 포함하는 경제복지정책을 평가해 낼 수 있는 지표개발이 필요하며, ISEW는 이러한 지표 중 좋은 예가 될 수 있다.

이상의 결과와 시사점에도 불구하고 본 연구는 몇 가지 한계를 가진다. 먼저 ISEW모형 자체가 가지는 한계를 들 수 있다. ISEW모형에서는 환경비용을 지표에 고려하면서 그 비용을 계산하는 방법상의 한계 때문에 환경가치를 과소평가하는 문제점을 보인다. 또한 건강과 교육을 위한 공공지출 및 가계비용, 국민광고비용, 수질·대기오염비용의 산정에서 국민복지와 직접 관련성이 없는 부분으로 1/2을 공제해 주는 데서 오는 부정확성이다. 다음으로는 한국에 적용하는 데에 따른 것이다. 일차적으로 한국에서는 데일리의 ISEW모형의 한계를 그대로 반영하고 있다. 그리고 환경비용 산정의 자료 및 이에 관련된 연구성과가 없어 이를 간접 추정하는 과정에서 그 가치가 과소평가되었다는 점이다. 그리고 국내의 경우 몇몇 지표는 지표산출에 필요한 기초 데이터가 부족하여 간접적인 추정방법을 사용하여 데일리와 콥이 의미하는 ISEW모형에 있어서 그 정확도를 떨어뜨렸을 것이라는 우려다.

요약하자면 환경문제로 인해 발생하는 사회적 비용을 보다 정확히 산정해 낼 수 있는 방안의 고안, 그리고 여러 지표내용 중에서 각 지표 내에서 국민의 실제 복지요인과 직접 관련이 없는 부분은 어느 정도인가에 대한 보다

객관적인 연구개발이 경제복지지표로서의 ISEW모형의 유용성을 높이는 중
요한 관건이 된다.

참고문헌

가. 서 적

건설부(1992) 〈제3차 국토종합개발계획 해설(1992-2000)〉.

군나르 뮈르달／최광열 역(1976) 〈경제학 비판〉, 현암사.

김영모 외(1991) 〈현대사회복지론〉, 한국복지정책연구소 출판부.

대한YMCA연맹(1992) 〈지구환경회의-세계 민간단체협약집〉.

도넬라 H. 메도우즈 외 2인／황건 역 〈지구의 위기-로마클럽 보고서 '성장의 한
　계' 속편〉, 한국경제신문사(1992).

都留重人, 조홍섭 외 역(1983) 〈공해의 정치경제학〉, 풀빛.

레스터 R. 브라운 외／김범철 외 역(1991) 〈지구환경보고서〉.

문숙재·채옥희(1986) 〈가사노동〉, 신광출판사.

샤무엘슨／김영진 역(1989) 〈경제학〉, 대광서림.

송병락(1993) 〈한국경제론〉, 박영사.

유동운(1992) 〈환경경제학〉, 비봉출판사.

이정우(1991) 〈소득분배론〉, 한국방송통신대학.

이정전·신의순(1991) 〈환경개선촉진을 위한 정책발전 방안 연구〉, 환경처.

이준구(1992) 〈미시경제학〉, 법문사.

조순·정운찬(1990) 〈경제학 원론〉, 법문사.

환경문제연구회(1993) 〈환경문제〉, 서울대 환경대학원.

환경처(1993) 〈92 환경백서〉.

환경처(1991) 〈90 환경백서〉.

황해두(1991) 〈거시경제학〉, 무역경영사.

나. 논문 및 연구보고서

공은배·천세영(1990) "한국의 교육비 수준", 한국교육개발원.

김상균 외(1992) 〈산림의 공익적 기능의 계량화 연구(Ⅰ)〉, 과학기술처 산림청 산
     업연구원.

김정수(1992, 봄) "경제성장과 환경보전", 〈환경경제연구〉 제1권 1호, 환경경제학회.

대륙연구소(1990) "환경보전에 관한 국민의식 조사.

문숙재(1990) "주부의 가사노동가치", 〈주부의 가사노동가치와 세제개선방향에 관
     한 연구〉, 정무장관 (제2)실.

성진근(1991) "자연환경보전과 농업의 중요성", 〈자연환경보존과 농업〉, 농업중앙
     회, 자연보호중앙협의회 공동세미나.

심재곤(1992, 봄) "산업사회의 환경문제에 대한 대응전략", 〈환경경제연구〉 제1권
     1호, 환경경제학회.

양지청(1991) "사회간접자본의 역할과 정책과제", 〈건설경제〉, 국토개발연구원.

에너지경제연구원(1993) "지구환경문제와 바람직한 에너지 자원정책 방향".

오호성(1992 봄) "환경우선론. 경제성장론. 그리고 지속적발전론과 환경경제학",
     〈환경경제연구〉 제1권 1호, 환경경제학회.

오호성(1993 봄) "Green GNP연구의 현황과 과제", 〈환경경제연구〉 제2권 1호,
     환경경제학회.

오호성(1993) "경제성장과 녹색 GNP", 〈현대산업사회와 환경문제〉 제5회 심포
     지엄, 아산사회복지사업재단.

이상곤(1993) "지속가능한 개발을 위한 경제전략", 〈현대산업사회와 환경문제〉 제
     5회 심포지엄, 아산사회복지사업재단.

이정우(1991. 9) "한국의 부, 자본이득과 소득불평등", 〈경제논집〉 제30권 제3
     호, 서울대 경제연구소.

장영채·김영찬(1992) "교통사고의 사회적 비용에 관한 연구", 도로교통안전협회.

정회성(1981) 〈한국의 경제성장과 공업화가 환경오염에 미친 영향〉, 서울대 환경

대학원 석사학위논문.

조순(1991. 9) "한국 경제의 발전전략", 〈경제논집〉 제30권 제3호, 서울대학교
　　경제연구소.

다. 연감, 연보 및 통계 자료

건설부(1992) 〈건설통계편람〉.

경제기획원. 1987. 〈국부통계조사보고〉.

경제기획원. 1980(1976) 〈주요 경제지표〉.

경제기획원. 1977(1974) 〈경제백서〉.

경찰청(1992) 〈고통사고통계〉.

노동부(1992)　1981. 〈노동통계연감〉.

농림수산부(1992) 〈농림수산통계연보〉.

산림청(1992) 〈임업통계연보〉.

에너지경제연구원(1992) 〈에너지통계연감〉.

전국경제인연합회(1974) 〈한국경제연감〉.

제일기획(1992) 〈한국의 광고연감〉.

통계청(1992) 〈한국의 사회지표〉.

통계청(1992, 1985, 1977, 1973) 〈한국통계연감〉.

통계청(1992) 〈도시가계연보〉.

통계청(1993) 〈한국경제지표〉.

한국경영자총연합(1991, 1985, 1981) 〈노동경제연감〉.

한국교육개발원(1991) 〈한국의 교육지표〉.

한국무역협회(1992) 〈한국경제의 주요지표〉.

한국은행(1992, 1991) 〈국민계정〉.

한국은행(1992) 〈경제통계연보〉.

라. 외국문헌

Archibugi, F and Nijkamp, P. 1989. *Economy and Ecology: Towards Sustainable Development.* Kluwer Academec Publishers.

Barkeley, Paul W and Seckler, David W. 1972. *Economic Growth and Environmental Decay: the solution becomes the problem.* Harcourt Brace Jovanovich. Inc.

Daly, Herman E and Cobb, John B. 1989. *For The Common Good: Redirecting the Economy toward Community, the Environment, and a Sustainable Future.* Beacon Press.

Goodland, Rober and Herman, Daly and El Serafy, Salah and Droste, Bernd bon. 1991. *Environmentally Sustainable Economic Development: Building on Brundtland.* UNESCO.

Packard, Vance. 1960. *The Waste Makers,* U.S. Van Ress. New York.

T O'Riordan. 1981. *Environmentalism.* Pion Limited.

WCED. 1987. *Our Common Future.* Oxford University Press.

Zolotas. Xenophon. 1981. *Economic Growth and Declining Social Welfare Bank of Greece.*

제 2 장
자원소비지표(DMI)에 의한 경제의 지속가능성 평가

제1절
서 론

1. 연구목적 및 배경

본 연구는 1960년대 이후 산업 근대화 과정을 거치면서 한국 경제가 압축적인 고도성장을 달성하는 과정에서 자원소비가 얼마나 많이, 그리고 어떤 양태로 일어났는지를 분석함으로써 한국 산업 근대화의 성과를 환경문제의 관점에서 새롭게 평가하고자 한다.

자연의 관점에서 본다면 본질적으로 생산이라고 일컬어지는 인간의 모든 경제행위는 사실 생산이 아니라 자연의 생태적 기능에 의해서 만들어 낸 자연 산물을 변형시키고 그 변형물을 소비하는 행위에 불과하다. 물질균형접근법에 의하면, 경제에 투입되는 자연자원의 양은 질량보존의 법칙에 의해서 종국에는 환경오염(폐기물)량과 같아진다. 그래서 생산량 증가로 인한 경제성장은 자연자원의 소비량 증가를 수반하고 결국에는 환경오염 심화로 이어지게 된다.

한국 경제는 1960년대 이후 개발과 성장을 최우선으로 하는 이념에 기초해 국가발전 전략을 채택하고, 국가주도의 산업정책을 강력하게 추진해 온 결과로서 압축 고도성장이라는 놀라운 성과를 거두었다. 이것을 자연의 관점에서 재해석하자면 한국 경제의 압축 고도성장은 곧 자연자원의 압축 고도소비를 의미하며, 이는 결국 환경오염의 고도 압축적인 발생을 뜻하는 것이기도 하다.

하지만 경제성장과 환경문제의 심화는 반드시 일직선적인 비례관계에 있는 것은 아니다. 사용되는 자연자원의 종류와 채취방법, 자원의 가공 및 제품 생산방법, 환경오염 통제기술, 그리고 소비양태에 따라서 경제성장의 규모보다 상대적으로 자원소비와 환경오염을 더 일으킬 수도, 덜 일으킬 수도 있다.

본 연구에서는 한국 경제가 산업화 과정에서 얼마만큼의 자연자원을 소비해 왔으며, 소비양태가 어떤 추이로 변해 왔는지를 분석하고자 한다. 이 분석결과를 바탕으로 두 가지 차원에서 산업정책에 대한 지속가능성 평가를 시도한다.

첫째, 시대별 자원소비규모를 토대로 한 절대적 지속가능성 평가다. 1971년 이후 2000년에 이르기까지 한국 경제의 자원소비가 어느 시대에 얼마만큼 일어났는지를 보여준다. 자원소비지표에는 산업정책의 총체적 결과가 반영되어 있기 때문에 자원소비지표의 분석을 통해서 시대별 산업정책의 결과가 환경에 어떤 압력을 주었으며, 그 추세가 어떻게 변화했는지를 알 수 있다.

둘째, 경제성장과 자원소비 간 비교를 통한 상대적 평가다. 비록 자원소비규모가 절대적으로 증가한다 하더라도 만일 경제성장의 증가 규모에 비해서 증가 폭이 적다고 한다면 상대적이나마 경제성장에 따른 자연자원(환경오염)의 소비가 지속가능한 추세로 나가고 있다고 볼 수 있다. 이 경우 한국 경제의 지속가능성은 계속 향상되고 있다고 평가할 수 있는 것이다.

2. 연구범위 및 방법

본 연구에서는 산업화 과정에서 형성된 한국 경제가 지속가능성의 경향성을 보이는지를 분석, 평가하기 위해서 물질흐름분석(Material Flow Analysis: MFA)법을 활용한다. MFA는 한 나라의 경제계에 투입, 생산, 산출, 소비하는 과정에서 얼마나 많은 자연자원을 소비했는지를 분석함으로써 그 나라 경제가 환경에 어떤 압력을 미쳤는지를 평가하는 방법이다.

본 연구에서는 물질흐름분석법의 여러 가지 지표 중에서 물질투입량(DMI: Direct Material Input)을 자원소비지표로 활용한다. DMI는 경제활동으로 인해 확보하게 되는 모든 일차적인 원료와 에너지를 말한다. 이들 물질에는 화석연료(석탄, 석유, 천연가스, 전력), 광물(금속 광물, 건설 광물, 산업용 광물), 그리고 바이오매스의 4종류가 있다. 이런 물질들은 국내에서 추출한 물질(Domestic Extraction: DE) 아니면 해외에서 수입해 온 물질로 구성된다. 따라서 DMI는 국내추출물(DE)에다 수입물질을 합한 양이 된다.

$$DMI = DE + Import$$

그리고 보조적인 지표로서 물질무역수지(Physical Trade Balance: PTB)를 활용한다. PTB는 자원의 수입량에서 수출량을 제한 값으로서 한국 경제의 자원 수출입 수지의 균형여부가 어떤 변화추세를 보이고 있으며, 변화추세를 주도하는 자원은 무엇인지를 보여준다.

이상 DMI를 기본 지표로 활용하여 한국 산업화 과정에서 형성된 한국 경제의 환경성에 대한 절대적 평가와 상대적 평가를 시도한다.

첫째, DMI를 활용한 한국 경제의 절대적 지속가능성 평가다. 이로써 1971년 이후의 한국 경제가 시간의 흐름에 따라서 자원소비의 규모가 얼마나 증가했는지를 통해서 시대별 환경파괴정도를 가늠해 볼 수 있다.

둘째, GDP와 GMI와의 관계를 비교한 결과를 바탕으로 하는 상대적인 지속가능성 평가다. 자원소비지표가 환경친화적인 경향을 보이는지를 평가하기 위해서 DMI를 기본으로 하는 세 가지 응용지표를 활용한다.

1) 하나는 자원생산성지표와 탈물질화(dematerialization)지표다. 경제계에 투입된 자원이 얼마나 많은 경제적 가치를 창출하느냐를 보여주는 것이 자원생산성이며, 자원생산성지표는 국민소득을 자원투입량으로 나눈 값으로 산출한다. 이 지표를 거꾸로 산출하면 탈물질화지표가 된다. 한 나라의 경제는 산업구조나 생산기술의 혁신에 의해서 한 단위의 경제적 가치를 산출하는데 소비되는 자원량이 갈수록 적어질 수 있다. 이렇게 될 때 경제성장과 자연자원소비 간 증가추이는 다른 방향으로 전개될 수 있으며(de-coupling), 이같은 현상을 보고 경제가 탈물질화 경향을 보인다고 하는 것이다. 이때 경제성장에도 불구하고 자원소비의 절대규모가 오히려 감소하는 경우를 절대적 탈물질화라고 하며, 자원소비규모는 증가하지만 경제성장 속도에 비해서 완만하게 증가할 경우에는 상대적인 탈물질화라 한다. 반면에 경제성장 속도를 초월하여 자원소비가 이루어질 때는 탈물질화의 경향이 없는 것이다. 적어도 자원소비지표 분석에 의해서 상대적인 탈물질화 경향이 나타난다면 그 경제의 환경친화성(지속가능성)이 높아지고 있다고 평가할 수 있다.

2) 둘은 환경 쿠즈네츠 곡선에 대한 평가다. 환경 쿠즈네츠 곡선(Environmental Kuznets Curves: EKC) 가설에 의하면, 환경에 대한 압력은 소득이 증가함에 따라서 경제성장의 초기단계에서 계속 증가하다가 일정한 소득수준에 이르게 되면 그 이후부터 압력이 감소함으로써 '거꾸로 된 U자' 모형을 나타내게 된다(EC, 2002: 41-44). 그로스만과 쿠루거는 경제성장 초기에는(대체로 1인당 국민소득 5천 달러 이하 단계) 경제성장이 진척됨에 따라 환경오염과 파괴가 가속화되는 경향이 있으나 경제성장에 의한 국민소득이 일정수준에 이르면(대체로 1인당 국민소득이 1만 달러 이상의 단계) 경제성장의 진척에 따른 환경파괴의 정도가 감소하는 경향이 있다는 가설을 제시하였다. 이 가설을 그래프에 나타낼 경우에 '역 U자' 형태를 보인다(이정전, 2000: 73-77). 그런데 이러한 곡선의 형태는 마치 1954년에 쿠즈네

츠(S. Kuznets)가 경제성장과 소득불평등과의 관계를 밝히면서 소득수준 증가에 따른 불평등 수준 간의 관계가 '역 U자 곡선'을 그린다는 쿠즈네츠 가설과 닮았다. 그래서 그로스만-쿠루거 가설에 의해 나타나는 곡선을 '환경 쿠즈네츠 곡선'이라 한다. 물질균형론에 의하면 자연자원 사용량은 궁극적으로 환경오염량과 같으므로 한 나라의 자연자원 소비량 역시 환경 쿠즈네츠 곡선을 보일 것이다. 즉 일정한 소득수준에 이를 때까지 1인당 자연자원 소비량은 계속 증가할 것이며, 일정 소득수준을 넘어서면서 자연자원 소비량은 감소하게 될 것이다.

따라서 MFA 방식으로 한국 산업화 과정의 경제를 평가한다면 시대적으로 한국의 자연자원 소비가 어느 수준에 와 있는지를 평가할 수 있다.

3) 셋은 커머너 가설을 활용한 자원소비지표의 요인별 기여도를 분석하는 일이다. 커머너 가설은 환경에 영향을 미치는 경제사회적 구동력을 분석하는 모델로서 인구, GDP, DMI의 세 가지 요인이 구성변수다. 홀드랜(1971)과 커머너(1972)에 의하면 환경에 미치는 영향(I)은 인구(Population: P), 부(Affluence: A), 기술(Technology: T)이라는 변수에 의해서 결정된다면서 IPAT모델을 제안하였다(EC, 2002: 45 ; 이정전, 2000: 77-78). 이 모델을 활용하면 자원소비지표를 다음과 같은 방정식으로 표현할 수 있다.

$$DMI = 인구 \times \frac{GDP}{인구} \times \frac{DMI}{GDP}$$

이 방정식에서 GDP / 인구요인은 복지상태를 나타내는 부의 수준이며, DMI / GDP는 생산기술력의 환경친화적인 수준을 반영하는 것이다. 즉 인구가 증가하면 자원투입의 정도가 심해지게 되고, 비록 인구가 증가하지 않더라도 1인당 GNP가 올라가면 자원투입은 그만큼 늘어나게 된다고 볼 수 있고, 비록 인구와 1인당 GNP가 일정하다 해도 단위 GNP를 생산하는 데 드는 자원투입량이 많아진다면 환경파괴는 그만큼 심해진다고 볼 수 있다[142].

이 같은 커머너 가설을 활용하면 한국 경제의 자원소비지표를 결정짓는 요인이 무엇인지를 밝힌다.

본 연구의 시간적 범위는 본래 1960년대부터 2000년까지였으나 데이터 확보가 어려운 1960년대 이전은 제외하고 1971년부터 2000년까지 한정한다. 데이터는 해당 관련 정부기관 및 통계청에서 공식적으로 집계한 공식통계를 활용하였다. 그리고 자원지표의 단위는 모두 금전이 아니라 중량이며, GDP 등 금액과 관련된 시계열 추이는 경상가격이 아니라 불변가격으로 하였다.

제2절
자원소비지표에 의한 한국 경제의
지속가능성 평가

1. 분석 시 고려한 점

분석 범위는 1971년부터 2001년까지의 한국 경제이다. 분석 대상이 되는 자연자원은 화석연료, 산업용 광물, 건설용 광물, 바이오매스 네 분야다. 각 자연자원의 분야마다 국내 추출(DE), 수입, 수출량을 기본 데이터로 삼는다. 국내의 자원투입지표 산출을 위해 선정한 자원의 구체적 항목은 〈표 1〉과 같다.

---

142) 자원투입량은 곧 자원소비량이고, 자원소비량은 곧 환경오염을 의미한다. 따라서 이 세 가지 지표는 모두 환경파괴의 정도를 나타내는 지표다.

〈표 2.1〉 국내 자원투입지표(DMI) 산출을 위한 구체적 항목

항 목		참 고
1. 화석연료	무연탄(Anthracite)	1) 전력 중에서 무연탄, 석유를 원료로 사용한 발전량은 제외해야 이 중계산 피함. 나머지 원자력, 수력 발전량 중 수력은 화석연료 아님. 결국 원자력 발전량만 포함시킴.
	석유(Oil)	
	가 스	
	전 력	
2. 산업광물	금속 : 금, 은, 동광, 연광, 아연광, 철광, 중석광, 몰리브덴광, 망간광, 창연, 알루미늄광, 크롬광, 질코늄광, 안티모니광, 유화철, 비소광, 주석광, 티타늄광	2) metric ton= 1000kg, 1TOE=907.1847kg 으로서 약간 다르지만 같은 단위로 계산함. 또한 m³은 1TOE으로 간주함.
	비금속 : 토상흑연, 인상흑연, 활석, 장석, 고령토, 규사, 규조토, 석면, 형석, 인광석, 유황, 사문석, 규회석, 운모, 홍주석, 남정석, 중정석, 불석, 석고, 수정	
3. 건설광물	납석, 석회석, 규석, 대리석	
4. 바이오매스	농업 : 미곡, 맥류, 서류, 잡곡, 두류, 채소, 과실, 특용작물, 생사	3) Bbl=0.158988m³, 1000Bbl=158.988m³
	목축 : 쇠고기, 돼지고기, 닭고기, 계란, 우유	
	임업 : 종실, 버섯, 연료, 약용, 녹비, 퇴비원료, 사료, 산나물, 용재, 죽재, 죽순, 기타	4) 농산물 수출입 데이터는 수출입 검사실적임.
	목재	
	어업 : 갑각류, 기타 수산동물, 어류, 조류, 패류	5) GDP와 관련한 시계열 데이터는 특별한 언급이 없는 한 1995년도 가격을 기준으로 한 값임.

기본 데이터를 활용하여 물질투입량(DMI), 물질무역수지(PTB) 등이 시대별로 어떤 추이로 변해 왔는지를 보이며, 이런 추이의 특성을 나타나는 데 네 분야의 자연자원이 얼마나 기여했는지를 분석하게 된다.

분석과정에서 국민 1인당 DMI를 인구와 국민 1인당 GDP와 비교 분석함으로써 한국의 산업화 과정에서 한국 경제의 탈물질화(dematerialization) 성향과 경제성장과 자연보전 간의 양립(de-coupling)성이 얼마나 이루어지고 있는지를 보여주게 된다. 그리고 커머너 방정식에 의거 DMI의 요인별-

인구요인, 경제성장요인, 자연자원이용 효율성 요인-기여도를 분석한다.

2. 자원투입지표(DMI)의 절대적 지속가능성 평가

1) 분석결과 종합

1971년부터 2001년까지 한국의 산업화 과정에서 경제활동으로 인해서 경제계에 투입되는 자원량이 얼마인지를 나타내 주는 자원투입량지표(DMI)의 산출과정과 결과를 종합하면 〈표 2〉와 같다.

〈표 2.2〉 한국 경제의 자원투입지표 분석결과 종합

연 도	GPD	DE	Imports	exports	DMI	PTB
	a	b	c	d	e=b+c	f=c-d
1971	61,438	66,396	21,625	4,273	88,021	17,352
1972	64,178	63,894	23,305	4,364	87,199	18,941
1973	71,711	71,472	26,875	5,092	98,347	21,783
1974	77,517	73,340	28,475	5,013	101,816	23,463
1975	82,485	76,991	30,035	4,315	107,026	25,719
1976	91,488	79,542	34,473	6,136	114,015	28,336
1977	100,817	86,363	42,008	7,011	128,370	34,996
1978	109,652	91,755	46,186	6,280	137,941	39,907
1979	117,560	89,062	57,524	5,568	146,586	51,956
1980	114,859	95,781	55,714	3,164	151,495	52,550
1981	122,436	98,515	60,234	3,869	158,749	56,365
1982	131,160	95,427	57,464	3,038	152,891	54,425
1983	145,461	105,002	59,487	2,065	164,489	57,422
1984	157,335	112,535	59,873	1,957	172,409	57,916
1985	167,654	114,085	64,191	1,193	178,276	62,997
1986	186,003	118,188	72,055	1,701	190,243	70,354

연 도	GPD	DE	Imports	exports	DMI	PTB
	a	b	c	d	e=b+c	f=c-d
1987	206,304	122,282	79,290	2,161	201,572	77,129
1988	227,779	126,494	84,351	2,029	210,845	82,322
1989	241,757	124,859	97,485	1,722	222,344	95,763
1990	263,324	119,749	99,865	1,898	219,615	97,967
1991	287,913	124,563	124,730	1,862	249,293	122,868
1992	303,333	127,212	146,834	2,246	274,046	144,588
1993	320,065	140,632	160,787	2,212	301,420	158,576
1994	346,631	142,556	164,510	2,455	307,066	162,055
1995	377,350	147,437	177,512	2,656	324,949	174,856
1996	402,771	148,639	196,150	2,431	344,789	193,719
1997	422,832	153,059	225,565	2,566	378,624	222,999
1998	394,642	131,035	204,342	2,679	335,377	201,663
1999	437,665	142,457	223,490	3,016	365,947	220,474
2000	478,423	146,738	233,730	3,197	380,468	230,533
2001	499,147	144,951	235,826	1,784	380,777	234,042

한국 경제의 DMI는 1971년 이후부터 2001년까지 계속 증가하고 있다. 특히 1990년대 초분부터 증가추세가 더욱 두드러지게 나타난다. 1998년도 지수가 하락한 것은 IMF 경제체제하의 경기침체에 기인한다.

2) 자원종류별 분석

자원별로 보면 화석연료의 투입이 증가추세를 주도하는 것으로 나타나고 있으며, 1990년도 이후부터 역시 두드러진 증가추세를 보이고 있다. 다음으로 건설용 광물이 큰 비중을 차지하고 있는데, 건설용 광물은 1990년대 후반부터 증가추세가 크게 둔화되게 나타났다. 반면 식량과 같은 바이오매스는 시간에 따른 투입량의 변화가 매우 적게 나타나고 있으며, 1984년 이전까지만 해도 바이오매스의 DMI가 가장 높았으나 그 이후부터 화석연료의 DMI보다 낮아지다가 1990년 이후부터는 건설용 광물의 DMI보다도 낮아져 현재는 경제에 투입되는 자원량 비중에서 세 번째 순위를 보이고 있다(〈그림 2.1〉).

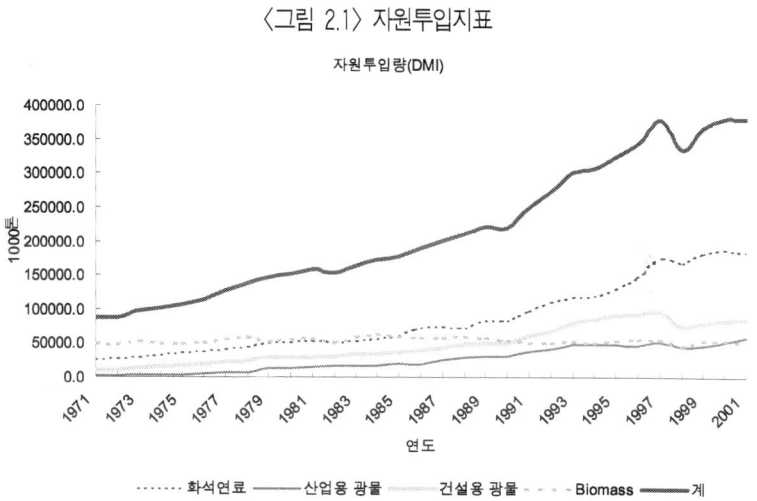

〈그림 2.1〉 자원투입지표

화석연료, 산업용 광물, 건설용 광물은 고갈성 자원인 데 반해서 바이오매스는 재생자원이라는 점에서 볼 때 결과적으로 한국 경제가 재생자원에 대한 의존도가 줄어드는 대신에 고갈성 자원에 대한 의존도가 급증하고 있음을 알 수 있다.

3) 자원 조달원별 분석

자원투입량 중에서 국내에서 조달한 국내추출량(DE)과 해외수입량 간을 비교해 보면 1991년을 기점으로 해서 수입량이 국내추출량을 초과하고 있다(〈그림 2.2〉). 이 같은 현상은 1980년도 중반 이후부터 급격히 진행된 수입 자유화 조치에 기인한 것으로 보인다. 이로써 한국 경제는 자원자립도 면에서 갈수록 크게 낮아지면서 해외의존도가 급격히 높아가고 있음을 보여주고 있다.

〈그림 2.2〉 국내추출과 수입지표

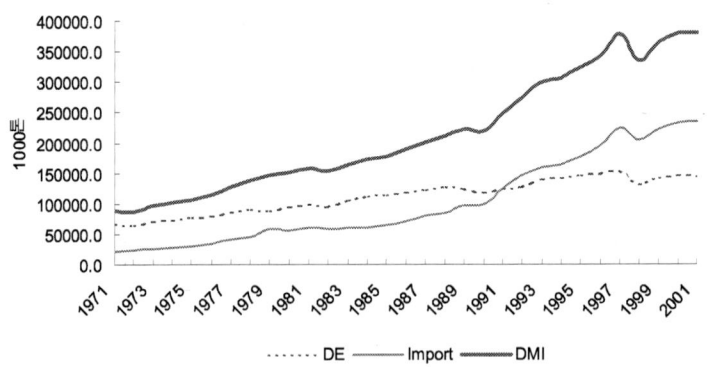

국내추출량지표(DE)를 세부 항목별로 보면, 증가추세를 주도한 것은 건설용 광물이다. 건설용 광물은 특히 1990년대부터 급격한 증가추세를 보이고 있다. 화석연료는 대부분 수입에 의존하고 있어서 비중이 크지 않게 나타났다. 식량과 같은 바이오매스의 증가추세는 1985년 이후부터 반대로 줄어들고 있어서 농업의 개방화라는 시대적 흐름과 산업구조의 고도화에 따른 한국산 식량에 대한 수요가 줄고 있는 현실을 반영하고 있다(〈그림 2.3〉).

〈그림 2.3〉 자원별 국내추출지표

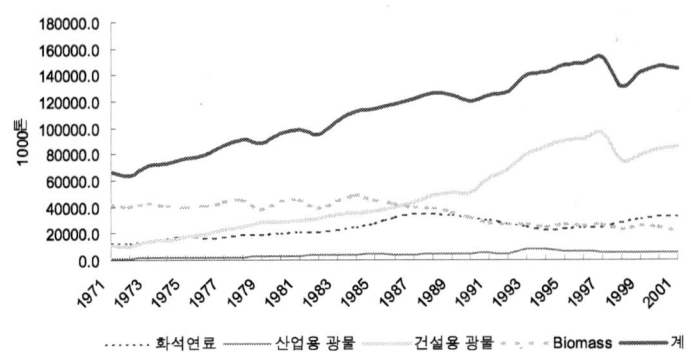

1991년부터 국내추출량을 초월한 자원 수입량 중에서(〈그림 2.2〉) 화석연료가 가장 큰 비중을 차지하고 있으며 수입량 증가추세를 주도하고 있는 것으로 나타났다. 국내추출량에서 가장 낮은 비중을 차지하던 산업용 광물은 수입량에서는 화석연료 다음으로 큰 비중을 비이고 있으며, 반면에 건설용 광물의 수입량은 극히 적은 것으로 나타났다(〈그림 2.4〉). 특히 바이오매스의 수입량은 꾸준히 증가해 해외의존도가 높아가고 있다.

〈그림 2.4〉 자원별 수입지표

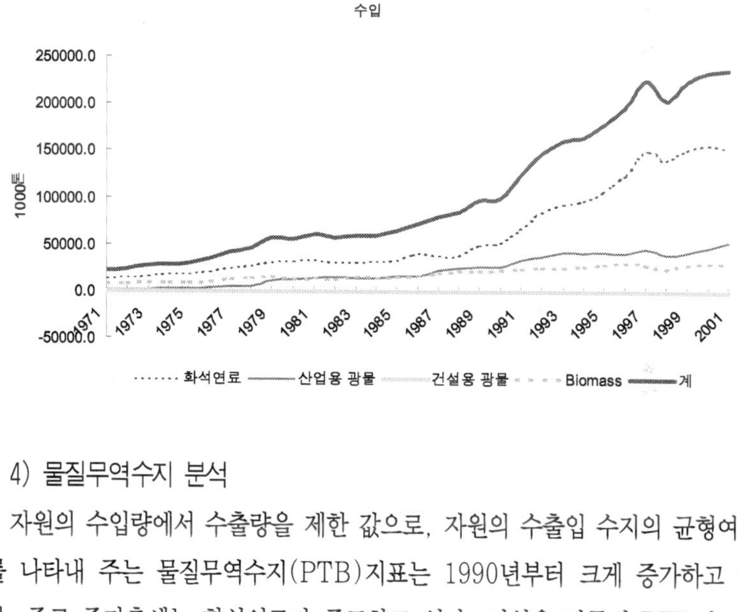

4) 물질무역수지 분석

자원의 수입량에서 수출량을 제한 값으로, 자원의 수출입 수지의 균형여부를 나타내 주는 물질무역수지(PTB)지표는 1990년부터 크게 증가하고 있다. 주로 증가추세는 화석연료가 주도하고 있다. 건설용 광물의 PTB지표는 (-)값을 기록하여 수출량이 수입량을 앞서는 것으로 나타났다(〈그림 2.5〉).

〈그림 2.5〉 자원별 물질무역수지지표

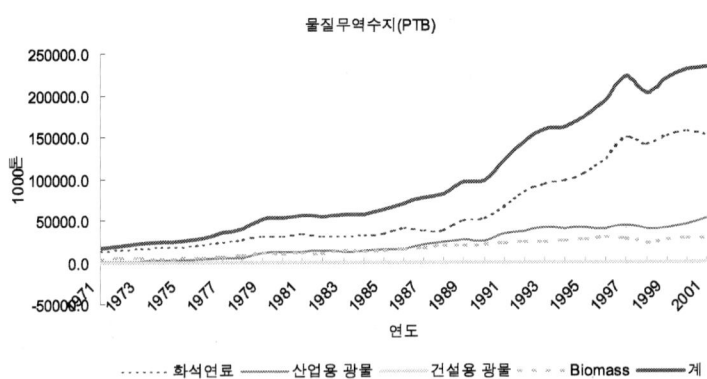

물질무역수지(PTB)

5) 절대적 지속가능성 평가

자원소비지표에 의해서 한국 경제를 시대흐름에 따라서 절대적인 평가를 내리면 크게 네 가지다.

첫째, 한국 경제는 자원투입량에서 꾸준히 증가해 왔으며, 특히 1990년대를 시점으로 자원의 소비규모가 급격히 증가하는 것으로 나타났다. 이로써 한국 경제의 지속가능성은 1971년 이후 꾸준히 감소되어 오다가 1990년대를 지나면서 급속한 감소가 일어났음을 알 수 있다. 이것은 1990년대를 전후로 한국 경제에 큰 영향을 미치는 사회적 변화가 있었음을 암시한다. 1990년대는 한국 경제의 동력이 수출에서 내수로 전환하는 시점에서(서익진, 2002: 14), 대중소비사회로 진입하게 된 것이 자원소비 급증의 원인이며 지속가능성의 커다란 감소 원인이라 생각한다.

둘째, 한국 경제는 재생자원에 대한 의존도가 줄어드는 대신에 고갈성 자원에 대한 의존도가 크게 증가하고 있다. 증가세를 주도하는 자원은 화석연료로 나타났다. 바이오매스와 같은 재생자원은 화석연료로 대표되는 고갈성 자원에 비해 생태적 지속가능성이 높다. 따라서 한국 경제는 사용하는 자원의 종류에 있어서도 지속가능성이 악화하는 방향으로 가고 있다는 것을 알 수 있다.

셋째, 한국 경제는 자원자립도가 낮아지면서 해외의존도가 급격히 높아지고 있다. 산업에 투입된 자원의 조달을 보면, 1971년부터 1991년까지는 국내 추출의 자원 비중이 더 높다가 1991년 이후부터는 수입이 국내추출 비중을 추월하고 있는 것으로 나타났다. 이것은 1980년대 이후 경제 개방화로 인한 결과로 보인다. 한 나라의 경제는 경제권역 외부에 대한 의존도가 낮고 자급자족도가 높을수록 지속가능성이 커진다. 물질과 재화의 이동에 의한 환경문제발생을 억제할 수 있기 때문이다. 따라서 자원자립도의 면에서도 한국 경제의 지속가능성은 1990년대 이후 크게 감소하고 있다고 평가할 수 있다.

넷째, 국내 추출 자원의 종류 중에서 건설용 광물의 소비가 1980년대 중반 이후부터 급속히 증가하면서 그동안 가장 높은 비중을 차지하고 있던 Biomass 를 훨씬 초과하게 되었다. 1980년대 중반 이후 우리 사회에 대규모 아파트 건설 붐이 일어나면서 건설용 광물 소비가 급격히 증가한 결과가 반영된 것이라 본다. 이로써 한국 경제의 지속가능성을 악화시키는 산업별 기여에 있어서 건설 분야가 가장 큰 비중을 차지한다고 볼 수 있다.

다섯째, 화석연료의 수입의존도가 매우 높게 나타났으며 1980년대 후반부터 특히 급격한 것으로 나타났다. 또한 화석연료를 절대적으로 수입해 오기 때문에 물질무역지수에서 화석연료의 적자가 가장 크게 나타났다. 특히 화석연료는 온실가스와 대기오염의 원인이다. 따라서 화석연료의 수입의존도가 급격히 증가함으로써 환경에 주는 영향 면에서나 자원자립도 면에서 지속가능성을 크게 약화시켜 왔다고 볼 수 있다.

3. 자원투입지표(DMI)의 상대적 지속가능성 평가

1) 자원생산성과 탈물질화 경향성 분석

경제계에 투입된 자원이 얼마나 많은 경제적 가치를 창출하느냐를 보여주는 지표가 자원생산성지표인데, 자원생산성지표는 국민소득을 자원투입량으로 나눈 값으로 산출한다. 한국 산업화 과정의 자원생산성을 평가한 결과 1971년 이후부터 2001년에 이르기까지 소폭이기는 하지만 생산성이 지속적으로 증가하고 있다(〈그림 2.6〉).

〈그림 2.6〉 자원생산성지표 변화추이

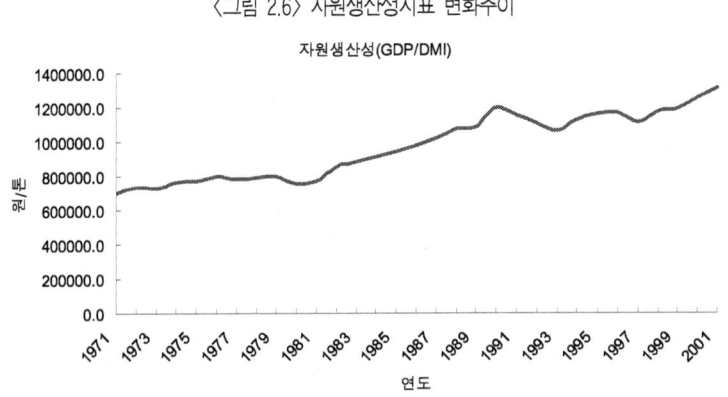

과거 1971년부터 2001년 동안 산업화 과정을 거치면서 한국 경제는 GDP 성장 속도에 비해서 DMI 증가 속도가 상대적으로 적어서 경제성장에 따른 자원소비량 추이가 단순비례하지 않음(de-coupling)을 보여주고 있다(〈그림 2.7〉).

〈그림 2.7〉 GDP, 자원생산성, DMI지표의 변화추이 비교

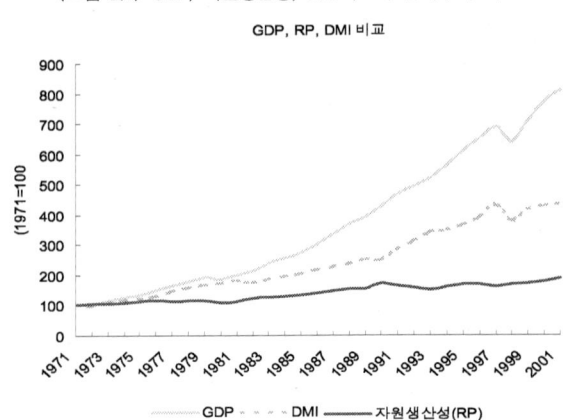

이 같은 추이로 보면, 한국 경제가 탈물질화의 경향을 나타내고 있음을 의미한다. 탈물질화(Dematerialization)란 경제(국민소득)가 성장(증가)하는 추세에 따른 물질(자원)소비의 증가추세를 평가하는 개념으로서 세 가지 차원으로 평가를 달리할 수 있다. 첫째는 절대적인 탈물질화다. 이 경우에는 경제성장에도 불구하고 반대로 자원소비량이 절대적으로 감소하는 경우이다. 둘째는 상대적인 탈물질화다. GDP 상승률보다 DMI 상승률이 낮을 경우에는 상대적으로 탈물질화를 이룬 것으로 평가할 수 있다. 셋째는 GDP 성장률보다 DMI 상승률이 더 크게 나타날 경우의 경제는 탈물질화가 전혀 이루어지지 않았다고 평가할 수 있다. 한국 경제의 경우에는 DMI의 절대적인 감소가 이루어지지 않고 GDP 상승률에 비해 DMI 증가율이 상대적으로 적게 나타나 상대적인 탈물질화가 이루어졌다고 평가할 수 있다. 탈질물질화는 단위 GDP를 생산하는 데 소비되는 자원량을 나타내 주는 자원의존도지표에서도 나타난다. 자원의존도지표는 1971년도부터 2001년에 이르기까지 지속적으로 감소하고 있다(〈그림 2.8〉).

〈그림 2.8〉 한국 경제의 자원의존도지표 변화추이

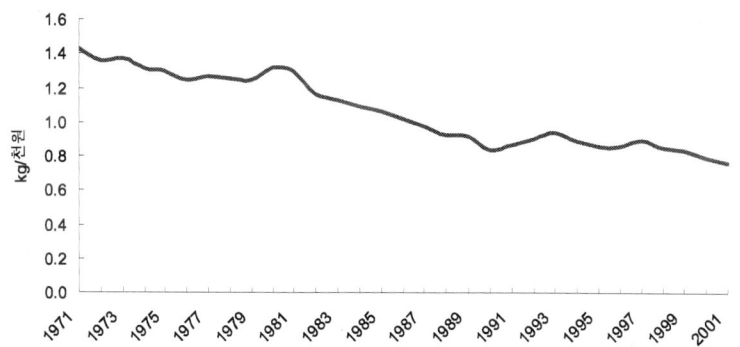

탈물질화 경향을 세부적으로 분석해 보면, 국내추출지표(DE)가 수입지표에 비해서 상대적으로 탈질물화 경향이 크며, 수입에서 탈물질화 경향이 저조

한 것으로 나타났다. 결국 탈물질화 경향은 경제성장과 환경보전이 양립할 수 있음을 뜻하는 것으로서, 지속가능한 경제발전의 가능성을 열어주는 것이다.

2) 환경 쿠즈네츠 곡선 분석

환경 쿠즈네츠 이론(EKC)에 의하면 한 나라의 환경오염 상태는 소득수준이 증가하면서 계속 악화되다가 일정한 소득수준을 넘어서면서 지속적으로 개선된다. 그래서 환경 쿠즈네츠 곡선은 역 U자 모양이 된다.

한국 경제의 DMI 분석결과에 EKC 가설을 적용해 보면, 최근 몇 년 동안 DMI 증가가 둔화 내지 정상상태에 머물고 있어서, 한국 경제가 환경 쿠즈네츠 곡선의 정점에 이르고 있음을 조심스럽게 평가할 수 있다. 이 분석을 토대로 한다면, 향후 한국 경제는 자원소비지표를 기준으로 할 경우에 절대적인 탈물질화 단계로 접어들 수 있다는 전망이 가능하다.

〈그림 2.9〉 한국 경제의 환경 쿠즈네츠 곡선

자원소비지표에 의한 환경쿠즈네츠 곡선(1971-2001)

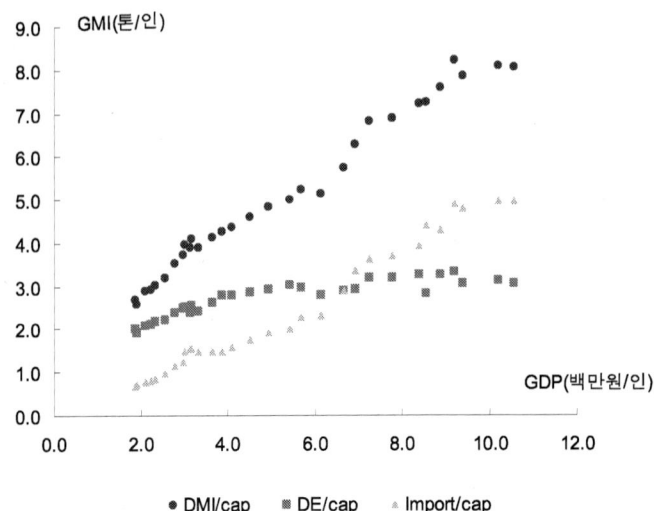

3) 자원투입지표(DMI)의 요인별 기여도 분석

자원투입지표(DMI)를 국민소득지표(GDP)와 비교해 보면 GDP 증가율이 DMI 증가율을 크게 앞서고 있으며, 반면에 인구증가율은 매우 미미하게 나타난다(〈그림 2.10〉).

〈그림 2.10〉 인구, GDP, DMI지표 간 변화추세 비교

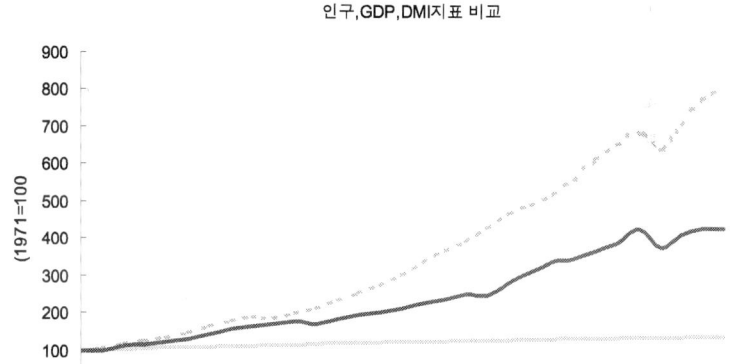

이 방정식을 활용하여 변수별로 DMI에 기여한 정도를 분석한 결과 인구와 DMI / GDP(생산기술)요인은 영향이 미미한 반면에 GDP / 인구요인이 가장 크게 작용한 것으로 나타난다. 즉 인구의 증가와 생산기술력은 자원소비량에 미치는 영향이 적은 반면에 1인당 국민소득의 증가가 자원소비량에 미치는 영향이 지배적인 것으로 나타났다(〈그림 2.11〉).

〈그림 2.11〉자원투입지표의 인구, 경제성장, 생산기술 요인 기여도

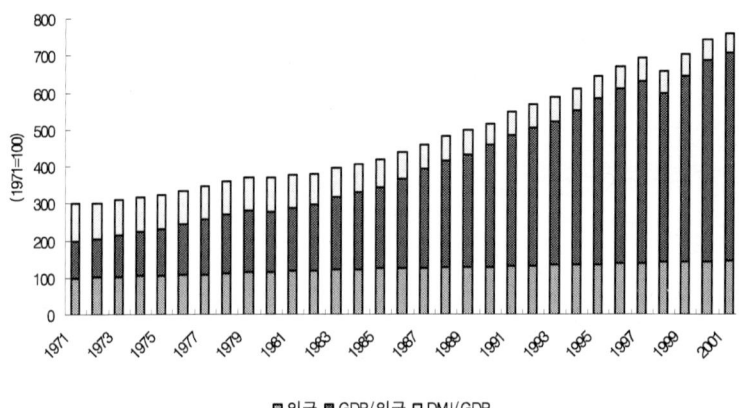

자원투입지표의 요인별 기여도

□ 인구 ■ GDP/인구 □ DMI/GDP

4) 상대적 지속가능성 평가

한국 경제가 자원소비의 절대적 규모가 급속히 증가함으로써 환경에 대한 압력이 시간의 흐름에 따라 크게 증가하여 환경문제를 심화시킨 것은 사실이지만 경제성장률과 비교해 본 상대적인 평가에서는 경제성장 증가율보다 자원소비 증가율이 적게 나타나 한국 경제가 거시적인 흐름에서 환경친화적인 방향으로 나가고 있음을 보여주었다. 한국 경제는 자원생산성에서 1971년 이후 꾸준히 증가하고 있으며(〈그림 2.6〉), 상대적인 탈물질화도 진행되고 있어서(〈그림 2.7〉) 자원의존도가 꾸준히 감소되고 있다(〈그림 2.8〉). 이런 분석결과는 한국 경제의 거시적 흐름이 상대적으로 보면 지속가능성을 증가시켜 왔다고 평가할 수 있다.

이러한 경향을 경제개발 5개년 계획의 시기별로 세분해서 평가해 보면, 시기별로 경제성장과 자원소비 및 환경오염 간의 관계가 상반되게 나타남으로써 산업정책이 탈물질화에 중요하게 작용하고 있음을 간접적으로 시사하고 있다. 제3차 경제개발 5개년 계획 기간인 1977년에서 1981년 사이에서는 GDP는 21.4%가 증가한 반면에 GMI는 그 값을 초월하여 23.7%가

증가한 것으로 나타나 자원생산성이 떨어지면서 탈물질화가 전혀 진행되지 않았다. 그 이유는 이 기간에 정부가 무리하게 추진한 중화학공업정책이 중복투자로 나타나 비효율적인 자원배분이 이루어졌기 때문으로 볼 수 있다. 반면에 1970년대 초반과 1980년대 전반에 걸쳐 자원생산성과 탈물질화 경향이 높게 나타나고 있다(〈표 2.3〉).

〈표 2.3〉 경제개발 계획 기간별 GDP와 GMI 변화추이 비교

	내 용	1972-76	1977-81	1982-86	1987-91	1992-96	1997-01
		제2차	제3차	제4차	제5차	-	-
GDP	평균증가율	6.1	6.1	8.7	9.1	7.0	4.6
	기간증가율	48.9	21.4	41.8	39.6	32.8	18.8
GMI	평균증가율	5.4	6.9	3.8	5.7	6.7	2.3
	기간증가율	30.8	23.7	24.4	23.7	25.8	0.6

환경 쿠즈네츠 곡선의 평가에서도 한국 경제가 곡선의 정점에 이르고 있어서 향후 한국 경제는 자원소비지표에서 절대적인 탈물질화 단계로 접어들 수 있다는 조심스런 전망이 가능하다.

커머너 가설에 의해서 자원소비에 영향을 주는 요인을 분석해 본 결과에서는 인구와 생산기술 요인보다는 1인당 국민소득 요인이 가장 큰 원인으로 밝혀진 것으로 보아, 한국 경제의 고도 경제성장의 결과가 자원소비에 커다란 부담이 되었음을 알 수 있다.

제3절
결 론

　결론적으로 산업화 과정에서 한국 경제는 고갈성 자원과 자원의 해외의존도를 심화시키는 가운데 자원소비량을 지속적으로 증가시켜 오고 있으며, 특히 1990년 이후의 증가 폭이 두드러지게 나타남으로써 환경에 대한 압력을 절대적으로 가중시키고 있음을 알 수 있다. 하지만 경제의 거시적 흐름에서 볼 때 경제성장과 비교해서 상대적인 탈물질화의 경향성을 보이고 있으며, 환경 쿠즈네츠 커브의 정점에 도달하고 있는 점에서 볼 때 한국 경제에서 자원소비의 상대적인 지속가능성은 향상되었다.

　이상의 결과를 토대로 할 때 한국 경제의 지속가능성을 더욱 향상시키기 위해서는 몇 가지 정책적인 고려가 필요하다. 첫째, 고도 경제성장을 정책적인 선으로서 인식하고 정책을 폈던 과거 행태를 지양하고 향후에는 지속가능성을 고려한 경제성장의 속도관리가 필요하다는 점이다. 둘째, 생산기술의 혁신을 통해서 자원과 에너지사용의 효율성을 향상시킴으로써 자원자립도가 낮아지고 해외의존도가 높아지는 경향을 완화시켜야 한다. 셋째, 자원소비의 가장 큰 비중을 차지하고 있는 화석연료와 건설용 광물에 대한 지속가능한 자원관리가 필요하며, 특히 건설용 광물의 경우에는 국내추출분만으로 자급을 해오고 있는 상황에서 1987년 이후 소비량이 급격히 진행되고 있는 추세로 보아 향후 자원소비의 지속가능성이 가장 취약한 자원으로 지목되므로 사전 대비가 필요하다. 넷째, 한국의 대중소비사회가 형성된 시점인 1990년대 초반부터 자원소비가 급격하게 증가하고 있는 점으로 보아 산업구조와 생산기술의 효율성 제고 못지않게 지속가능한 소비양식의 정착을 위한 정책적 방안 마련이 매우 중요하다.

참고문헌

김견(1991) "1980년대 한국자본주의와 산업구조조정 – 국가정책을 중심으로", 〈사회경제평론3〉, 한국사회경제학회(1991).

김창남 외(1997) 〈현대 한국경제발전론 – 발전메커니즘과 개발정책〉, 유풍출판사.

김형기(1996) "1980년대 한국자본주의: 구조전환의 10년", 〈동향과 전망〉, 통권 제29호, 한국사회과학연구소.

서익진(2002) "한국의 발전 모델, 위기와 탈출의 정치경제학(1)", 사회경제학회.

선학태(1991) 〈한국의 중화학공업정책과정에 나타난 국가 자율성〉, 서울대학교 대학원, 석사학위논문.

이재희(1999) "1970년대 후반기의 경제정책과 산업구조의 변화 – 중화학공업화를 중심으로", 〈1970년대 후반기의 정치사회변동〉, 한국정신문화연구원, 백산서당.

장상환(1998) "1990년대 한국자본주의의 구조변화", 〈사회경제평론 11〉, 한국사회경제학회.

최용호(1999) "1970년대 전반기의 경제정책과 산업구조의 변화", 〈1970년대 전반기의 정치사회변동〉, 백산서당.

농림부 〈농업주요통계〉.

대학석유협회 〈석유연보〉.

에너지경제연구원 〈에너지통계연감〉.

통계청 〈광공업통계조사보고서〉.

통계청 〈농가경제통계〉.

통계청 〈농림업주요통계〉.

통계청 〈인구주택총조사보고서〉.

통계청 〈한국경제지표〉.

한국은행 〈경제통계연보〉.

한국은행 〈국민계정〉.

한국지질자원연구원, 산업자원부 〈광산물수급현황〉.

해양수산부 〈해양수산통계연보〉.
해양수산부 〈해양수산주요지표〉.
한국해양수산개발원 〈수산·해양환경통계〉.

European Commission. 2002. Material Use in the European Union 1980-2000: Indicators and analysis.

European Topic Centre on Waste and Material Flows(ETC-WMF). 2003. *Resource Use in European Countries: An estimate of materials and waste streams in the Community, including imports and exports using the instrument of material flow analysis.*

Binder, Manfred, and Martin Janicke and Ulrich Petschow. 2001. *Green Industrial Restructuring, International Case Studies and Theoretical Interpretations,* Springer.

Bringezu, Stefan and Helmut Schutz(Wuppertal Institute). 2001. *Total material requirement of the European Union,* European Environment Agency.

Bringezu, Stefan. 2002. *Towards Sustainable Resource Management in the European Union,* Wuppeertal Papers, ISSN 0949-5266.

European Commission-DG Envrinment. 2002. *Analysis of Selected Concepts on Resource Management.*

Spangenberg, Joachim H., etc. 1998. *Material Flow-based Indicators in Environmental Reporting,* European Environment Agency.

Department for Environment, Food & Rural Affair. 2002. *Resource use and efficiency of the UK economy.*

제3장
지속가능지표(P-S-R) 개념에 의한
산업정책 평가

한국 경제는 1960년대부터 본격적으로 산업화를 추진한 이래 고도 압축적인 경제성장을 이룩하였다. 비록 1997년 경제위기로 IMF 관리를 받은 이후 경제침체를 벗어나지 못하고 있지만 전체적인 면에서 볼 때 양적 성장은 물론 정치적 민주화, 사회적 복지 등에 있어서 많은 성과를 거둔 것이 사실이다. 이러한 성과로 인해서 한국은 국제사회로부터 가장 성공적인 개발국가의 한 모델로 평가받고 있다.

이 같은 경제적 성과는 한국 전쟁 이후 초토화된 경제·사회적 기반 위에서 이루어졌다는 점에서 더욱 놀라운 것이며, 이 점이 한국의 산업정책을 특히 주목하게 하는 배경이다.

하지만 이와 같이 긍정적인 평가에도 불구하고, 이면에는 많은 사회적 문

제를 수반하였다. 특히 그중에서도 환경파괴는 삶의 질을 현저히 악화시킬
뿐만 아니라 사회 발전의 근원적인 생산요소라 할 수 있는 자연자산을 소모
시킨다는 차원에서 매우 중대한 문제다. 경제성장은 필연적으로 자원을 소비
하고 환경을 오염시키기 때문에 과거 고도 압축적인 경제성장은 다름 아닌
자원소비와 환경오염의 강도가 매우 심하였음을 일컫는 것과 같다. 따라서
과거 성장과 개발의 최우선 목표 달성을 위해서 취해진 산업정책은 이면에
서 본다면 다름 아닌 환경파괴의 최우선 정책이라 할 수 있는 것이다.

　본 연구에서는 과거 40년간의 산업화 과정에서 추진해 온 공업화 정책이
결과적으로 환경에 어떤 영향을 미치게 되었는지를 구체적인 데이터와 사실
들을 적시하면서 역사적으로 기술하고자 한다.

　본 연구에서 기술의 시간적인 범위는 1960대부터 1990년대까지로 한다.
분석과 기술의 내용적 범위는 크게 세 가지에 한정한다. 첫째는 환경문제의
원인으로서 공업화 정책의 추진 현황을 기술한다. 둘째는 환경오염의 현황이
어떠했는지를 기술한다. 셋째는 환경오염 문제를 개선하기 위한 사회적 대응
을 기술한다.

　이상 세 분야에서 산업화의 환경친화성을 평가함에 있어서 단순히 나열식
기술이 아니라 하나의 체계 속에서 평가가 이루어지기 위해서 본 연구에서는
OECD가 개발한 지속가능성 지표체계인 PSR(Pressure-State-Response)
구조의 개념을 차용하기로 한다. PSR구조는 P(압력), S(상태), R(대응)
의 세 가지 요인으로 구성된다. 압력요인은 경제활동의 과정에서 환경에 압
력을 주는 요인들로서 인구, 교통량, 자원소비량, 인공구조물 등이 해당한다.
상태요인은 대기오염, 수질오염, 생태서식지 및 종 다양성 파괴 등과 같이
환경오염과 환경파괴의 정도를 나타내는 요인들이다. 대응요인은 S를 개선하
려는 정부, 기업, 시민 차원의 노력을 말하는 것으로서 규제 제도, 기업의
환경투자, 환경보전 실천행위 등을 내용으로 한다. 그리고 P, S, R 요인
각각에는 다시 세세한 항목이 선정되며 각 항목마다 수치화되어 지수로 표현
된다. 한 사회의 지속가능성 여부는 이와 같이 세 가지 요인들 간의 상호 밀

접한 관계 속에서 결정된다는 것이다. 이 지표체계가 가지는 유용성은 자원 고갈과 환경오염과 같은 현상 중심의 평가가 아니라 환경문제를 발생시키는 원인으로서 압력요인과 발생된 환경문제를 해결하기 위한 사회적 노력을 종합적으로 고려했다는 점에 있다.

하지만 이 지표체계는 P, S, R 각각의 요인별로는 다양한 항목에 걸쳐 구체적인 지수로 표현하지만 P, S, R 간에 상호관계까지 원인과 결과라는 구체적인 수치로 평가하진 않는다. 즉 PSR구조에서는 P, S, R의 각 요인별로는 정량적 평가를, 그리고 P, S, P 간의 평가는 정성적 평가를 한다는 점이다.

본 연구에서는 PSR구조를 적용함에 있어서 PSR구조의 특성에 준해서 다음 몇 가지 사항에 유념한다. 첫째는 공업화 정책부분을 P요인, 환경문제의 상태 부분은 S요인, 대응 부분을 R과 조응시킨다. 둘째는 P, S, R의 각 요인들이 시기적으로 어떤 변화를 겪어왔는지에 대해서 정량적 평가를 한다. 계량화가 가능한 항목들에 대해서는 구체적인 데이터를 시계열별로 제시하여 변화추이를 보여주며, 데이터는 통계청 또는 정부의 공식기관에서 정기적으로 발행하는 연보, 연감 등에 수록된 데이터를 일차적으로 사용한다. 하지만 성격상 시계열 데이터 산정이 어려운 항목들은 당시의 상황과 사례를 사실적으로 기록한 연구보고서의 내용을 참고한다. 셋째는 P, S, R의 상호관계에 대해서는 구체적인 원인과 결과로 양적 평가를 내리는 대신에 전체 구조의 의미를 정성적으로 평가하는 데 한정한다.

구체적으로 P요인에서는 산업육성, 산업단지 및 산업기반시설 조성, 외자도입과 생산기술의 성격을 주로 다룬다. 이정전(1991)이 환경오염유발계수에 의해 선정한 환경오염지향산업의 목록을 기준으로 산업별 P요인을 평가한다. 산업단지와 산업기반시설의 조성은 농지, 습지, 해안 매립과 산림과 녹지 훼손을 전제로 하는 대규모 개발사업이기 때문에 생태계 파괴를 필연적으로 수반한다는 점에서 매우 중요한 P요인이라 할 수 있다. 외자도입은 그 자체로서 P요인은 아니지만 한국적 상황에서 과도한 외채누적의 원인이 되었고, 결과적으로 출혈수출 과정에서 근로자의 인권과 환경을 희생하게 한 점에서 P요인인 것이다. 그리고 생산기술은 환경오염물질을 발생시키는 것이기 때문에 직접적인 P요인이 된다.

S요인에서는 대기오염, 수질오염, 각종 환경사건사고 등을 분석한다. R요인에는 중앙 정부의 환경규제 제도 완비, 기업의 환경오염방지시설투자, 공단의 종말하수처리장 건설 내역 등의 항목들을 분석한다.

본 연구에서는 PRS이라는 지표체계와 본 연구의 특성상 몇 가지 한계를 가진다. 우선 PSR지표체계는 기능적이기 때문에 환경에 악영향을 미친 질적인 요인들을 충분히 반영하지 못하고 있다. 또한 본 연구에서는 각 요인별로 항목이 전부 망라되지 못한 데다가 질적인 평가가 이루어지지 않았다. 즉 P요인에는 자원소비량과 같은 항목을 고려하지 못했으며, 산업단지의 성격과 입지 특성을 고려한 평가를 하지 못했다. 또한 S요인에 대한 공식적인 데이터가 1990년대 이후에야 가능하였으므로 이전 상황을 충분히 분석 평가하지 못했다. R요인에서는 시민운동의 역할 등이 제외되었다. 그리고 환경문제의 고유의 특성과 PSR구조의 한계상 어떤 공업화 정책이 그와 같은 결과들을 발생시켰는지 증명이 곤란하였다.

하지만 본 연구는 부분적이긴 하지만 과거 40년의 산업화 과정에서 수행한 공업화 정책의 환경친화성 정도를 역사적으로 기술했다는 점, 구체적인 데이터와 사실에 대한 기록을 바탕으로 이루어졌다는 점, 그리고 시대별로 P, S, R요인의 상대적 비중과 그 변화를 알 수 있었다는 점 등에서 의미를 찾을 수 있다.

제2절
산업화 시기별 지속가능성 평가

1. 1960년대: 경공업 중심 산업정책과 현대적 환경문제발생의 산업적 기원

1) 압력요인

1960년대의 주요 산업 업종은 섬유·식료품·음료품 등 소비재부문, 화력발전소, 탄광 개발, 정유 등의 에너지 산업, 농업에 필요한 비료, 그리고 물리적인 기반시설 건설을 위한 시멘트 산업 등이었다. 이들 산업들은 이정전(1996)의 연구결과에 의하면 철강, 비철금속 등 중화학공업에 비해서 상대적으로 환경오염이 덜한 산업으로 분석되었다.[143] 하지만 탄광은 인근지역의 중금속오염의 원인이 되며, 정유산업은 울산, 여천공단의 사례에서 나타나듯이 농작물과 인체에 큰 피해를 입혔다. 또한 시멘트 산업은 에너지 소모가 많음은 물론 자연생태계를 파괴하는 원인이 되었다.

산업단지와 사회적 기반시설들은 60년대부터 건설되기 시작되었다. 1960년대 조성된 국가산업단지는 15,578,000㎡로서 총국가산업단지 면적을 기

---

[143] 어떤 상품 한 단위의 구매가 직접적으로 발생시키는 오염물질 배출량과 산업들 사이의 연관관계를 통해서 간접적으로 발생시킨 오염물질 배출량의 합계를 오염유발계수라고 하는데, 이 계수가 높은 산업을 환경오염지향산업이라 한다(이정전, 1996: 80). 이정전은 산업연관분석 모형을 활용하여 경제성장, 국내 수요구조, 수출구조, 수입구조, 생산기술 등의 요인들이 환경에 미치는 영향을 분석하였고, 오염유발계수를 산정하여 산업부문별(농업, 광업, 제조업, 서비스)로 환경오염지향산업을 선정하였다. 1980년과 1986년 사이를 비교하여 분석하였으며, 분석모형을 구성하는 주요 변수로는 산업별 생산량, 최종수요, 그리고 중요 계수들로는 기술계수 행렬, 수입계수 행렬, 오염물질 배출 원단위(BOD, COD, 일반폐기물과 산업폐기물, 아황산가스, 분진, 탄화수소, 질소산화물, 일산화탄소 및 이산화탄소) 등이었다.

준으로 할 경우에 1.7%에 해당한다(〈그림 3.1〉). 산업을 지원하는 산업기반시설로서 도로, 댐 등도 이 시기부터 건설되기 시작했다. 고속도로는 착공일을 기준으로 할 때 1970년대 이전에 도로 연장(km)이 466km로서 현재의 전체 고속도로 연장 2518km의 18.5%가 이 시기에 건설된 것이다(〈그림 3.2〉). 댐은 착공일을 기준으로 할 때 1970년대 이전에 건설된 댐의 총 저수량은 3,366백만㎥로서 현재의 총저수량 12,463백만㎥의 27%가 이 시기에 건설되었다(〈그림 3.3〉).

산업의 육성은 주로 외자도입에 의존하였다. 1957년부터 바뀐 미국의 유상차관 원칙에 의해서 1961부터 차관에 의한 외자도입이 크게 증가하였다. 1960년대 전반부에는 공공차관이 주류를 이루던 것이 중반 이후부터는 상업차관이 급속히 증가하면서 외채상환에 대한 부담이 축적되기 시작했으며(〈그림 3.4〉), 급기야 1969년에 세계은행이 한국의 외채상환능력에 대한 우려를 표시하기에 이르렀다(송병락, 1993: 167). 반면에 도입한 외자는 직접적인 획득과 관계없는 소비재 수입대체산업에 투자되었다(임종철, 1967: 159-161). 결국 1970년대에 수행한 출혈수출 전략은 직접적인 외화획득을 통해서 누적한 외채를 상환하기 위한 불가피한 조치인 셈이다.

결국 1960년대는 국가주도의 경공업육성정책의 결과로서 현대적 환경문제의 산업적 기원에 해당하는 시기로 볼 수 있다. 경공업 중심의 산업선정, 공업단지 조성과 산업기반시설 건설, 외자도입에 의한 외채누적 등은 환경압력 요인의 시발점을 이루었다.

2) 상태요인

1960년대부터 산업화로 인한 환경오염이 조금씩 나타나기 시작했다. 1967년 울산공단 내 영남화학의 복합비료제조 과정에서 배출되는 아황산가스와 황산미스트로 인해서 뒤쪽 야산의 대나무가 고사하였고, 인근 주민들은 눈이 따갑고 기침이 수반되는 호흡기계 질환에 시달렸다(한국환경기술개발연구원, 1996: 327). 또한 사과 등 과수와 기타 작물이 1,655만 5천 원의 피해를 입었다(울산시 내부자료: 128). 1969년에는 울산공단 내 한국알루미늄공장이 가동되면서 경남의 곡창지대였던 백만 평에 이르는 삼산 평야의 벼가 누렇게 말라 들어가는 피해를 입었다(한국환경기술개발연구원, 1996: 328; 류석환: 15). 영남화학에 의한 피해는 이후에도 계속되었으며, 이 외에도 현대자동차(68년), 한국석유(69년) 등의 공장에서 배출되는 오염물질로 인해서 과수와 기타 작물들의 피해가 계속되었다. 그래서 1967년부터 1970년까지 울산공단의 공해 피해로 울산시가 집계한 피해액은 당시 가격으로 1억 7백만 원에 이르렀다(울산시 내부자료: 129).

1965년부터 1967년까지 2년 동안 서울시 아황산가스는 공업지구와 주택지구에서 5배 이상, 이산화질소는 공업지구에서 2배, 주택지구에서 3배가 증가한 것으로 나타났다(환경기술개발원, 1996: 330). 1969년 보건사회부가 작성한 보건계획 중 환경위생부문에서 도시의 공해는 공해안전기준을 상회하고, 그 위험도가 증가추세에 있어서 국민보건 위험과 위생적인 생활환경 조성을 저해하는 큰 요인으로 작용할 것으로 전망하고 있다(한국환경기술개발원, 1996: 260).

이상과 같이 1960년대부터 발생한 환경오염 피해는 공업도시와 일부 공단을 중심으로 발생하여 부분적이긴 하지만 상태요인이 이미 심화되고 있음을 알 수 있다.

3) 대응요인

환경오염으로 인한 피해가 일부지역에 머무르고, 환경에 대한 인식이 매우 낮은 시대적 상황에서 이에 대처하는 정부나 기업의 대응이 실질적으로 이루어지지 않았다고 볼 수 있다. 비록 공해방지법이 제정되었지만(1963), 6년 후에야 배출허용기준 설정과 배출시설설치허가제도, 이전명령 등을 내용으로 하는 공해방지법 시행령이 제정되었다(1969). 또한 소관업무 담당을 위해서 보건사회부에 1개의 계가 신설되었으며 관련 예산은 1970년에 처음으로 배정되는 등(허장, 1998: 227) 형식적인 규제에 불과했다. 따라서 1960년대는 정부 차원에서 환경관리를 위한 제도적 여건이 거의 마련되

지 않았으며, 이에 따른 기업의 환경관련 투자는 전무한 실정이었다. 1960
년대 대응요인은 거의 없었다고 볼 수 있다.

2. 1970년대: 중화학공업 중심의 수출주도전략과 환경파괴적인 산업구조 형성

1) 압력요인

1970년대 주력 산업은 환경오염지향산업이라고 할 수 있는 중화학공업이
대부분이었다. 1973년부터 본격적으로 중화학공업화 계획을 추진하면서 철
강, 비철금속, 석유화학, 기계, 조선, 전자공업을 6대 전략산업으로 지정하
고, 외국자본을 이 부분에 우선적으로 집중 투자하였다. 이정전의 환경오염
지향산업 선정결과에 의하면 6대 중화학 전략산업은 모두 환경오염지향산업
의 순위에서 10위권 내에 위치하고 있다(이정전, 1996: 81-95).[144] 따라
서 6대 중화학공업 육성이 환경오염에 큰 영향을 주었음을 알 수 있다.

1970년대는 대규모 산업단지와 산업지원 기반시설들을 집중적으로 조성
한 시기였다. 2001년 현재 전국의 국가산업단지는 총 894,659㎢에 이르는
데, 이 중 총면적의 57.6%인 514,656㎢가 1972년부터 1981년 사이(제3
차, 제3차 5개년 계획 기간)에 지정된 것으로 보아 1970년대는 국가산업
단지 건설의 전성기로 볼 수 있다(〈그림 3.1〉).

---

144) 대기오염(SOx) 항목에서 비금속광물제품(2위), 제강1차제품(3위), 제철 및 제강
(5위), 산업용 기초화합물(8위)이 상위를 차지하고 있으며, 수질오염(COD) 항목
에서 산업용 기초화합물(1위), 화학섬유(4위), 기타 화학품(5위), 화학비료 및 농
약(8위), 합성수지제품(9위), 지정산업폐기물 항목에서는 석유제품(1위), 산업용
기초화합물(3위), 금속제품(4위), 비금속괴 및 동1차제품(5위), 비금속광물제품
(6위), 고무제품(7위), 합성수지제품(9위), 그리고 일반산업폐기물에서는 비금속
괴 및 동1차제품(2위), 제철 및 제강(4위), 제강1차제품(5위), 비금속광물제품(6
위), 고무제품(9위), 운송용 장비(10위) 등이 상위권을 차지하고 있다.

〈그림 3.1〉

국가산업단지 지정현황(지정일 기준)

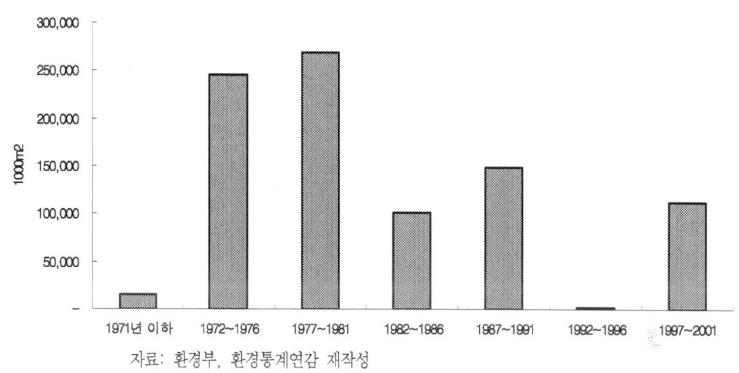

자료: 환경부, 환경통계연감 재작성

1970년대에는 산업기반시설로서 고속도로, 댐, 전력 등을 집중적으로 건설하는 시기이기도 하였다. 고속도로는 1999년 현재 총연장 2,518km 중 31.6%에 해당하는 798km가 1970년부터 1979년 사이에 착공되었다(〈그림 3.2〉). 댐은 2003년 현재 댐 총저수량 12,463백만㎥ 중에서 44%에 해당하는 5,488백만㎥가 이 기간에 착공되었다(〈그림 3.3〉).

〈그림 3.2〉

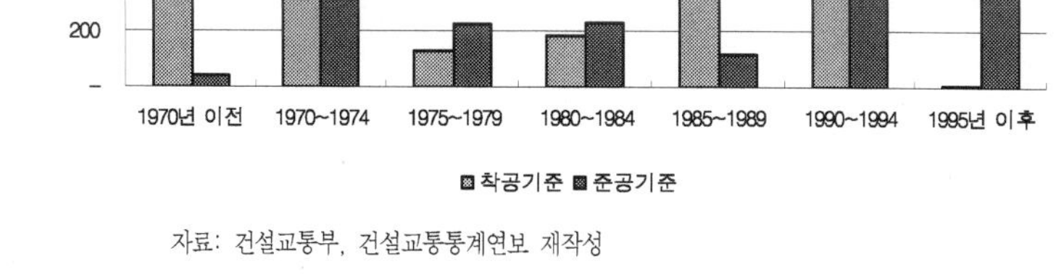

고속도로 건설 현황

■ 착공기준 ■ 준공기준

자료: 건설교통부, 건설교통통계연보 재작성

〈그림 3.3〉

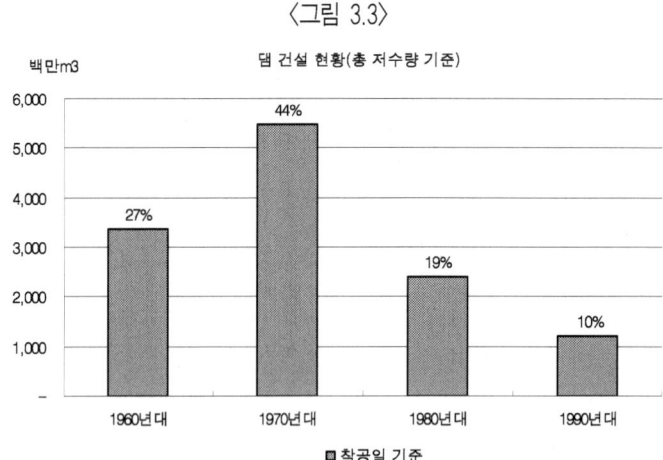

자료: 환경부, 환경통계연보 재작성

1970년대 산업지원 기반시설의 환경성 평가를 시도할 때 빼놓을 수 없는 중요한 것은 원자력발전소 건설에 관한 것이다. 원자력발전소는 에너지 공급을 위한 산업기반시설로서 건설되긴 하였지만 속성상 자연과 인간 생존에 치명적인 위험요인을 내재하고 있는 만큼 원자력발전소 건설을 가장 반환경적인 정책으로 꼽을 수 있다. 1971년 11월에 한국에 처음으로 원자력발전소(고리 1호)가 건설되기 시작하여 77년 4월에 완성하였다. 그 이후 70년대에 4기의 원자력발전소(고리 2호, 고리 3호, 고리 4호, 월성 1호)가 추가 건설되기 시작해서 80년대에 모두 준공하였다. 이 같은 원자력발전소 건설은 1980년대와 1990년대에도 계속되었다(〈그림 3.6〉).

1970년대 중화학공업의 집중 육성을 위한 정부의 산업정책 중에서 또한 두드러진 것은 외자도입이다. 전술한 바와 같이 외자도입 그 자체가 환경파괴적인 속성을 가지는 것은 아니지만 60년대 이후부터 70년대까지 한국에서 도입한 외자도입정책은 방식과 내용 면에서 환경파괴적인 결과를 초래할 구조를 안고 있었다는 것이 중요하다.

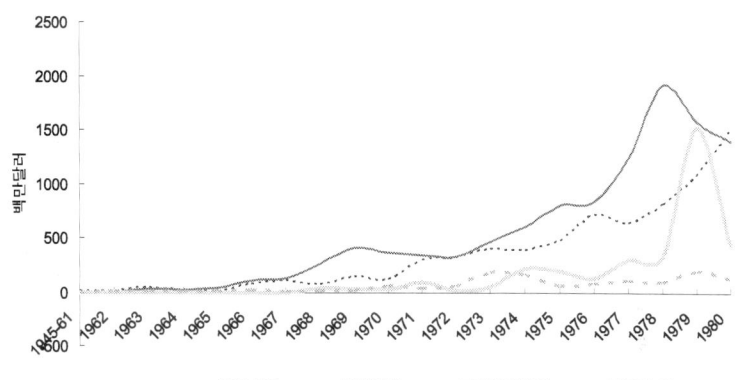

〈그림 3.4〉

1960-70년대 외자도입 현황

자료: 재무부·한국산업은행, 1993, 한국외자도입 30년사 재작성

1980년대 이전까지의 외자는 공공차관, 상업차관, 외국인 직접투자 방식으로 도입하였다. 이 중에서 국제수지에 가장 큰 부담을 주는 차관은 상환조건이 까다로운 상업차관인데, 이미 1960년대부터 상업차관이 크게 늘어나서 원리금 상환압력이 무시할 수 없는 단계에 이르렀으며(김정태, 1968: 174), 70년대에 들어서는 더욱 급증하였다(〈그림 3.4〉).

원리금 상환부담은 갈수록 늘어나면서 국제수지 부담이 더욱 가중되었다. 이러한 상황에서 외채를 갚아나가고 국제수지 역조를 개선하기 위해서 정부는 수출 드라이브 정책을 과도하게 추진하였다. 그 결과 노동자들은 매우 열악한 근로조건과 작업환경에서 일하게 됨으로써 노동자들의 권리와 인권이 침해당함은 물론 안전사고와 산업재해에 항상 노출되었다. 외자도입에 환경파괴적 구조가 내재해 있다는 의미는 바로 이 같은 맥락을 두고 하는 말이다.

1970년대에 한국 산업의 환경파괴적 속성의 큰 원인이 된 것이 생산기술이다. 당시 한국은 국제경제의 분업구조 속에서,[145] 외자도입의 형식으로 각종

---

145) 1970년대 한국이 중화학공업 중심으로 산업구조를 전환시킬 수 있었던 배경에는 국제경제체제 내의 '신국제분업' 구조에서 찾을 수 있다(선학태, 1991: 43-45). 당

중화학공업 생산설비와 기술들을 미국과 일본으로부터 수입하였다. 대부분의
이들 업종들은 임금과 환경비용을 회피하기 위해 저개발국가로 이전하는 사양
산업들이었다는 점에서 환경파괴적이다.[146] 이 과정에서 한국으로 이전된 생
산기술 도입 건수는 1980년에 총 1,728건이었으며, 이 중에서 1970년대에
압도적으로 많은 81%에 해당하는 기술이 도입되었다. 1962년부터 1980년까
지 국내에 도입된 총 1,726건의 기술 중에서 광공업부문이 85.7%를 차지하
며, 세부 내용에서는 기계가 29.7%, 전자전기가 18.9%, 정유화학이 17.7%,
금속이 9%, 시멘트 등이 2.9%를 차지하고 있다. 특히 오염유발계수가 높은
환경오염지향산업인 정유, 화학, 금속, 시멘트, 펄프, 제지, 화학섬유 부문의
기술이 33.1%를 차지하고 있다. 구체적 내용으로 DDT, BHC, 유기인제 등
유기합성 농약과 합성세제 생산기술이 도입되었다. 또한 합성화학물질(합성섬
유, 합성고무, 합성수지)의 생산기술이 도입되어 천연생산물을 대체하였으며,
전기야금, 전기화학공업 기술이 도입되었다(이정전, 1991: 53).

시까지 경공업과 중화학공업을 내용으로 하는 국제경제의 분업구조가 1970년대를
전후로 해서, 중화학공업 내의 분업구조로 전환하는 과정이었다. 선진국에서는 노
동자 임금상승, 환경비용 상승 등으로 인해서 생산비용이 상승함에 따라 노동집약
적이고 환경오염지향산업들을 상대적으로 임금이 저렴하고 환경규제가 약한 저개
발국가로 이전시키고, 자국에서는 기술과 자본집약적인 산업으로 구조전환을 이룬
시기였다. 때마침 73년에 발생한 1차 오일쇼크는 선진국의 산업을 효율적으로 개
편하는 압력으로 작용하였다.

146) 선진국의 환경파괴적인 생산기술이 개발도상국에게 이전되는 현상을 설명하는 이론
은 '생산기술의 라이프사이클 이론'(이정전, 1991, pp.52-57)과 '환경대피처(pollu-
tion havens)설'이다(김선근, 1982: 22-23).

<그림 3.5>

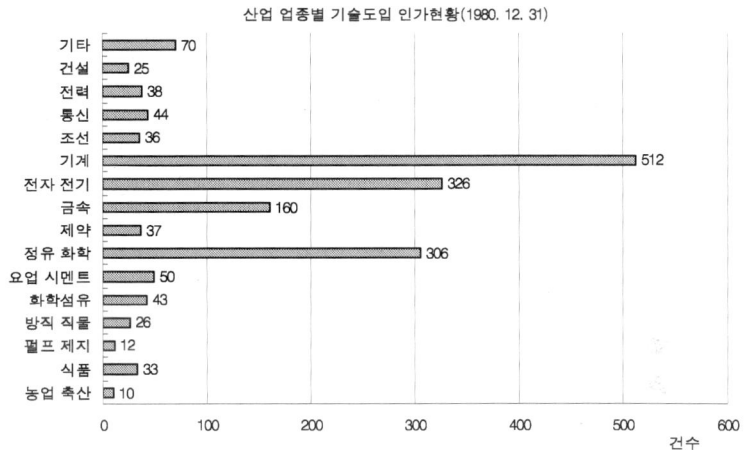

산업 업종별 기술도입 인가현황(1980. 12. 31)

자료: 경제기획원, 외자관리국, 기술도입계약현황 재작성

특히 이 과정에서 수입된 생산기술들은 환경보전기술을 완비하지 않은 채 도입되었다는 점에서 환경파괴적인 속성이 더욱 심했다. 당시 도입한 업종 기술별 오염방지시설 현황을 살펴보면, 생산기술과 함께 오염방지기술이 동시 도입되는 건수는 8.82%에 불과했으며, 오염방지시설을 하지 않고 생산하는 기술도입 건수는 20.6%나 되었다. 환경을 오염시킨 정도가 큰 산업일수록 오히려 방지시설을 하지 않는 경향마저 보였다(이정전, 1991: 56; 김선근, 1981: 62).

결국 1970년대에는 환경오염지향적인 산업 업종 선정, 대규모 산업단지 및 산업 지원시설 건설, 반환경적인 원자력발전소 건설, 인권과 환경 희생의 배경이 된 외자도입과 수출정책, 환경파괴적인 생산기술 도입 등으로 인해서 환경에 대한 압력요인이 매우 강했던 시기로 평가할 수 있다.

2) 상태요인

1970년대에 이르러서야 공업화와 농촌근대화로 인한 환경오염 문제가 사회문제로 본격화되기 시작했다. 이미 1960년대 말부터 공단 주변 마을의 논밭은 매년 수확량 피해를 입었고 주민들의 보상요구는 연례행사가 되다시피 했다. 1977과 1978년 사이에는 전남 담양의 한 농민가족의 수은중독에 의한 수족마비 현상이 알려지면서 우리 사회에 큰 충격을 주었다(허장, 1998: 228). 1978년에 울산공단의 석유화학공장에서 배출하는 아황산가스, 불화수소 등의 대기오염물질로 인해서 주변의 달동 평야는 전체 벼농사 면적의 91.6%가 볍씨조차 건질 수 없었다. 1979년에는 농업 피해의 원인이 울산공단의 유독성 가스 때문이라고 공식적으로 밝혀짐으로써 54개 공장들이 분담하여 배상하기에 이르렀다(류석환: 15). 같은 해에 울산공단 주위에 사는 수백 명의 어린이들이 심한 가려움증에 한 달째 고통받고 있었고, 울산공단의 한 공장의 여성노동자들이 6가 크롬에 오염된 물을 마시고 집단으로 치료를 받게 되었다(허장, 1998: 228). 온산공단 주변에서는 1978년부터 수산물 피해가 나타나기 시작했다(류석환: 15). 또한 1970년도에 벌써 서울, 부산, 대구 등 3대 공업도시의 분진과 일산화탄소, 아황산가스, 질소산화물 등 대기오염물질의 발생량이 일본과 미국의 환경기준을 크게 초과하였다(유인호, 1973: 891).

수질오염의 경우에는 1975년에서 1977년도 4대 강(한강, 낙동강, 금강, 영산강) 중 금강을 제외한 나머지 하천의 BOD가 일본의 상수도 원수 3급 기준치인 6ppm을 훨씬 상회하고 있어서 하류지역은 상수도용으로서 부적합한 오염도를 나타내고 있었다(한국환경기술개발원, 1996: 261).

이와 같이 1970년대부터 공장 등 일부 지역을 중심으로 환경오염 피해가 공업도시를 중심으로 확산되면서 사회문제화되기 시작하였다. 뿐만 아니라 전국적인 차원에서 수질오염이 진행되고 있었다. 이로써 1970년대부터 이미 환경오염 상태요인은 심각한 수준에 이르고 있음을 알 수 있다. 하지만 그 심각성에도 불구하고 전국 차원의 대기, 수질 등 환경오염에 대한 체계적인 조사가 이루어지지 않았고, 각 도 위생시험소와 일부 대학에서 연구목적으로 조사되었을 뿐이었다. 그래서 1970년대는 높은 상태요인에도 불구하고 사회적 인식이 충분히 성숙되지 않은 시기였다고 볼 수 있다.

3) 대응요인

산업화에 의한 환경오염 피해가 일부지역이나마 본격적으로 사회문제가 되면서 정부는 1977년 공해방지법을 폐지하고 환경관리에 관한 규제를 강화시킨 환경보전법을 제정하였다. 이 법률에서는 정부가 이행해야 할 목표치로서 환경기준을 설정하였고, 환경보호가 국가의 책무임을 선언하였다. 또한 자연환경보전지역 등을 지정할 수 있게 하였고, 오염자부담원칙을 규정하였다. 이와 같은 변화는 적어도 상징적으로는 이전까지의 반공해정책이 환경정책으로 이전하는 하나의 분수령이 되었다(허장, 1998: 229).

하지만 여전히 환경규제와 관리 업무는 보건사회부의 환경위생국에서 담당하게 됨으로써 산업에 대한 환경관리 및 규제를 전문적으로 할 수 있는 정부 조직체계가 미비한 상태였다고 볼 수 있다. 이와 같이 산업에 대한 정부의 환경규제가 형식적인 상황에서 산업의 환경오염방지를 위한 투자를 소홀히 할 수밖에 없었다. 산업의 공해방지설비투자가 1980년대 초부터 비로소 미미하게 나타나다가 정부의 산업 환경규제가 체계적으로 이루어지기 시작하는 1990년대에 들어서면서 투자규모가 본격화된 점이 이를 뒷받침한다(〈그림 3.11〉). 산업의 환경오염방지를 위한 가장 기초적인 시설투자라 할 수 있는 공단폐수종말처리장과 환경오염방지시설 또한 80년대 이후에 비로소 시작되었다(〈그림 3.10〉).

따라서 1970년대에는 정부 차원에서 환경규제 제도가 초보적으로 갖추어지기 시작했지만, 실질적으로 기업의 환경오염방지시설 투자와 공단폐수종말처리장 오염방지시설 투자가 이루어지지 않았다. 이런 점으로 보아 사회적 대응은 형식적인 면에서 매우 초보적인 수준이었다고 평가할 수 있다.

3. 1980년대: 경제구조의 전환기와 산업 환경규제 미비

1) 압력요인

1980년대 주요 산업 업종의 선정과 관련해서는 1970년대에 비해서 압력요인이 특별히 추가되진 않았다. 1980년대의 경제정책은 안정화를 기조로 하면서 산업구조 합리화에 주력하였다. 중화학공업의 집중 육성에 따른 과잉 중복투자 문제, 조립가공 위주의 수출구조로 인한 소재 부품산업 발전 저해, 대기업과 중소기업 간 불균형, 대기업의 시장 독점으로 인한 국제경쟁력 약화 등을 해결하는 데 초점이 주어졌다.

산업공단과 산업기반시설의 압력요인은 계속되었다. 2001년 국가산업단지 총면적 112635㎢의 28%에 해당하는 250,100㎢이 1982년부터 1991년 사이에 지정되었다(〈그림 3.1〉). 산업기반시설로서 고속도로는 1999년 총연장 2,518km 중 23.5%에 해당하는 592km가 이 시기에 착공되었고(〈그림 3.2〉), 댐은 2002년 총저수량 12,463백만㎥ 중 19%에 해당하는 2,401백만㎥가 80년대에 착공되었다(〈그림 3.3〉). 이 시기에 매립은 1998년 준공일을 기준으로 총매립 면적 621,961,100㎡ 중 13.2%에 해당하는 81,807,800㎡가 매립됨으로써(〈그림 3.7〉), 70년대와 90년대에 비해서 상대적으로 적게 이루어진 시기였다.

1980년대는 원자력발전소 부문에서 환경압력요인이 가장 강화된 시기이다. 이 시기에 원자력발전소가 가장 많이 건설되었기 때문이다. 총 6기(영광1호, 영광2호, 영광3호, 영광4호, 울진1호, 울진2호)가 건설을 시작해서 그중 영광3호와 영광4호만 90년대 중반에 준공되고 나머지는 모두 80년대에 준공되었다. 원자력발전소의 기공 시점을 기준으로 할 경우 1980년대에 580만kw로 가장 많이 건설되었고, 1970년대에는 381.6만kw, 1990년대에는 410만kw가 건설되었다.

〈그림 3.6〉

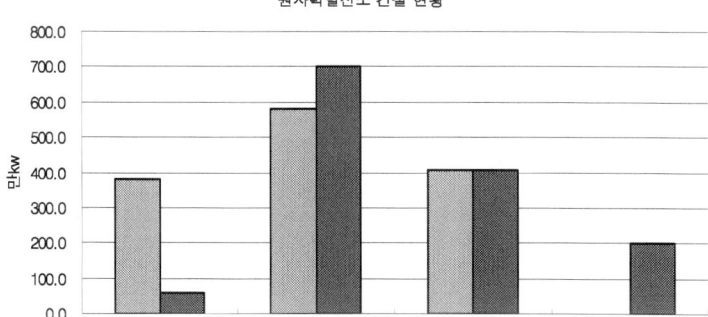

원자력발전소 건설 현황

자료: http://cise.kfem.or.kr, 한국의 핵 발전, 핵폐기물 현황 재작성

1980년대 외자도입은 공공차관이 꾸준히 줄어들면서 직접투자가 꾸준히 증가하는 추세를 보이고 있다. 그리고 상업차관은 1980년대 중반 크게 증가하다 1990년대 이후에는 비중이 크게 축소되었다. 금융기관차입은 1980년 중반과 1990년대 초반에 급증추세를 보이고 있으며, 민간기업채권은 1980년대 말부터 급격히 상승하고 있는 추세다. 하지만 1980년대는 3저 호황에 힘입어 무역흑자를 기록함으로써 1970년대 외자의 반환경적인 요인이 사라진 시기로 볼 수 있다.

2) 상태요인

1970년대 말부터 산업공단 주변 지역을 중심으로 발생하던 환경문제가 1980년대에 들어서는 매우 심각한 사회적 문제로 인식된 시기로 볼 수 있다. 특히 1980년대에 비철금속공업단지인 온산공단의 환경오염 실태가 매우 심각한 수준이라는 사실이 알려지면서 산업화로 인한 환경문제가 본격적으로 사회화되기 시작했다. 1982년부터 온산 주민 1천 명이 전신신경통, 수족마비, 피부병 등의 괴질에 시달리기 시작하였다. 그 원인은 온산공단에서 배출한 중금속 오염폐수로 인해서 인근 어패류에 중금속이 농축되어 있는 것을 주민들이 어패류를 먹고 발생한 공해병으로 판명되었다(류석환: 16). 피해는 수산물에서도 나타나서 1978년부터 1984년까지 16건에 13억 6천만 원을 보상하기에 이르렀다. 공단 주변 환경오염이 심각하다는 것이 알려지면서 1985년 울산온산공단 환경오염 주민이주대책사업이 공고되고, 1986년부터 석유화학단지, 여천지구, 매암지구, 용연지구 주변의 4,866가구와 온산공단 주변의 2,601가구에 대한 철거 이주가 시작되었다(류석환: 17).

반월공단은 1986년에야 하수종말처리장을 완공하여 오수관과 빗물관을 구분하여 내보내고 있다. 결국 86년 이전에 이주하여 가동한 업체 953개 업체에서 나오는 폐수는 86년 이전까지 무단 방류하였다. 87년에 공단, 안산시, 수자원공사가 합동으로 우수 및 오수관리 분리 미비업체에 대한 실태조사에서 632개 대상업체 중에서 45개 업체만 분리 배출하였고, 나머지 587개 사는 폐수가 우수관으로 연결된 미분리 업체였다. 86년도에 설치한 안산시 하수종말처리장의 처리능력 또한 부족하여 50% 이상의 하수가 1차 처리되지 않은 상태로 방류되고 있다(유승무, 1994: 70). 결론적으로 반월공단의 대부분 폐수는 1차 처리도 안 된 채 시화담수호로 흘러 들어가는 셈이다.

1980년대에 들어서면서 주요 하천 댐의 저수지에 부영양화가 심하게 나타나기 시작했다. 1986~1988년 소양, 팔당, 아산, 삽교 댐의 부영영화가 심했으며, 전국의 주요 호소 특히 상수원보호구역으로 지정된 7개 호소 대부분이 1980년부터 이미 중영양 상태가 되었다(환경기술개발원, 1996: 293). 또한 1980년대 들어서면서 산업폐수의 방류량이 늘어나면서 하천오염의 주요 원인이 되기 시작했다(〈그림 3.9〉).

1960년대부터 1970년 사이에 공단 주변을 중심으로 누적되어 온 환경오염으로 인한 피해가 인체 건강을 위협하였고, 1980년대에 들어서면서 그 범위가 더욱 확장되었다. 그리고 산업폐수의 방류가 늘어나고, 전국의 주요 댐 저수지의 수질이 크게 나빠졌다. 이런 점에서 볼 때 환경오염 상태요인이 매우 악화된 시기로 볼 수 있다.

3) 대응요인

80년에 환경청이 발족되고 전국 6개 지역에 지방환경측정관리사무소를 설치하였으며, 86년에는 서울, 부산, 광주, 대구, 대전, 원주에 환경지청을 설치하여 환경영향권역별 환경관리를 시작하였다. 법률적으로는 헌법에 환경권을 삽입하였으며(1980) 83년 9월부터 배출부과금제도를 실시하게 되었다.

하지만 당시 산업에 대한 정부의 환경규제정책은 매우 미약하여 산업계의 적극적인 오염방지 노력을 이끌어내지 못했다. 당시 산업별 공해방지설비 투자현황을 보면, 1980년대는 매우 미미하게 이루어졌다는 점을 알 수 있다(〈그림 3.11〉). 당시 산업공단에서 배출된 환경오염물질들이 어떻게 관리되었는지를 단적으로 알 수 있는 것은 공단폐수종말처리시설 현황이다. 공단폐수종말처리시설은 1986년 이전까지 거의 이루어지지 않고 있다가 80년대 후반기부터 시작되어 1990년대에 집중적으로 설치되었다. 이런 점에서 보면 80년대 산업의 환경오염관리 수준은 매우 형식적이었다고 평가할 수 있다(〈그림 3.10〉).

결국 1980년대에는 환경오염 상태를 개선하기 위한 사회적인 대응요인은 정부조직 측면에서는 많은 성과를 보이긴 하였지만, 실질적으로 산업의 환경오염방지투자를 견인하진 못함으로써 대응요인이 초보적인 수준이라 평가할 수 있다.

4. 1990년대: 대중소비사회 형성과 산업 환경관리의 체계화

1) 압력요인

1980년대 후반부터 노동임금의 상승과 그로 인한 구매력 증대의 결과로 내수경제가 활성화되었다. 때마침 1990년대 초에 새로운 소비 주체로서 신세대가 등장하면서 대중문화산업과 서비스업이 크게 성장하였다. 대중문화산업의 증가는 해외여행 자유화와 정보기술 발달과 맞물리면서 대중소비사회로 진입하였다. 이런 상황에서 한국의 노동과 환경집약적 산업들이 저개발국가로 이전하기 시작하였고, 동시에 자본집약적이면서 IT산업 등 첨단산업이 등장하였다. 결국 1990년대 산업 업종은 압력요인이 상대적으로 약화된 시기로 볼 수 있다.

1990년대 국가산업단지 지정은 초반에 거의 이루어지지 않고 있다가 중반 이후 다시 크게 증가하였다. 중반 이전에는 1,690㎢로 2001년 국가산업단지 총면적 112,635㎢ 중 0.2%에 머무르다가 중반 이후에는 전체 비중의 12.8%에 해당하는 114,325㎢가 지정되었다(〈그림 3.1〉). 산업기반시설인 고속도로는 1990년대 중반 이전에 전체 연장의 26.3%에 해당하는 662㎞가 착공되었다(〈그림 3.2〉). 댐 건설은 1990년대 들어서 가장 적은 현황을 보였다. 1990년대는 전체 댐 총저수량 12,463백만㎥ 중에서 10%에 해당하는 1,208백만㎥가 이 시기에 착공되었다(〈그림 3.3〉). 특히 산업지원을 위한 기반사업 중에서 공유수면 매립이 두드러지게 나타난 시기였다. 그 현황을 보면 1990년도 중반 이후에 가장 많은 매립이 이루어졌다. 1990년대 전체 매립 면적의 46.7%가 이 시기에 매립되었다(〈그림 3.7〉).

〈그림 3.7〉

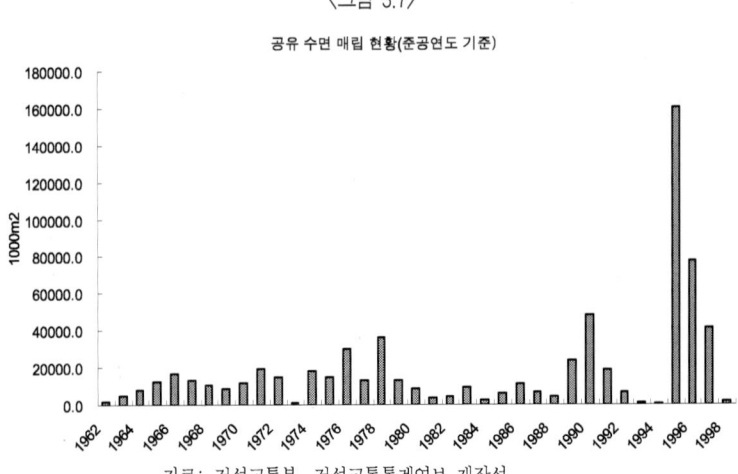

공유 수면 매립 현황(준공연도 기준)

자료: 건설교통부, 건설교통통계연보 재작성

산업기반시설로서 원자력발전소 건설은 1990년대에도 계속되었다. 이 기간에 총 5기(월성2호, 월성3호, 월성4호, 영광5호, 영광6호)가 착공되어 월성 2, 3, 4호가 90년대에 완공되었으며, 나머지 영광 5, 6호는 2002년에 준공되었다. 원자력발전소의 기공 시점을 기준으로 할 경우 1990년대에는 410만kw로서 전체 총용량의 29.9%가 이 시기에 건설된 것이다(〈그림 3.6〉).

1990년대에는 외자도입과 생산기술 도입과 관련해서 특별히 환경문제를 야기하는 요인은 없었다. 대신에 1990년대에 들어서면서 새롭게 등장한 압력요인은 한국 기업의 해외지출에 따른 현지 환경오염 문제다[147]. 1990년대에 들어서면서 한국 산업의 해외투자가 급격히 증가하기 시작했다. 경공업 분야의 해외투자는 1980년에서 1989년 사이에 1,302.3%가 증가했으며, 중공업의 해외투자는 같은 기간 내에 2,881.7%까지 급증하였다(〈그림 3.8〉). 1970년대부터 외국 산업의 국내 유입과는 정반대의 경향이 1990년대 한국 산업에서 나타난 것이다.

---

147) 어느 나라나 소득수준이 향상되면 한편에서는 많은 실업자가 생기면서도 3D업종을 기피하는 현상이 발생하는데, 한국의 1990년대가 바로 이러한 시기였다. 1980년대 중반부터 소득수준 향상에 따른 노동인력 부족의 문제를 해결하기 위해서 국내 기업은 두 가지 대응을 하였다. 하나는 3D업종의 생산설비를 동남아 등 해외로 이전하여 현지의 값싼 노동력을 활용하는 것이며, 다른 하나는 국내에서 생산을 계속하면서 외국인 노동자를 고용하는 일이다(유길상, 이규용, 2002: 14).

〈그림 3.8〉

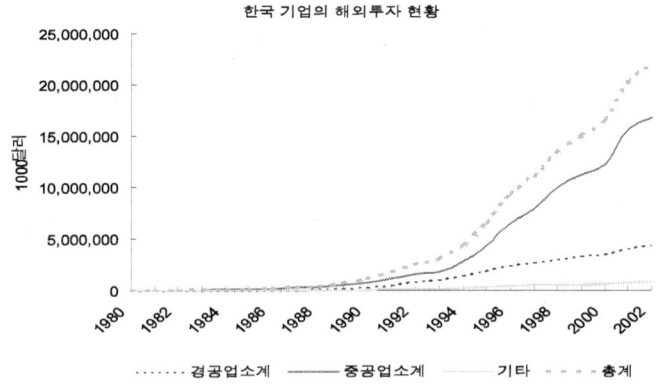

자료: 한국수출입은행, 해외투자통계정보, 해외투자현황 재작성

2) 상태요인

1990년대에도 산업단지 배후 도시의 환경오염 피해사례는 계속되었다. 울산공단(1996), 포항공단(1995년), 여천공단(1996) 인근 주민들에게 공해피해를 묻는 설문조사에서 응답자의 96%가 환경오염의 심각성을 체감하고 있는 것으로 조사되었으며, 피해유형으로는 신체나 건강상의 피해가 77%로 가장 높고, 식수 9%, 농작물 피해 8%, 수산물 피해 6%로 나타났다(이창걸, 1995: 239-240).

여천공단은 1967년에 조성된 이후 비료, 석유정제품과 각종 석유화학제품을 생산해 왔으며, 1996 KIST 연구보고서에 의해서 인근지역이 심각한 환경오염의 피해를 입고 있는 것으로 드러났다. 이 연구에 의하면, 미나마따병의 원인 유해물질인 수은이 0.286ppb 검출되었으며, 클로르포름 0.58ppb (미국허용기준치 8배), 사마륨(Sm) 10.6ppb(미국허용기준치의 3배), 불화수소 허용기준치의 17배(울산공단 대비 3배), 황화수소 19배, 페놀 16배 (울산공단 대비 4배), 부유물질 1.6배, 이산화질소 1.7배가 검출되었다. 또한 바닷물 BOD가 허용기준치 2.4배, COD가 허용기준치 1.7배(울산공단

대비 1.3배)로 나타났으며, 중금속 함유량이 높은 곳이 광양만 안쪽과 묘도
동 수로 부근인 것으로 나타난 점으로 보아 여천공단 폐수방류와 광양제철
에서 배출하는 제강 온폐수에 의한 것으로 짐작되었다. 이 외에도 인근지역
의 음용수에서 아연, 크롬, 철, 납, 비소, 셀레늄 등 중금속 함유로 식수부적
합 판명, 인근지역의 농작물에도 큰 피해가 나타났다(조태진, 1996: 47-49).

〈그림 3.9〉

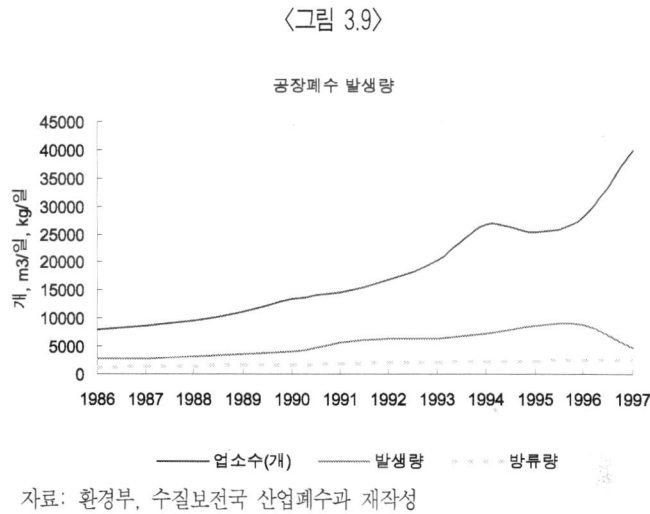

자료: 환경부, 수질보전국 산업폐수과 재작성

1990년대는 수질오염이 심화되면서 사회적인 문제가 되는 시기였다. 수질
오염의 큰 원인인 산업폐수는 1980년대와 비교해서 1990년대 들어서 크게
증가함으로써 환경오염의 상태요인이 크게 심화되었음을 나타내고 있다(〈그
림 3.9〉).[148]

산업폐수의 방류로 인해서 1990년대는 수질오염에 관련한 대형 환경사고
가 빈발한 시기이기도 하다. 1991년에 낙동강 페놀유출 사고가 2차례 발생

---

148) 1996년도 배출업소 수가 급증한 이유는 폐기물관리법 시행규칙의 개정(96. 8. 12)
에 따른 배출업소 분류기준이 변동되었기 때문이다. 개정으로 인하여 9,000여 개
소의 필름·인화현상 시설이 특정시설에서 배출시설로 재분류되었다.

하였고, 1994년에는 낙동강 지역 수돗물에서 심한 악취가 발생했으며, 조
사결과 수돗물에서 암모니아성 질소와 발암물질인 소량의 벤젠과 톨로엔 등
이 발견되었다(허장, 1998: 233). 1994년과 1996년에는 임진강 유역이
심하게 오염되어 물고기 떼죽음 사건이 발생했다. 1994년 시화호 물막이
공사 이후 수질오염이 크게 악화되었고 1996년에는 오염된 시화호 물이 해
양으로 무단 방류되면서 사회문제로 확대되었다(한국환경기술개발원, 1996:
324-325). 결국 1990년대에는 환경오염 상태요인이 악화되면서 만연해지
는 상황으로 전개되었다고 볼 수 있다.

3) 대응요인

1990년대는 환경오염방지를 위한 정부와 산업 차원의 대응이 구체적으로
나타나기 시작하였다. 산업에 대한 정부의 환경규제가 체계적인 모습을 비
로소 갖추었다. 1990년에 이르러 환경청을 환경처로 승격시킴으로써 환경관
리를 위한 기구와 인원을 강화하였다. 또한 1990년에는 환경보전법을 해체
하고 환경정책기본법(제7조, 원인자부담원칙 천명), 대기환경보전법(제13
조, 배출부과금), 수질환경보전법(제8조, 배출부과금), 소음·진동규제법, 유
해화학물질관리법, 환경오염피해분쟁조정법 등 환경관련 주요 6개의 법을 제
정하였다. 그리고 이듬해에는 환경 6법의 시행령, 시행규칙을 제정하고 폐기
물관리법, 해양오염방지법 개정, 오수·분뇨및축산폐수의처리에관한법률을
제정하는 등 환경관리를 위한 법적 체계를 갖추었다.

하지만 환경오염방지를 위한 투자규모와 산업에 대한 정부의 환경규제는 악
화된 환경상태요인을 개선하기에는 역부족이었다. 산업단지 내 생산과정에서
발생하는 폐수를 집단적으로 정화처리해 주는 시설인 종말처리시설이 1980년
대 중반부터 1990년대에 들어서면서 본격적으로 이루어졌다(〈그림 3.10〉).

〈그림 3.10〉

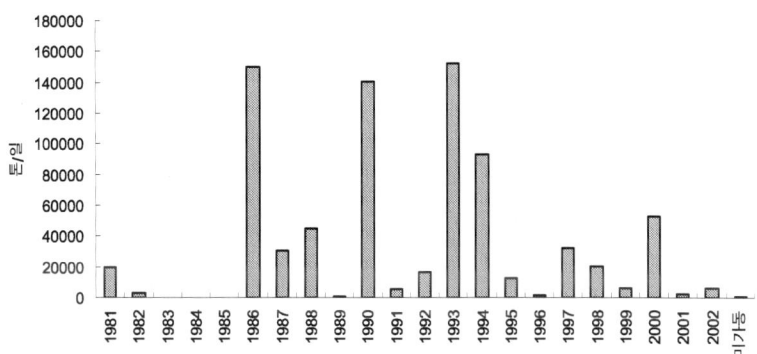

자료: 환경부, 수질보전국, 산업폐수과 재작성

    각 산업의 공해방지를 위한 설비투자를 보면, 1980년대 초부터 소규모로 시작되다가 1990년대 중반에는 제조업 분야(중화학공업, 경공업)에서, 후반에는 비제조업(어업, 광업, 전기가스업, 건설업, 숙박업, 운수창고통신업) 분야에서 집중적으로 이루어지는 것으로 나타난다(〈그림 3.11〉). 그러나 산업의 동기별 전체 설비투자 중에서 공해방지설비투자가 차지하는 비중을 보면 매우 미미한 수준이라 할 수 있다. 1996년에 1조 1,041 억원으로 가장 많은 공해방지설비투자를 하였으나 이 규모는 전체 설비투자의 2%에 불과한 수준으로 여전히 공해방지시설투자에 소홀히 하는 것으로 나타났다.

〈그림 3.11〉

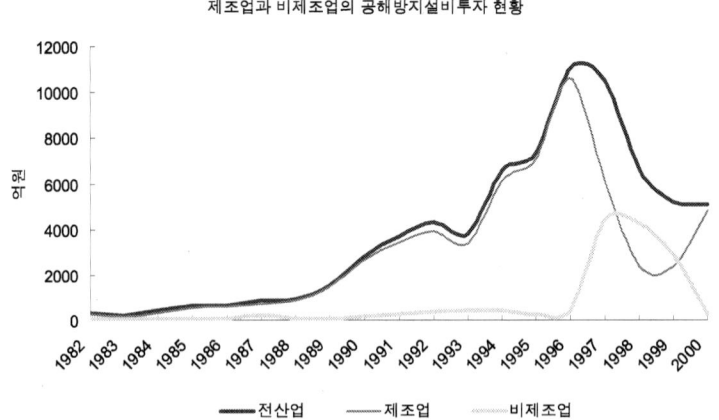

제조업과 비제조업의 공해방지설비투자 현황

자료: 산업은행, 산업설비투자계획, 산업 동기별 설비투자현황 재작성

이와 같은 사실은 이창걸의 설문조사에 의해서 뒷받침된다. 환경오염발생의 원인을 묻는 질문에서는 공장들의 환경오염방지시설 미비를 지적한 응답자 비율이 45%로 가장 높고, 다음으로 29%가 공장 가동으로 인한 어쩔 수 없는 배출이라고 보았으며, 18%가 행정기관의 관리소홀 때문이라고 응답하였다(이창걸, 1995: 244).

1990년대는 더욱 고질화되는 산업공단의 환경피해 사례와 함께 수질관련 대형 사고의 발생으로 인해서 1995년에 이르러 환경처가 환경부로 확대 강화되는 등 산업 환경규제가 더욱 체계화되었다. 따라서 이 시기는 대응요인이 어느 시기보다 강화되었다고 평가할 수 있다. 하지만 여전히 기업들의 환경오염방지시설의 미비한 상황이 계속되어 선진국 수준의 대응요인에는 크게 미치지 못하는 것으로 볼 수 있다.

제3절
결론: 시대별 압력-상태-대응(PSR) 요인 평가 종합

1960년대는 경공업 중심의 산업육성 과정에서 환경압력의 요인들이 산업구조의 차원에서 자리잡은 시기였다. 환경오염은 공단지역에서 부분적으로 나타났으나 사회적으로 인식이 확산되지 않아서 환경관리를 위한 사회적 대응 또한 전무한 실정이었다고 볼 수 있다.

1970년대에는 중화학공업과 수출주도정책에 의한 산업구조가 고도화되면서 대량생산체제의 기틀이 마련됨으로써 현대적 의미의 환경문제를 발생시키는 모든 산업구조가 물리적으로 고착되는 시기였다. 따라서 환경압력요인이 집중적으로 강화되었고, 상태요인이 악화되면서 사회문제화되기 시작했다. 반면에 이에 대한 체계적인 조사는 물론 사회적 인식으로 확산되지 못했다. 따라서 정부의 환경오염에 대한 체계적인 대응이 전혀 이루어지지 않아서 형식적인 수준에 머물렀다.

1980년대는 경제 내적인 면에서는 구조를 합리화하면서 경제의 내실을 다지는 시기로서 추가적인 압력요인은 적었다고 평가할 수 있다. 하지만 1970년대의 높은 압력요인으로 인해서 환경오염의 피해가 속출하여 상태요인이 매우 악화되었다. 반면에 이에 대한 정부는 초보적인 수준의 조직, 법과 제도를 갖추기 시작했다. 하지만 산업체의 환경방지노력이 이루어지지 않아 산업공단으로부터 발생하는 환경오염 피해가 더욱 심화되어 나타난 시기로 평가할 수 있다.

1990년대는 기존의 환경압력요인이 그대로 유지되면서 환경오염 상태요인이 더욱 심화, 확대되는 시기로 볼 수 있다. 이에 따른 정부와 기업의 환경관리를 위한 대응요인 또한 크게 향상된 시기였다. 특히 1990년대에 주목할 만한 변화는 기존의 '공해' 문제가 현대적 의미의 '환경' 문제로 인식되는 시기였다는 점이다. 1990년대 대중소비사회가 형성되면서 산업공단의 문제에 국한되었던 환경문제가 생활양식, 소비양식의 문제로 인식되기에 이르렀다.

이상의 내용을 요약하면 〈표 3.1〉와 같다.

〈표 3.1〉 시대별 산업정책에 대한 녹색평가 종합

	압력요인	상태요인	대응요인	종합평가
1960	• 경공업 업종 선정 • 국가산업단지면적 1.7% • 고속도로 연장 18.5% • 댐 유역 면적 15.1% • 상업차관급증, 수입대체사업 투자	• 울산공단 주변 대기오염 피해(농작물 피해) • 도시공해문제 심각 전망1	• 공해방지법 제정 (63) • 공해방지법시행령 제정 (66) • 환경관련 부서, 보건사회부 1개 계신설 • 예산배정 안 됨	• 압력요인의 산업적 기원 • 상태요인의 발생 • 대응요인은 없음
1970	• 중화학공업 업종 선정 • 국가산업단지 면적 57.6% • 고속도로 연장 31.6% • 댐 유역 면적 54% • 원자력발전소 건설(4기): 381.6만kw • 무리한 외채상환, 인권과 환경파괴 • 환경파괴적 기술도입	• 전남 담양 농민 수은 중독 • 서울, 부산, 대구, 울산 등 공업도시의 대기오염 심화 • 공단폐수, 도시폐수, 광산폐수로 인한 수질오염 악화, 4대 강 수질오염 심화 • 소음공해 심각	• 환경보전법제정(77) • 법률에 환경기준설정 • 오염원인자부담원칙 규정 • 보건사회부 환경위생국 담당 • 산업의 환경오염방지투자 없음 • 공단폐수종말처리장 미설치	• 압력요인의 산업구조가 집중 형성 • 상태요인의 확산과 심화 • 대응요인은 형식적 수준
1980	• 산업합리화 조치 • 국가산업단지 면적 28% • 고속도로 연장 23.5% • 댐 유역 면적 24.4% • 매립 면적 13.2% • 원자력발전소(6기): 580만kw • 외자도입 압력요인 해소	• 울산, 온산, 여천, 반월 등 공단 주변 환경피해 확산심화 • 주요 하천 댐 부영양화 심화 • 공단폐수, 도시폐수, 광산폐수 배출 증가로 수질오염 심화, 확산	• 환경청발족(80) • 헌법, 환경권삽입(80) • 환경지청 설치, 영향권별 환경관리(86) • 배출부과금 실시(83) • 산업 환경오염방지투자 미미 • 공단폐수종말처리장 설치 미미	• 상태요인이 집중적으로 악화됨 • 대응요인은 정부 차원에서 초보적으로 나타남
1990	• 전자, IT산업 • 국가산업단지 면적 13% • 고속도로 연장 26.3% • 댐 유역 면적 6.5% • 매립 면적 46.7% • 원자력발전소(5기): 410만kw • 외자도입의 압력요인 변형(해외 현지 피해)	• 공단 환경오염 피해 심화 • 산업폐수 배출량 크게 증가, 수질오염 심화 • 페놀 유출 등 수질관련 대형 환경사건 • 만성적 환경오염발생 (오존경보, 산성비)	• 환경처 승격(90) • 환경정책기본법과 환경 6법 완비(90) • 환경부 승격(95) • 산업의 환경오염방지투자 대폭 증가 • 공단폐수종말처리장 가동 확대	• 상태요인 만연 • 정부 차원의 대응요인이 체계적으로 마련됨 • 기업 차원의 대응요인 시작됨
종합 평가	• 현 환경문제의 환경파괴적 산업구조와 기반이 1970년대 형성됨 • 중화학공업 육성, 수출촉진정책, 산업기반시설 건설 집중, 원자력발전소 건설 시작됨	• 1960년대 공단지역의 대기오염에 한정 • 1970년대 피해범위의 확산과 수질오염 피해로 확대심화 • 1980년대 이후 상태요인은 전매체별로 심화, 만성화됨	• 1980년대 초보적 수준의 정부대응 시작 • 1990년대 체계적인 정부대응 시작, 산업체의 환경방지노력 시작됨	• 1970년대 환경파괴적인 산업구조가 형성, 1970년대 상태요인 급격악화, 1990년대 체계적 대응

참고문헌

김견(1991) "1980년대 한국자본주의와 산업구조조정 - 국가정책을 중심으로", 〈사회경제평론 3〉, 한국사회경제학회.

김낙년(1999) "1960년대 한국공업화와 그 특징", 〈1960년대 한국의 공업화와 경제구조〉, 한국정신문화연구원, 백산서당.

김선근(1984) "기술의 국제적 이전이 환경오염에 미친 영향과 기술평가에 관한 연구", 서울대 환경대학원 석사학위 논문.

김영일(1999) "1960년대의 정치지형 변화 - 수출지향형 지배연합과 발전국가의 형성", 〈1960년대의 정치사회변동〉, 한국정신문화연구원, 백산서당, pp.285~362.

김정태(1968 11) "질적 전환 필요한 외자도입", 〈정경연구〉, pp.168~175.

김창남 외(1997) "현대 한국경제발전론 - 발전메커니즘과 개발정책", 유풍출판사.

김형기(1996) "1980년대 한국자본주의: 구조전환의 10년", 〈동향과 전망〉 통권 제29호, 한국사회과학연구소.

류석환 "울산공단 환경문제의 구조와 전망", 환경운동연합 홈페이지, pp.13~20.

맹정호(1996) "대산공단의 환경현실과 개선방안", 〈환경과 생명〉 통권 11호, pp.70~81.

문성모(1967. 8) "외자도입의 회고와 전망", 〈정경연구〉, pp.50~63.

박세길(1989) "다시 쓰는 한국현대사 2 - 휴전에서 10.26까지", 돌베개.

박용상(1969. 7) "경제개발과 철강공업", 〈정경연구〉, pp.109~115.

박찬일(1981) "미국의 경제원조의 성격과 그 경제적 귀결", 〈한국경제의 전개과정 - 해방 이후에서 70년대까지〉, 돌베개.

선학태(1991) "한국의 중화학공업정책과정에 나타난 국가 자율성", 서울대학교 대학원, 석사학위논문.

송병락(1993) "한국경제론(제3판)", 박영사.

울산시 내부자료 "우리 시의 공해현황과 그 대책", pp.126~134.

유승무(1994, 겨울) "공단지역의 사회경제구조와 환경문제: 경기도 안산시를 중심으로", 〈환경과 생명〉, pp.66~75.

유인호(1973, 가을호) "경제성장과 환경파괴", 〈창작과 비평〉 제8권 제3호 통권

29호, pp.868~896.

이재희(1999) "1970년대 후반기의 경제정책과 산업구조의 변화-중화학공업화를 중심으로", 〈1970년대 후반기의 정치사회변동〉, 한국정신문화연구원. 백산서당.

이정전 외(1991) "환경개선촉진을 위한 정책발전방안 연구", 국제무역경영연구원.

이종훈(1981) "한국자본주의형성의 특수성", 〈한국경제의 전개과정-해방 이후에서 70년대까지〉, 돌베개.

이창걸(1995) "공단 주변 주민의 공해피해에 관한 연구: 울산, 포항, 여천 공업 단지를 중심으로", 제2분과 환경사회학, pp.234~255.

이판영(1973. 9) "불균형발전전략의 다이나미즘", 〈정경연구〉, pp.36~44.

임종철(1967. 1) "산업구조의 정책적 재편", 〈정경연구〉, pp.157~168.

임종철(1968. 11) "외자와 한국 경제개발", 〈정경연구〉, pp.145~167.

장상환(1998) "1990년대 한국자본주의의 구조변화", 〈사회경제평론 11〉, 한국사회경제학회, pp.169~199.

장하원(1999) "1960년대 한국의 개발전략과 산업정책의 형성", 〈1960년대 한국의 공업화와 경제구조〉, 한국정신문화연구원, 백산서당.

재무부·한국산업은행(1993) 한국외자도입 30년사.

전철환(1981) "수출 외주주도개발의 발전론적 평가-수출주도형개발과 외국자본", 〈한국경제의 전개과정-해방 이후에서 70년대까지〉, 돌베개.

정윤형(1967. 8) "무역자유화와 경제자립에의 길", 〈정경연구〉, pp.43~49.

정윤형(1981) "경제성장과 독점자본", 〈한국경제의 전개과정-해방 이후에서 70년대까지〉, 돌베개.

정은수(1994. 10) "공해병에 시달리는 울산·온산공단 아이들", 〈우리교육〉, pp.69~73.

조태진(1996) "여천공단 환경문제의 전개과정과 새로운 전략", 〈환경과 생명〉 통권 11호, pp.42~57.

최용호(1999) "1970년대 전반기의 경제정책과 산업구조의 변화", 〈1970년대 전반기의 정치사회변동〉, 백산서당, pp.67~122.

한국환경기술개발연구원(1996) 〈한국의 환경 50년사〉.

허장(1998) "우리나라 환경정책의 형성과 발전에 관한 연구", 〈국토계획〉 제33권 제4호(통권 96호), 대한국토·도시계획학회, pp.221~241.

OECD(1998) *Towards Sustainable Development: Environemtal Indicators.* Paris.

〈연보 및 통계〉

경제기획원, 외자관리국, 〈기술도입계약현황〉.
건설교통부, 〈건설교통통계연보〉.
산업은행, 〈산업설비투자계획〉.
통계청, 〈인구주택총조사보고서〉.
통계청, 〈한국경제지표〉.
한국은행, 〈경제통계연보〉.
환경부, 〈환경통계연감〉.
환경부, 수질보전국, 〈공장폐수 발생 및 처리〉.

제 II 부
녹색 정책 대안

제 4 장
사회경제지표로 본 개발국가 균열과 녹색국가 기원

제1절
서 론

돌멩이를 제외한 이 세상 모든 존재의 유형은(이후 잠정적으로 '존재체'라 칭함) 탄생, 성장, 소멸의 과정을 겪는다. 이것을 통칭 라이프사이클이라 한다면, 생명체는 물론이고 조직, 국가, 심지어 이념과 문명 또한 마찬가지로 라이프사이클을 가진다. 세상은 이와 같이 무수한 차원에서 주기가 다른 사이클의 중첩으로 구성되어 있다. 기존 존재체의 라이프사이클의 균열은 곧 동종의 다른 존재체의 라이프사이클의 기원을 의미하는 것이며, 균열과 기원의 기간은 상당기간 중첩되면서 새로운 존재체의 라이프사이클이 시작되는 것이다.

변동이란 바로 이 과정에서 발생하는 것이다. 존재체가 라이프사이클 내에서 시간에 따라 성격이 달라지는 것을 미시적 변화라 한다면, 존재체가 동종의 다른 존재체로 대체되는 과정을 거시적 변동변화라 할 수 있다.

여기서 주목해야 할 점은 변동의 내용을 어떻게 해석할 것인가 하는 점이다. 묘목 또는 어린이가 자라나 거목이나 성년이 되는 것처럼 라이프사이클 내에서 시간에 따라 진행되는 변화를 흔히 성장이라 한다. 그런데 성장과정에서는 질적 향상이 이루어지기 때문에 성장은 곧 발전이라고 보는 보편적 인식이 가능해진다. 질적인 향상은 생명체 내에 선천적으로 프로그램되어 있는 유전자라는 단위가 발현된 결과다. 유전자 발현의 결과가 곧 성장과 발전이라는 의미로 나타날 수 있는 것은 시간의 방향성 때문이다. 유전자에는 개체의 시작과 끝이 프로그램되어 있으며 이 과정에서 개체는 탄생, 성장, 쇠퇴, 사멸이라는 라이프사이클을 거치기 때문이다. 따라서 성장과 발전이라는 의미는 라이프사이클이라는 시간 내에서만 부여할 수 있는 셈이다. 성장은 곧 발전이라는 인식이 보편적으로 가능한 것은 바로 이와 같은 대상과 관점 하에서만 가능하다. 결국 라이프사이클 내에서 변화는 곧 성장이자 발전이며, 이것은 보편적인 가치라고 할 수 있다.

하지만 나무와 인간이라는 개별 존재체가 사멸하고 다른 존재체가 그 자리를 대체했을 때와 같이 거시적 변동내용을 해석할 경우에 사정은 달라진다. 이유는 개체와 개체 사이에서 일어나는 라이프사이클 간의 교체에는 시간의 방향성이 없기 때문이다. 즉 시간에 따라 개체가 다른 개체로 질적인 변화를 해 나가는 것이 아니라 한 개체가 동종의 다른 개체로 대체될 뿐이다. 따라서 거시적 변동에서 변동의 내용은 성장이 아니라 '대체'며, 이 대체는 발전이 아니라 단순히 변화인 셈이다.

이와 같은 해석은 사회를 보는 관점에서도 유효하다. 사회변화를 설명하는 데 있어서 생명체의 유전자 단위와 같은 것이 시대정신이다. 그리고 시대정신 발현의 결과가 사회의 문화유형이라 볼 수 있다. 문화유형 역시도 시대정신이라는 씨앗이 발아함으로써 탄생, 성장, 쇠퇴, 사멸이라는 라이프사이클을 가진다. 그래서 문화유형의 라이프사이클 내에서 일어나는 미시적 변화에서 시간의 방향성이 있는 것이며, 그렇기 때문에 사회의 미시적 변화 또한 성장이며 발전이라고 말할 수 있는 것이다.

사회의 거시적 변동내용을 성장과 발전이라고 말할 수 없는 이유 또한 생명체의 경우와 마찬가지로 시간의 방향성이 없기 때문이다. 개체와 개체 간 시간의 흐름에 따라 일어나는 교체과정에 시간의 방향성이 없는 것처럼 문화유형과 문화유형 간 시간의 흐름에 따른 교체과정 또한 시간의 방향성이 없다. 결국 시대정신과 시대정신 간에는 시간의 방향에 따라 기존 것보다 나중 것이 더 낫다는 판단이 불가능하기 때문에 사회의 거시적 변동은 성장과 발전이 아닌 그냥 전개와 변형인 것이다.

예컨대, 근대성이라는 시대정신에서 본다면 서구의 과학문명이라는 문화유형이 성장과 발전했다고 논할 수 있을지는 모르지만, 만약 근대성이 탈근대성이라는 시대정신으로 대체되면서 나타나는 새로운 문화유형에서는 근대성이 탈근대성으로 성장 또는 발전했다고 말할 수 없는 것이다.

한국 사회는 1960년대부터 국가주도로 급격히 추진한 산업화 전략으로 인해서 경제적으로 커다란 성공을 거뒀다는 것이 일반적인 평가다. 하지만 1987년 민주항쟁을 계기로 한국 사회는 큰 변화의 흐름에 직면하면서 그 흐름은 1990년대를 관통하였다. 이와 같이 1960년대부터 현재에 이르는 한국 사회 변화를 거시적 변동이론으로 해석하자면 1987년 민주항쟁을 전후로 평가를 달리 내릴 수 있다.

먼저 한국 사회의 미시적 변화에 대한 평가다. 한국의 개발국가는 1960년대부터 '잘살아 보자'라는 시대정신으로 발아하여 1980년대 중반까지 성장해 왔으며, 이 과정을 하나의 문화유형으로서 개발국가의 라이프사이클로 잠정 정의할 수 있다. 이 기간 내 한국 사회는 성장과 동시에 발전해 왔다는 평가가 가능하다.

하지만 거시적 변동에 대해서는 평가가 달라진다. 1980년대 중반 이후부터 국가주도의 개발성장지상주의라는 이념의 정당성을 위협하는 각종 사회적 현상들이 발생하기 시작했고, 무엇이라고 한마디로 요약할 수는 없지만 '새로운 시대정신'이 새로운 문화유형을 발아하기에 이르렀다고 판단되기 때문이다. 즉 '잘살아 보자'라는 시대정신으로 탄생했던 국가주도 개발국가가 이제 성장의 단계를 지나 쇠퇴하면서 라이프사이클의 종국에 있으며, 동시에 새로운 국가유형의 라이프사이클로 대체하는 거시적 변동과정에 있는 것이다. 이것은 미시적인 변화의 관점에서 본다면 국가주도 개발국가의 균열이라고 말할 수 있지만, 거시적 변동의 관점에서 보면 새로운 국가유형의 기원이며, 새로운 시대정신의 라이프사이클이 시작되는 셈이다.

이러한 관점을 받아들여 본 연구는 1980년대 후반부터 1990년대에 일어난 한국 사회의 변화를 미시적인 변화 수준을 넘어서는 징후로 진단하고, 이를 거시적인 변동의 관점에서 해석하고자 한다. 사회의 거시적 변동은 사회를 구성하는 모든 구성체, 즉 정치·제도적, 경제·사회(문화)적 제 요소들의 변화가 시차를 두고 중첩되어 일어난 결과이다. 본 연구에서는 이와 같은 제 요소들 중 경제·사회(문화)적인 분야에서 포착된 거시적 변동내용을 설명하는 데 한정하기로 한다.

연구내용을 구체적으로 기술해 나감에 있어서 다음 두 가지 태도를 가진다. 첫째는 본 연구의 전체 주제가 '녹색국가'이긴 하지만 개발국가의 균열이 곧 녹색국가의 탄생을 의미한다는 자의적 해석을 배제한다는 것이다. 둘째는 새로운 시대정신에 의해서 발아하고 있는 국가유형이 비록 녹색국가라 하더라도 그것이 개발국가에 비해서 발전한 것이라는 가치판단을 배제한다는 것이다.

이 같은 두 가지 배제의 원칙을 가지는 것은 우리 사회에서 일어나고 있는 거시적인 변동내용을 보다 현실적이고 객관적으로 바라봄으로써 이상과 당위의 눈이 아니라 현실과 사실의 눈으로써 한국 녹색국가 실현 가능성을 점쳐 보기 위함이다.

본 연구는 소기의 목적을 달성하기 위해서 거시적인 변동내용을 균열, 흐름, 맹아찾기라는 세 단계로 나누어 설명하고자 한다. 첫째는 1987년 민주항쟁 이후에 나타난 변화를 개발국가의 '균열'이라는 관점에서 기술하는 것이다. 균열은 기존 국가유형의 라이프사이클이 수명을 다하면서 진행되며,

결과적으로 사회에 부정적인 영향을 미치는 병리현상들을 포착하면서 우리는 그 균열을 보게 된다. 둘째는 사회의 변화 현상들을 하나의 흐름으로 객관적인 사회적 조건으로 보는 관점이다. 변화로서 사회적 조건은 향후 어떤 국가유형으로 전개될 것인가를 결정하는 다양한 가능성이기도 하다. 셋째는 변화의 흐름들 속에서 과연 녹색국가 유형을 발아시킬 시대정신으로서 '녹색' 맹아가 있는지를 찾는 일이다.

제2절
개발국가 균열의 경제·사회적 지표

경제 사회적인 변화가 국가주도의 개발성장지상주의라는 이념의 정당성을 위협할 정도로 현저하게 나타날 경우에 한하여 그 변화를 개발국가의 균열이라 한다.

산업화 과정에서 한국 사회는 1987년 민주항쟁을 시점으로 커다란 변화를 맞이하였고 이런 변화의 흐름은 1990년대를 관통하였다. 이런 시대적 상황은 개발국가 라이프사이클을 넘어서서 새로운 국가유형을 예고하는 것으로써 미시적 변화를 넘어서는 거시 변동의 성격을 가지고 있다. 그래서 이 시기 경제사회의 변화는 곧 개발국가의 라이프사이클 내에서 볼 때 개발국가의 쇠퇴를 알리는 균열인 것이다.

2004년 오늘의 사회적 혼란과 갈등은 개발국가의 균열과 새로운 국가유형의 징조가 중첩되어 나타나는 불가피한 현상인 것이며, 따라서 이 속에는 향후 새로움을 향한 질서와 화합이 병존하고 있는 것이다.

1. 개발국가 균열의 경제적 요인

1) 경제구조의 취약성

한국 경제는 1997년 IMF 관리체제 이전까지는 적어도 성공적이라는 평가를 받아왔다. 하지만 1997년 국가 경제의 부도사태가 발생하면서 한국 경제에 대한 근본적인 진단이 내려졌다. IMF 관리상황을 몰고 온 직접적인 원인은 외환보유고의 고갈에 있었다. 하지만 이를 초래한 구조적인 원인에는 여러 가지 복합적인 요인이 작용하였다.

첫째, 재벌 집중으로 인한 경제 불안이다. 과거 개발국가에서 국가주도의 개발성장정책을 추진하면서 한국 경제는 몇 개의 기업이 부와 시장을 독점하는 재벌 중심의 경제구조를 정착시켰으며, 1990년대 들어서 재벌 집중은 더욱 강화되었다. 30대 재벌이 창출한 부가가치가 GNP에서 차지하는 비중은 1985년 12.5%, 1990년 13.0%, 1994년 14.2%, 1995년 16.2%로 계속 높아졌다. 제조업부문에서는 30대 재벌이 전체 제조업 부가가치의 41%를 창출하였다(장상환, 1998: 170). 이와 같이 국민경제에서 절대적 비중을 차지하고 있는 재벌은 금융에 대한 지배력도 강화시켜서 1996년 말 51대 재벌의 총차입금은 전체 시중자금의 27.5%를 차지할 정도가 되었다. 이들 재벌들은 상호출자와 채무보증 등으로 재벌 자체가 거대한 내부금융시장이라고 할 수 있다(김상조, 1996; 장상환: 171).

이와 같이 재벌이 한국 경제에서 차지하는 비중이 절대적인 만큼 재벌 소유 기업의 부도는 곧바로 경제위기와 직결된다. 한보와 기아라는 대기업의 부도사태로 IMF 경제위기를 초래하게 한 원인이 여기에 있다. 뿐만 아니라 재벌의 경제지배 심화는 한국 경제구조를 근본적으로 취약하게 만드는 원인이 된다. 재벌체제는 과도하게 다각화를 촉진함으로써 자원의 효율적 배분을 저해하게 되고, 결국 기업경영이 부실하게 된다(장상환, 172). 또한 친족 중심의 총수경영체제는 전문경영을 도외시함으로써 기업경영의 불안요인이 되고 있으며, 재벌체제는 상대적으로 중소기업을 어렵게 하고 있다. 실제로 재벌체제는 독과점체제를 바탕으로 반도체, 철강, 자동차, 조선, 화학 부문에 대한 과잉중복 투자를 행하였다(장상환, 175).

둘째, 금융기관의 제 역할 방기다. 과거 개발국가에서 금융기관은 정경유착의 구조 속에서 제한된 역할만을 수행하였다. 경제구조에서 금융기관은 자본을 산업계로 흐르게 함으로써 산업활동을 촉진하는 역할을 담당한다. 이 과정에서 금융기관의 대출기준은 기업활동의 견실성에 대한 총체적 평가라 할 수 있는 채무이행능력에 있다. 하지만 과거 개발국가 금융기관은 정치와 재벌 간의 유착관계 속에서 기업의 경영성과와는 별도로 대기업 중심의 대출이 관행적으로 이루어져 왔으며, 결과적으로 한국 경제에 두 가지 커다란 약점을 가져왔다. 하나는 대출 기업의 경영상태와 재무구조 분석, 시장과 영업 전망 등에 대한 금융기관의 판단능력이 결여되었다는 점이다. 다음으로는 대출이 정경유착에 의한 관행에 의해서 이루어지다 보니까 상대적으로 기술개발과 경영합리화 등 생산력을 기초로 하는 경쟁력 제고에 소홀할 수밖에 없었다는 점이다.

이와 같은 취약한 금융시장의 조건하에서 1990년 중반 한국은 경제의 개방화로 인한 한국 자본의 해외 유출과 국제 자본의 한국 유입 규모가 증대하면서 한국 금융구조의 불안한 요인은 불확실한 외부조건에 좌우될 상태에 놓이게 되었다. 대기업의 연이은 부도는 이런 상황에서 발생한 것이며, 이를 계기로 외국의 유동자본이 급격히 빠져나가면서 IMF 위기를 몰고 온 것이다.

셋째, 과도한 부동산 가격에 의한 경제위기다. 가계소득이나 금융자본이 생산활동에 투자되지 않고 부동산과 같이 비생산적인 곳에 묶이게 될 경우에 산업 활성을 기대할 수 없다. 1990년대 이후 한국 사회에 나타나는 두

드러진 현상 중에 하나가 부동산 투기의 열풍이다. 부동산 투기 열풍이 한국 경제의 균열을 가져다준 것은 몇 가지 이유 때문이다. 우선 부동산 투기로 인한 불로소득 취득자가 늘어나면서 근로의욕을 저하시키고 제조업을 위축시켰다. 특히 3D업종 제조업에 대한 한국 노동자의 기피는 1990년대 이후 두드러져 외국 노동자가 자리를 대체하고 있는 실정이다. 다음으로는 금융권을 통해서 기업의 생산활동에 투자되어야 할 자금이 부동산에 묶임으로써 산업 활성화의 장애가 되었다.

이상과 같이 IMF 관리체제 전후를 통해서 드러난 한국 경제구조의 취약성은 과거 개발국가식 경제운영의 성과에 대한 분열로 볼 수 있다.

2) 중산층 신화의 붕괴위기

IMF 경제상황 이전까지 한국 경제의 성공을 보장하는 중요한 변화가 중산층의 형성이었다. 한상진의 연구에 의하면, 1980년에 주관적 조건의 중산층 규모는 45.2%이던 것이 1985년에는 57.3%로, 그리고 1991년에는 62.3%로 증가했다. 중산층의 객관적 조건과 함께 주관적인 조건을 모두 만족시킬 경우의 중산층 비율에서도 1980년 27.2%에서 1985년에는 35%, 그리고 1991년에는 41%를 차지하였다.

하지만 IMF 경제위기 이후 중산층이 크게 약화되고 있다. 삼성경제연구소가 IMF 경제위기 이후에 실시한 중산층 연구에 의하면, 1992년 한국 중산층 비중은 1992년 70.6%에서 1998년 3/4분기에 64.1%로 축소되었으며, 특히 가구주의 직업(20.26%), 학력(19.75%), 연령(18.54%) 순으로 영향을 미치는 것으로 나타났다. IMF 경제위기 전후를 비교한 각종 여론조사의 결과를 보면 다음과 같다(〈표 4.1〉).

〈표 4.1〉 여론조사에서 본 IMF 전후 주관적 계층 귀속감의 변화 (단위: %)

조사기관 / 시기 / 결과		상 층	중상층	중 층	중하층	하 층	최하층
제일기획 (1998.9)	IMF 이전	13.0	65.0		19.0	3.0	
	IMF 이후	7.0	60.0		26.0	7.0	
한국경제 (1998.10)	IMF 이전	1.1	14.3	48.8	25.4	9.7	0.7
	IMF 이후	0.3	6.1	29.1	39.9	20.9	3.7
한겨레 (1998.7)	IMF 이전	1.0	11.9	44.3	25.3	17.5	
	IMF 이후	0.9	5.1	35.1	36.7	22.2	
중앙일보 (1998.9)	IMF 이전	12.9	69.9			17.2	
	IMF 이후	4.0	70.7			25.3	
현대경제연구원 (1998.6)	IMF 이전	2.3	53.2			44.5	
	IMF 이후	0.2	34.9			64.9	
동아일보 (1998.6)	IMF 이후	2.1	55.4			36.4	6.1
현대경제연구원 (1999.4)	IMF 이전	4.3	61.1			34.6	
	IMF 이후	0.6	45.1			54.3	

자료: 제일기획, 『IMF 반년, 한국인의 자화상』(1998.9.15); 한국경제(1998.10.13); 한겨레신문(1998.7.22); 중앙일보(1998.9.23); 조선일보(1998.9.26); 동아일보(1998.6.12); 현대경제연구원, 『일반 가계의 중산층 의식 관련 설문조사』
자료: 류상영·강석훈, 1999, 재인용.

IMF 경제위기를 계기로 중산층이 감소하는 원인은 중산층이 경제위기에 매우 취약한 경제적 특성을 가지고 있기 때문이다(류상영, 강석훈, 1999: 34-35). 중산층은 근로소득이 가구소득에서 차지하는 비중이 64.2%로 상류층(53.1%)과 하류층(42.0%)에 비하여 월등히 높아서 실직에 의한 소득 감소의 가능성이 가장 높기 때문이다. 가구주 소득에 대한 의존도도 중산층은 74.7%로서 상류층 65.8%, 하류층 48.7%보다 가구주의 실직이 가져올 수 있는 충격이 가장 큰 계층이다.

IMF 경제위기 이전에 중산층 형성에 크게 기여했던 대기업과 금융기관,

그리고 전문직종 종사자들이 구조조정의 과정에서 대규모로 해고되었다. 이들 퇴직자들은 새로운 직업을 찾지 못하고 결국 창업의 길을 선택하지만, 이 역시 대부분은 망하고 20% 정도만 성공하게 된다. 하지만 퇴직자의 자영업으로의 성공은 기존 자영업 시장의 과잉을 낳게 되면서 상대적으로 자영업 출신의 안정적인 중산층을 위협하는 요인이 되고 있다. 이러한 중산층의 위기는 IMF 경제위기 이후 계속되는 한국의 경제침체 속에서 더욱 가속화되고 있다.

따라서 IMF 경제위기 이후 구조조정을 통한 대량 실직은 중산층 붕괴의 직접적인 원인이 되었으며, 구조적으로 실직 문제가 해소되지 않는 한 한국 중산층의 위기는 계속될 것으로 보인다. 하지만 중산층의 위기 문제의 해결이 어려운 것은 이 현상이 일시적인 경제침체로 인한 것이라기보다는 노동시장 구조의 근본적인 변화 때문이라는 데 있다. 과거 중산층의 기반이 되었던 대기업과 금융기관, 그리고 전문직종 종사자들이 생산기술과 관리기법, 그리고 경영합리화 기법 등이 발달하면서 관련 일자리 자체가 급속히 줄어들고 있기 때문이다.

한국에서 중산층의 사회적 의미는 매우 중요하다. 단순히 경제적으로 풍요로워진다는 사실 자체를 넘어서는 것이다. 그것은 누구나 열심히 일하면 다 잘살 수 있다는 개발국가의 신화가 형성되어 있음을 의미하는 것이다. 이런 믿음은 산업화로 질주해 온 우리 사회가 많은 사회적 문제점을 수반하고 있음에도 불구하고 사회의 안정을 떠받드는 버팀목이 되어 주었다. 결국 중산층의 형성은 과거 개발국가 정당성의 보증수표와 같은 것이다. 그래서 IMF 이후 중산층의 위기는 경제적 위기를 넘어서서, 곧 열심히 일하면 잘살수 있다는 개발국가 신화의 위기를 말하는 것이고, 이것은 또한 개발국가 정당성을 위협하는 위기인 것이다.

3) 정부주도 공급경제의 한계

과거 개발국가의 가장 두드러진 특징 중의 하나는 대규모 개발사업을 정부가 독단적으로 결정하고 일방적으로 추진해 나가는 방식이다. 먹고 사는 문제가 가장 시급히 요청되는 생존의 시대에서는, 그리고 아직도 개발해야 할 여지가 무한히 남아 있던 개발 초기에서는 정부가 마음대로 대규모 개발사업을 펼쳤다. 말하자면 사업의 사회적 필요성이나 사회적 수요가 절대적으로 요청되는 상황에서 정부가 일방적으로 결정해도 무리가 없었던 것이다. 당연히 경제정책은 정부가 주도하는 공급중심이 주를 이루었다.

대규모 댐을 막고, 고속도로를 뚫고, 거대한 간척사업을 실시하고, 원자력 발전소를 건설하는 등 대규모 국책사업은 모두 정부의 결정사항이었다. 이런 사회기반시설이 실제로 필요한지 그 사회적 수요를 염려할 필요가 없었다. 그저 경제적으로, 기술적으로 지을 수만 있으면 무조건 지었다. 그리고 이런 사업들을 추진함으로써 해당 정권은 국민들로부터 그 능력을 인정받았다.

하지만 1990년대 중반 이후 이러한 대규모 개발사업은 이제 더이상 정부가 무조건 공급을 결정하는 불문가지의 사업일 수 없게 되었다. 환경용량과 사회적 수용능력이 점차 한계에 이르면서 각 사업들마다 지역주민들과 시민환경단체들에 의해서 제동이 걸리기 시작했다.

동강 댐, 서울 북한산 외곽 순환도로, 경부 고속전철 천성산 관통, 경인운하, 새만금 간척사업, 부안의 방사능폐기물 처리장, 한탄강 댐 등 수많은 국가 개발사업이 백지화되거나 축소 또는 조정되고 있다. 이제 대규모 개발사업의 사회적 필요성이나 사회적 수요를 정부에서 일방적으로 결정하는 것이 아니라 국민과 지역주민들과의 사회적 합의를 통해서 결정할 수밖에 없는 시대적 상황이 된 것이다.

이 같은 시대 변화로 인해서 개발국가 특유의 국가주도 공급경제 정책은 이제 수요관리 중심의 정책으로 전환할 수밖에 없는 계기를 맞고 있는 것이다. 이 같은 상황은 개발주의적인 국가운영 시스템을 근본적으로 수정할 것을 요구하는 것으로, 기존의 방식을 고집할 경우 사업의 정당성은 물론 국가의 정당성까지 불신하게 될 수 있음을 뜻한다. 현재 우리 사회에서 일어나고 있는 개발과 환경보전 간의 많은 갈등 중에는 이처럼 과거 공급중심의 경제운영으로 인해 초래된 사례가 많다.

4) 절대적 환경친화산업인 농업의 위기

개발국가의 균열을 드러내는 또 하나의 중요한 사안이 농업이라는 일차산업의 붕괴다. 하지만 개발국가의 균열로서 농업위기는 전술한 한국 경제의 구조적 불안, 중산층의 붕괴 등과 성격이 다른 것이다. 경제 불안, 중산층 붕괴와 같은 경제적 지표는 개발국가의 성과로서 자랑스럽게 여겨온 경제적, 물리적 성과 그 자체에서 발생한 균열이라고 할 수 있는 반면에 농업의 위기는 개발국가의 산업화 과정에서 농업을 공업화의 부수적인 산업으로 전락시키고 도외시해 온 결과로서 발생한 우리 사회의 부정적인 부메랑이다.

농업은 경제논리만 가지고 투자여부를 결정할 수 없는 절대적인 환경친화적 산업, 즉 생명산업이다. 전통적인 삶의 양식과 문화적 토대로서 농업의 가치를 차치한다 해도 농업이라는 산업은 경작의 원리가 자연생태계의 원리에 기반을 둔다. 뿐만 아니라 농업은 도시를 먹여살리는 부양계다. 따라서 농업위기는 곧 도시 식문화의 위기요, 경우에 따라서는 식량안보로서의 위기로 치닫는다. 1990년대 이후 농업의 위기가 과거 개발국가 경제성장의 결과로서 수반한 것이라고 한다면 농업의 위기는 곧 개발국가 균열의 징표인 셈이다.

농업의 위기는 두 가지 차원에서 구체적으로 발견된다. 하나는 농업의 자립기반 붕괴위기다. 그 원인은 농업 개방화에 있다. 농업의 성장은 제조업의 성장과 원리가 전혀 다름에도 불구하고 제조업과 같은 산업에서 통용되는 시장 경쟁의 논리를 농업 분야에 그대로 적용한 결과의 부작용이다. 이렇게 될 경우에 농가는 철저히 경제적 이익을 보장하는 농작물만을 수확하게 되고 결과적으로 한국의 작물은 과거 한 농가에서 30여 가지 이상을 재배하던 것이 2~3개로 축소되면서 다양성이 파괴되고 만다. 이것은 결국 식량 자급률의 하락으로 이어진다. 1980년대부터 본격적으로 이루어진 농산물 수입 개방화는 1990년대를 지나면서 농업의 자립기반 자체를 위태롭게 하고 있다.

한국의 전체 식량 자급률은 1970년에 80.4% 수준에서 2000년에 29.7%
까지 급락하였다. 이 중 쌀 자급률이 거의 100% 내외를 유지하고 있는 상
황을 감안한다면 밀, 두류, 옥수수 등과 같은 작물들의 자급률은 10%에 크
게 못 미치는 수준이다. 이와 같은 자급률의 저조는 농산물 수입 개방화 정
책의 결과다. 이와 같이 시장 경쟁원리가 지배하는 농업경영은 현대식 기술
과 화학농법, 새로운 농업설비에 대한 의존도를 높여서 농가 부채의 원인이
됨으로써 농가의 침체를 가속화시킨다.

다른 하나는 환경기반의 붕괴이다. 농업 개방화 이전의 농업의 핵심 정책
은 식량증산에 있었다. 이를 달성하기 위해서 통일벼라는 품종을 개발, 널리
보급하였으며, 생태적으로 취약한 통일벼의 작황을 최대화하기 위해서 비료
와 농약의 대량 살포가 이루어졌다. 이 결과로서 농지의 산성화를 초래하였
으며, 동시에 화학물질이 농작물에 축적됨으로써 식품의 안전성에 위기를
몰고 왔다. 특히 1990년대 이후 급격히 변화하고 있는 소비자들의 환경의식
의 제고와 그에 따른 건강식품에 대한 관심의 고조는 화학물질에 의한 농산
물의 오염에 대한 위기감을 더욱 높여주었다.

이와 같은 농업의 위기는 두 가지 점에서 개발국가 균열을 그대로 드러
내는 것이다. 한편으로는 개발국가 산업정책의 우선목표였던 제조업의 집중
육성과 노동자 임금상승 억제를 위한 저곡가 유지의 수단 차원에서 농업을
보조 산업으로 인식하고 투자의 우선순위에서 배제해 온 결과이다. 다른 한
편에서는 개발국가 운영방식인 개발성장지상주의의를 원리가 전혀 다른 농
업에까지 적용한 결과이기도 하다.

따라서 1990년 이후 본격화되고 있는 한국 농업의 위기는 한국 개발국
가의 균열이자 위기인 셈이다.

2. 개발국가 균열의 사회문화적 요인

1) 대형 안전사고 발생과 사고의 만연

개발국가의 균열을 가장 상징적으로 보여주는 사회적 현상으로는 사회기반시설과 관련해서 발생하는 대형 안전사고를 들 수 있다. 과거 한국의 개발국가에서는 압축적인 산업화 전략을 위해서 산업시설은 물론 물자를 일시에 대량으로 투입하면서 대규모 사회적 기반시설들을 일사분란하게 건설해 왔다. 이런 정책의 결과로서 한국 경제는 고도의 압축적인 경제성장을 이룩할 수 있었던 것이다. 그래서 검은 연기가 내뿜는 거대한 공장의 굴뚝, 경부 고속도로와 같은 교통시설, 그리고 각종 대형 고층건물들을 속속 건설하는 현상은 개발국가 성공의 상징이었다. 규모의 대형화와 건설 기간의 단축 속에서 건설된 이러한 상징물에는 양적 성장을 최우선으로 하면서 신속한 성장을 최우선으로 추구해 왔던 개발국가의 이념과 사회운영의 기본 원리가 설계되어 있다.

따라서 이러한 사회적 구조물들이 붕괴되거나 안전사고를 발생시킨다는 것은 개발국가의 이념과 사회운영의 원리에 심각한 결함이 있음을 드러내는 일이다. 이런 면에서 본다면 1990년대의 한국 사회는 개발국가의 상징이 붕괴되기 시작한 의미 있는 시기로 볼 수 있다.

1990년대 사회기반시설과 관련해서 발생한 대형 안전사고 현황을 보면, 특히 1993년과 1995년에 대형 안전사고가 집중적으로 일어났음을 알 수 있다(〈그림 4.1〉).

〈그림 4.1〉 1990년 이후 대형 안전사고 현황

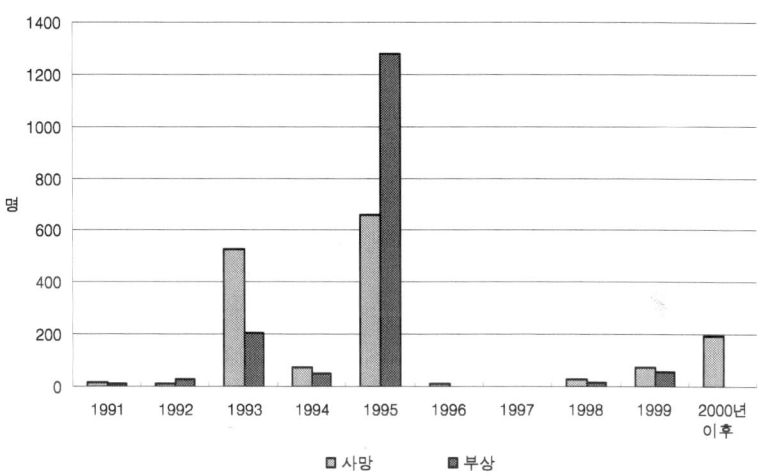

1990년 이후 대형 안전 사고 현황

보다 구체적으로 주요 사건을 보면, 1993년에 대형 안전사고로 총 526명이 사망하고 209명의 부상자가 발생했다. 부산 구포역 열차 탈선 사고로 78명이 사망하고 112명이 부상당했으며(3. 28), 아시아나 항공기의 목포 공항 추락으로 인해서 66명이 사망하고 44명이 부상당했다(7. 26). 또한 부안 앞 바다 위도에서 페리호가 침몰하여 292명이 사망하는 사고가 발생했다. 1994년에는 충주호 유람선의 화재로 29명이 죽고 33명의 부상자가 발생했다(10.3). 그리고 이해에 성수대교가 붕괴함으로써 31명이 죽고 17명이 부상당하였다(10. 21). 당시 성수대교의 붕괴는 사회기반시설의 대표적 구조물이라고 할 수 있는 대형 다리가 무너짐으로써 한국 개발국가의 붕괴를 상징적으로 보여주는 사건으로 인식되기에 충분했다. 이로써 1994년 한해에 대형 사고로 총 74명이 죽고 50명이 부상당하게 되었다. 대형 안전사고는 1995년에 이르러 더욱 엄청난 사태를 몰고 왔다. 대구 지하철 공사장 가스 폭발 사고로 101명이 죽고 146명이 부상당하는 대형 참사가 일어나기가 무섭게(4. 28), 서울의 삼풍백화점의 붕괴로 501명이 사망하고 937명이 부상당하는 초유의 사태가 발생했다(6. 29). 이 외에도 경기여자기술학교 기숙사 화재로 37명이 사망하는 등 1995년 한해에 대형 사고로 숨진 사람은 총 659명이나 되었으며, 1,280명이 부상을 당했다. 특히 삼풍백화점 붕괴는 성수대교 붕괴 이후 개발성장지 상주의로 달려온 우리 사회의 부실한 자화상을 다시 한번 보여줌으로써 한국사회의 총체적 부실에 대한 총체적 진단이 내려졌으며, 한국병을 치유해야 한다는 여론이 비등하였다. 하지만 이와 같은 대형 안전사고는 그 이후에도 계속 이어져 1999년에는 화성 씨랜드 청소년 수련원 화재로 23명의 사망자와 3명의 부상자가 발생했으며(6. 30), 인천 중구 인현동 러브호프집 화재로 52명이 죽고 56명의 사상자가 발생하였다(10. 30).

뿐만 아니라 1980년 후반부터 1990년대에 들어와서 생활 속 깊이 각종 사건 사고가 만연했다는 점이다. 1980년대 중반 이후 승용차 보급이 크게 늘어나면서 자동차사고 건수 또한 급증추세를 보이고 있다. 1980년에 12만여 건이던 교통사고 발생건수가 1989년부터 두 배로 많이 증가했다(〈그림 4.2〉).

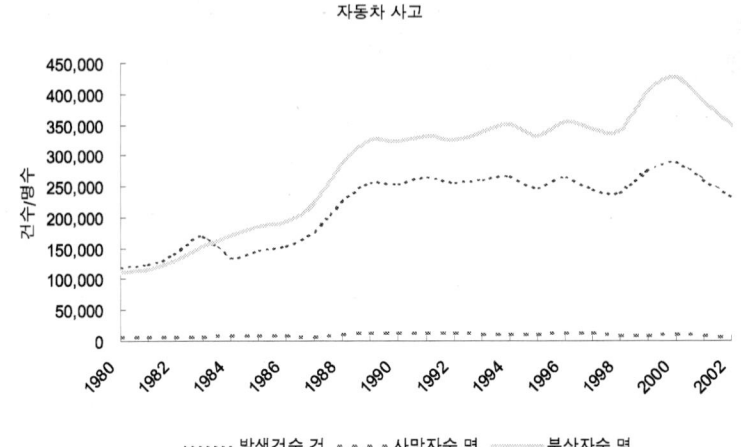

〈그림 4.2〉 연도별 자동차사고 발생 현황

이 외에도 불특정 다수를 향한 각종 강도와 살인을 저지르면서도 당당히 사회를 향하여 무전유죄, 유전무죄를 외치거나 오히려 사회가 정의롭지 못함을 항의하는 파렴치범들이 줄을 잇고 있다. 이러한 범죄유형을 보고, 한편에서는 그 원인이 개인의 차원을 넘어서서 사회병리적인 현상을 구조적으로 반영하고 있다는 점을 지적하고 있다.

이와 같이 1990년대에 집중적으로 발생한 대형 안전사고와 생활 속에 만연된 각종 사고는 개발국가가 기초하고 있는 개발성장지상주의 정당성을 근본 뿌리부터 뒤흔듦으로써 개발국가식의 사회운영원리를 전면적으로 재검토하는 계기를 낳았다. 이것은 곧 개발국가의 균열이자 새로운 시대정신의 필요성을 보여준 것이었다.

2) 국민교육 붕괴와 학생들의 청소년 비행 증가

1990년대에는 학교 교육에 일대 변혁이 일어난 시대로 볼 수 있다. 1989년에 전국교직원연합회가 결성되면서 교육민주화 운동이 활발히 전개되었다. 1992년에는 전교조의 '교육 대개혁'을 요구하는 투쟁이 있었고, 이후 교육 시민운동이 본격적으로 전개되기 시작했다. 이런 영향으로 기존의 개발독재 시대에서 정부의 권위적이고 획일적인 가치주입식 교육에 대한 반발과 함께 다양한 교육실험이 시도되었다.

이런 상황에서 1993년에 교육을 하나의 시장으로 보는 교육시장 담론이 본격화되고(변유미, 58), 한·미 간 투자환경개선위원회 회의에서 한·미 간 영업환경개선협상이 진행되면서 교육부문도 하나의 '서비스 산업'이나 '시장'으로 인식하게 되었다(59). 이후 1995년에는 교육공급자 중심에서 교육소비자 중심으로 교육구조를 전면적으로 바꾸자는 '소비자주권의 교육 대개혁론'이 제기되면서 5.31 교육개혁안이 발표되기에 이르렀다(59). 이 교육 대개혁론은 세계화와 정보화를 주도하는 신교육체제 수립을 위한 교육개혁방안으로서 신자유주의에 입각한 교육개혁안이었다. 개혁안에는 교육상품, 교육생산자, 교육소비자 등의 개념이 등장함으로써 교육을 상품영역으로 편입시키면서 교육의 제 관계를 상품관계로 규정하고 있다(84).

이와 같이 신자유주의에 입각한 시장주의 교육이란 정부가 국가와 사회적 필요에 의해서 획일적이고 일방적으로 공급하던 교육방식의 변화를 뜻한다. 이것은 또한 이제 교육은 학부모와 학생이라는 소비자의 요구에 적극적으로 반응할 수 있는 교육체계로 전환해야 함을 의미한다. 하지만 시장주의 교육 운영의 전제는 학부모와 학생들이 자신들의 요구가 무엇인지를 잘 알아야 하며, 그 요구를 들어줄 수 있는 학교를 자유롭게 선택할 수 있어야 한다(변유미, 85). 하지만 실제 한국의 교육현실은 그렇지 못했으며 사회진출과 직업 선택에 있어서 학벌 위주의 결정이 팽배한 상태에서 소비자 중심 교육은 철저히 입시전문 교육기관으로 변질되었다.

교육의 시장화가 급속히 진행되면서 전인교육기관으로서 학교의 기능이 손실되어 가는 과정에서 정보화라는 거시적인 흐름은 국민교육기관으로서 학교교육의 위기를 가속화하였다. 정보사회에서는 현장 중심, 체험 중심, 영상 중심, 이야기, 이벤트 중심의 다양하고 재미있는 각종 정보와 자료들이 컴퓨터의 인터넷, 인쇄매체, 영상매체 등을 통해서 넘쳐남으로써 교과서 중심으로 이루어지는 입시 위주의 학교교습을 낡고 재미없게 만들어버렸다.

1990년대에 일어난 이와 같은 일련의 커다란 변화로 인해서 국민교육기관으로서 학교의 붕괴 조짐이 나타나기 시작했다. 1990년대 초반부터 급증하기 시작한 비행학생 수가 이와 같은 교육상황을 일부 반영한다고 볼 수 있다. 비행학생 수는 1981년에 비해서 1993년에 2배가 증가하였으며, 1997년에는 3배가 증가하였다(〈그림 4.3〉).

〈그림 4.3〉 비행학생 수

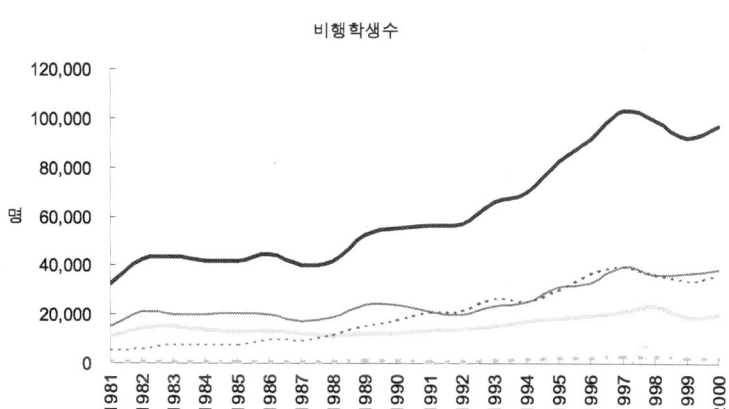

특히 공교육의 위기를 알리는 가장 심각한 사태는 1990년대 말부터 더욱
급증한 사교육비의 과다한 지출이다.

결국 1990년대 이후 나타난 국민교육기관으로서 학교의 위기는 국민교육
을 바탕으로 산업화를 위한 일꾼들을 양성해 냈고, 개발국가에 적합한 사회
적 가치의 통합기능을 담당했던 개발국가식 교육체제가 균열되고 있음을 보
여주는 것이다.

3) 사회 가치관 혼란과 가족위기

1990년대 우리 사회에 나타난 변화 중에서 중요한 사회적 지표는 사회적
가치관의 혼란에 따른 가족공동체의 위기가 발생했다는 점이다.

사회적 가치관의 혼란을 상징적으로 나타내 주는 지표로서 자살률을 들 수
있다. 자살률은 1988년에 인구 10만 명당 8.5명이던 것이 꾸준히 증가하
여 1998년 IMF 경제위기가 본격화된 시점에 인구 10만 명당 19.9명에
이르게 되었다.

〈그림 4.4〉 자살자 수

자살자 수

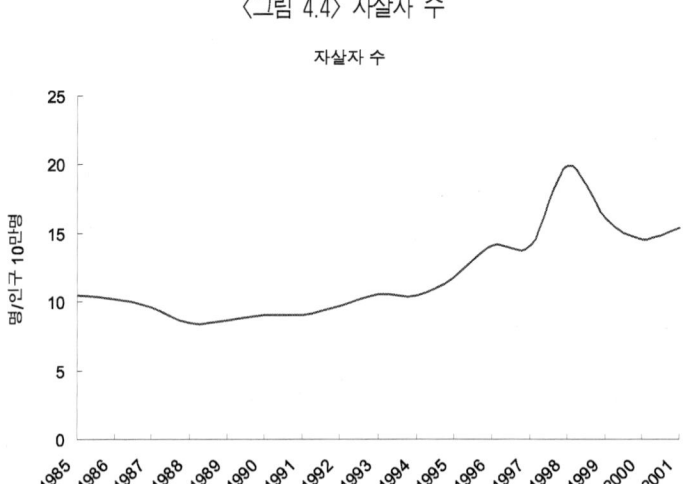

경제적 거시 변화에 수반한 대중소비사회 진입과 새로운 가치관을 가진 신세대의 출현, 그리고 정보화와 세계와의 물결 속에서 전통적인 가부장적이고 권위적인 가족주의가 균열을 보이면서 가족이 위기를 맞고 있다. 우리 사회의 가족주의 해체를 보여주는 단적인 지표로서 이혼 현황을 보면, 1990년대 이후부터 2002년에 이르기까지 이혼율이 급증하고 있음을 알 수 있다. 1980년에 전체 이혼이 23,662건수이던 것이 1991년에 49,205건으로 2배를 넘어섰으며, 1996년에는 3배, 1998년에는 4배, 2000년에는 5배, 2002년에는 6배로 급속히 늘어나고 있음을 알 수 있다(〈그림 4.5〉).

〈그림 4.5〉 총혼인과 총이혼 현황

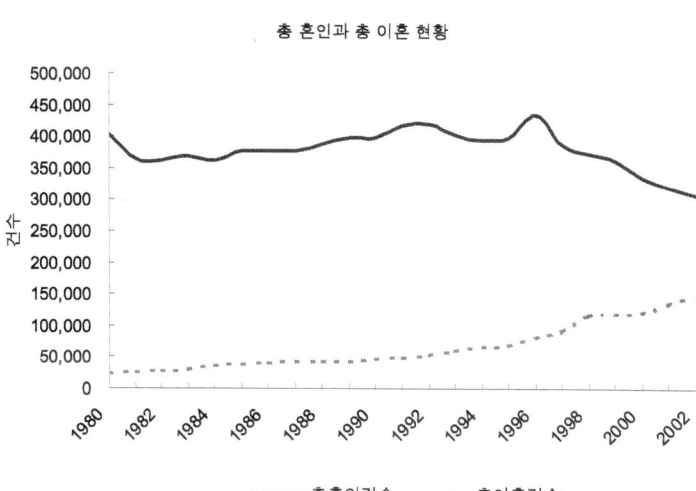

총 혼인과 총 이혼 현황

가족은 사회를 구성하는 가장 기본적이면서 안정적인 조직이라는 점에서
본다면 1990년대 이후부터 급격히 증가한 것으로 나타난 이혼 현황은 기존
사회의 가치관이 균열되면서 나타나는 사회적 혼란을 그대로 반영하고 있음
을 암시한다.

4) 각종 사회적 갈등 만연

1990년대 이후부터 현재까지 한국 사회에는 많은 사회적 갈등이 표출되었으
며 현재에도 커다란 사회적 혼란요인이 되고 있다. 이런 갈등들의 공통된 특
징은 과거 개발국가 시대에서 개발성장지상주의에 의해서 정치적으로 억눌려
왔던 사회적 가치들이라는 점이다. 억압된 가치들이 1987년 민주항쟁 이후
변화한 정치, 경제, 사회적 조건에서 표출되면서 갈등을 야기하는 것이다.

대표적인 갈등으로는 소득분배구조에서 나타나는 계층별 갈등, 개발과 환
경보전 간 갈등, 세대와 성별 차별에서 오는 갈등, 진보와 보수 간 이념 충
돌에서 오는 갈등 등이다.

첫째, 불평등한 소득분배구조로 인한 갈등이다. 1980년대 이후 두터워진 중산층이 1997년 경제위기를 시점으로 줄어들고, 상위층과 하위층이 늘어나면서 사회적 부의 분배가 양극화 현상을 보이고 있다. 이 같은 현상이 심각한 것은 갈수록 부의 불평등한 분배구조가 고착화되면서 다음 세대로 세습되는 경향을 보인다는 점이다. 특히 상류층의 부의 집중과 세습은 재산 상속, 부동산 투기와 같은 지대추구에 의한 불로소득의 성격이 많아 한국 사회의 계층간 갈등을 조장시키고 있다. 또한 빈곤층 역시 구조적인 원인 때문에 다음 세대로 세습되는 실정이다.

우리 사회에 부의 분배와 관련해서 가장 커다란 위화감을 조성하고 있는 것은 부동산 투기에 의한 불로소득이 만연해 있다는 점이다. 2002년 4월 8일자 한국일보에서 당시 김태동 금융통화위원회 위원은 "2001년에 우리나라 전체의 주택과 토지(상업용 건물과 공장 제외) 가격은 2600~3000조 원이었으나 부동산 가격 급등으로 최근 3년간 500~1000조 원이 불어났다"고 말하고, "이는 생산과정에서 취한 소득이 아니므로 불로소득으로 볼 수 있으며 이의 3분의 2가 50만 명 정도의 주택과 토지 소유자에게 돌아갔다"고 지적했다. 반면에 "1995년 우리나라의 종합토지세 징수실적이 1조 3,300억 원이었으나 2001년에도 1조 4,250억 원으로 6년간 겨우 950억 원이 증가했다"고 지적했다.[149] 이와 같이 부동산 등 투기에 의한 자산 증식은 평범한 직장인들의 근로의욕을 감소시킴은 물론 주택가격을 상승시켜 직장인들의 주택마련이 더욱 힘들어짐으로써 사회적 위화감이 조성된다.

지대추구와 불로소득에 의한 부의 분배가 더욱 문제가 되는 것은 부가 세습된다는 점에 있다. 부의 계층별 세습은 교육 분야에서 두드러지게 나타난다. 서울대 학생생활연구소가 2001년도 신입생의 83.2%인 3,775명을 상대로 조사한 결과 아버지의 직업이 기업체 간부나 고위 공직자 등 관리직인 학생이 28.0%이고, 의사·변호사 등 전문직이 23.2%로 이들 두 직종 가

---

149) 한국일보, 2002. 4. 8.

정의 학생이 전체의 절반을 넘었다. 이 밖에 회사원·하위직 공무원 등 사무직은 16.5%, 판매직 9.7%, 서비스직 5.3%, 농어업은 3.5%이다. 또 서울 등 대도시 출신은 77%에 이르는 반면 읍·면 이하 농어촌 출신은 3.2%에 불과했다. 특히 주목을 끄는 것은 서울 출신 학생들이 47.3%에 이른다는 사실이다. 올해 고교졸업생 중 서울 출신은 22.1%다. 서울 출신의 서울대 합격률은 산술적 평균치의 두 배가 넘는 것이다. 화이트칼라 계층과 대도시 출신의 입학률이 지속적으로 증가하고 있는 것은 비단 서울대에 국한된 일은 아닐 것이다. 세칭 다른 일류대학에서도 같은 추세가 나타날 것으로 짐작된다. 이 같은 현상이 일어나는 원인은 사교육비에서 찾을 수 있다. 2002년 사교육비가 7조 원을 넘은 것으로 추산되고 있는데, 고소득계층 자녀들의 서울대 입학 증가는 저소득계층의 사교육기회 불평등에서 비롯된 것이라고 볼 수 있다. 고소득계층이 사교육을 통해 자녀들을 세칭 일류대학에 진학시켜 그들이 다시 고소득계층이 되게 함으로써 '부와 계층의 세습화'를 꾀하고 있는 것이다.150)

부의 분배구조에 기반을 두어서 나타나는 또 다른 문제점은 전문직으로 고소득을 올리는 상위계층의 세금 누락과 상대적으로 적은 복지비용 부담 때문에 국민적인 위화감을 조성하고 있다는 점이다. 현재 직장가입자의 연금보험료는 소득의 9%(본인 부담률은 4.5%)로 지역가입자(7%)보다 높게 책정돼 있다. 9월 말 기준 국민연금의 지역가입자는 995만 명, 직장가입자는 687만 명이다. 연금관리공단과 건강보험공단이 올 국회 국정감사에 제출한 자료에 따르면 의사, 변호사 등이 국민연금을 낼 때 신고한 소득과 건강보험에 신고한 소득은 2~3배 차이가 난다.151)

국민연금과 건강보험의 체납에서 지역가입자 중 중상위층의 체납이 만성화되어 있어 직장가입자들의 불만이 고조된 상태다. 지역가입자의 체납상황을 보면 건강보험의 경우 지역가입자 중 3개월 이상 체납은 8월 말 현재

---

150) 대한매일, 2001. 8. 6.
151) 동아일보, 2003. 11. 14.

152만여 가구로 전체 지역가입자 874만 가구 중 17%에 달한다. 지역가입자의 총 체납금액은 8,300억여 원에 달하는 반면에 직장가입자 체납은 1,400억 원에 불과하다. 체납가구 중에서 전체 가구의 25%를 차지할 만큼 중상위층에서도 체납이 만성화되어 있다. 국민연금의 경우도 사정은 마찬가지다. 국민연금 체납자 중 중산층과 고소득자의 체납이 적지 않아 연금재정을 어렵게 하고 있다. 월 소득 360만 원 이상 고소득자의 납부율은 91%로 고소득자 가운데 10%는 연금보험료를 내지 않고 있다. 특히 의사, 변호사 등 전문직 종사자도 전체 가입자 3만 7,546명 가운데 4,556명이 3개월 이상 체납했다. 또 200만 원 이상의 지역연금가입자의 보험료 납부율도 90%에 머무는 등 중상위계층의 보험료 체납이 적지 않다.152)

둘째, 1990년대 들어서 두드러지게 나타난 갈등 중의 하나가 경제개발과 환경보전 간 갈등이다. 1980년대 후반부터 시민들의 환경의식이 고양되면서 환경운동단체의 활동이 시작되었으며, 때마침 1992년 리우 환경정상회의 개최 이후에 등장한 지속가능개발 이념이 국내 환경운동 활성화에 큰 영향을 주었다. 이로써 대규모 개발사업의 추진과정에서 사업을 추진하는 정부와 이를 저지하려는 지역주민 간에 정면대결과 그로 인해 빚어지는 대규모 갈등이 곳곳에서 벌어지게 되었다. 1990년대 초에는 주로 핵발전소 관련 갈등이 많았다. 1990년에는 안면도 반핵투쟁이 있었다. 은밀히 추진하던 안면도 핵폐기장 건설을 주민 2만여 명이 반핵투쟁을 전개하여 핵폐기장 건설계획을 백지화시켰다. 1994년에는 경기도 옹진군 덕적면 굴업도의 핵폐기장 반대 운동이 있었다. 환경단체와 지역주민들이 중심이 되어 굴업도 핵폐기장 부지선정 무효화 운동을 벌인 결과 계획이 백지화되었다. 그리고 다음으로는 소각장과 같은 환경혐오시설 건설과 관련한 소위 님비현상이다. 서울시 노원구를 비롯한 각 자치단체별 소각장 건설 추진에서 발생한 지역주민과 자치단체 간의 갈등으로 인해서 소각장 건설이 철회되거나 규모가 축소되었다. 또

---

152) 한국일보 2003. 11. 10.

한 대규모 국가주도의 개발사업에서 지역주민과 환경단체들의 반발로 인해서 차질을 빚었다. 동강댐 건설 반대운동(1999), 새만금 간척사업 반대운동(1999~2003), 서울 외곽순환도로 관련 북한산 관통로 반대운동, 고속철도 공사와 관련한 부산 금정산 터널 공사 반대운동(2003) 등이 일어나 정부가 추진하는 개발사업을 전면 철회하거나 수정하는 등의 갈등을 빚었다.

셋째, 1990년대 나타난 갈등 중에서 사회문화적으로 나타난 주요한 현상은 세대간, 그리고 남녀 성별간에 나타난 갈등양상이다. 국제적으로 냉전 이데올로기 해체, 정치적으로 민주화의 진전, 경제적으로 대중소비사회 진입, 사회문화적으로 신세대의 출현 등에 의해서 기성세대와 신세대 간에 세대 갈등을 야기하였다. 신세대는 기성세대의 권위주의에 항거하면서 가정에서는 부모에 대한 반항, 직장에서는 상사에 대한 불복종, 대학에서는 후배들의 선배에 대한 예우 무시 등으로 나타나 유교전통의 장유유서 질서를 교란시켰다. 뿐만 아니라 여성운동이 본격화되면서 지금까지 남성의 권위와 남성 위주의 사회적 질서 속에서 일방적으로 억압받아 왔던 여성들의 대사회적 발언이 강화되면서 각 분야에서 성 갈등을 야기하였다. 취직에서의 성차별, 직장 내 성차별적인 승진, 직장 내 상사와 대학교의 선배 혹은 교수와 여학생 간의 성폭력 사건 등이 빈번해지면서 사회적 갈등요인이 되고 있다.

넷째, 이념적으로는 남북한 관계와 미국을 보는 시각을 기준으로 한 진보와 보수 간 갈등이 증폭되었다. 1987년 민주항쟁에 의한 정치적 민주화의 진전은 과거 냉전 이데올로기의 안보 논리에 억눌렸던 진보진영의 이념 표현이, 문민정부와 국민의 정부를 거치면서 정치에서는 물론 사회문화 차원에서도 자유롭게 진행됨으로써 감춰졌던 보수와의 갈등이 표면화되었다. 특히 국민의 정부가 핵심 정책을 추진한 '햇볕' 정책은 보수와 갈등 구조를 첨예화시킨 계기가 되었으며, 미 장갑차에 의한 한국 여중생 사망사건, 북한 핵 개발 문제, 이라크 파병 문제 등과 관련해서 사회적 갈등을 야기하고 있다.

1990년대에 발생한 이와 같은 일련의 사회적 갈등 등은 과거 개발성장지상주의에 기반을 두었던 개발국가에서는 나타나지 않고 잠재해 있던 갈등들이다. 사회 전반이 가난한 사회에서 누구나 성실하게 최선을 다하면 중산층이 되면서 잘살 수 있다는 희망이 있었으며 부와 빈곤은 구조적으로 세습되지 않았다. 이런 상태에서 계층간 갈등과 위화감이 표면화되지 못했다. 국가가 수행하는 대규모 사회기반시설 건설은 잘살아 보자는 시대정신에 의해 공공차원에서 수행하는 사업이라는 인식을 같이함으로써 환경보전에 대한 요구는 원천적으로 제기할 수 없어서 개발과 보전 간의 갈등은 존재할 수 없었다. 또한 고도경제성장을 달성하는 과정에서 사회 전 구성원이 산업의 역군으로서 매진하던 개발국가 시대에서는 세대간과 성별간의 갈등 또한 표면화될 수 없었다. 특히 진보와 보수 간의 갈등은 과거 개발국가 시대에는 용납할 수 없는 사회적 명제였다. 개발국가는 경제력과 국가안보라는 두 바퀴에 의해 굴러왔다고 할 수 있을 만큼 안보와 경제성장 간에 상호 강화되는 피드백에 의해서 유지되어 왔다. 이와 같은 사회적 갈등들이 1990년대의 정치, 경제, 사회문화적 상황의 변화 속에서 중요한 사회적 갈등요소로 표출되기에 이른 것이다.

제3절
경제·사회의 거시 변동

1. 거시 변동의 경제적 요인

1) 수출경제에서 내수경제로 변동

1987년 민주항쟁 전후의 변동내용 중에서 가장 두드러진 특징은 경제구조가 대량생산체제에서 대량소비체제로 거시적인 변화를 보인 점이다. 이 같은 변화를 서익진은 1960년대 초부터 1980년대 중엽까지는 '개발 독재 발전 모델' 그리고 그 이후 1997년 경제위기 발발까지는 '한국적 포디즘'이 작동한 것으로 본다(서익진, 3). 한상진(1995: 265)과 정강용(1997: 76)은 1980년대 말까지를 포드주의적 대량소비의 시대이고, 1990년대 이후에는 탈포드주의적 소비가 싹튼 시기로 판단하고 있다.

1980년대 중반 이전까지 한국 경제는 생산원료를 수입해서 이를 가공 제품화하여 해외시장에 판매하는 수출주도경제였다. 제품의 수출은 1960년대 후반에는 경공업 중심으로 이루어지다가 1970년대부터는 중화학공업의 집중 육성을 통해서 중화학제품의 수출을 대폭 확대해 나갔다. 이런 과정에서 부족한 자본은 외국으로부터 공공차관, 상업차관, 금융기관차입, 민간기업채권 그리고 직접투자의 방식으로 해결하였다.

외국에서 도입한 자본은 공공차관과 직접투자를 제외하고는 한국 경제에 있어서 무역역조와 채무상환능력에 대한 우려를 낳았고 이를 해결하기 위한 수단으로서 외화 획득을 위한 강도 높은 수출전략이 취해졌다. 당시 한국의 제품이 국제시장에서 비교 우위를 점할 수 있는 조건은 품질이 아닌 가격 경쟁이었다. 제품가격을 싸게 유지할 수 있었던 것은 저임금 노동력과 환경희생이 있었기 때문이다. 정부는 가격 경쟁력을 유지하기 위해서 도시 물가 안정을 중요한 경제정책으로 추진하였다. 이를 위해 공공요금 인상 억제, 농산물 저가격정책 등을 중요 정책으로 실시하였다. 뿐만 아니라 1980년대까지 산업의 환경규제가 이루어지지 않은 상태였으며 기업의 환경오염방지투자 또한 거의 미미한 수준이었다.

이와 같이 정부의 주도적인 물가안정정책과 의도적인 환경관리소홀 정책은 노동자들의 임금상승 요인과 함께 생산비용 상승요인을 감소시켜 국제시장에서의 한국 제품의 가격 경쟁력을 유지시켜 주었다. 이와 같은 자본의 해외 차입과 수출주도 경제구조는 국내 소비는 위축시켰다. 내수시장 위축은 고저축률로 이어져 결국 산업에 대한 고투자율로 귀결됨으로써 차입-수출 경제구조의(서익진) 사이클은 활발히 작동하게 되었다.

〈그림 4.6〉 고도성장을 가능하게 했던 높은 투자와 저축률

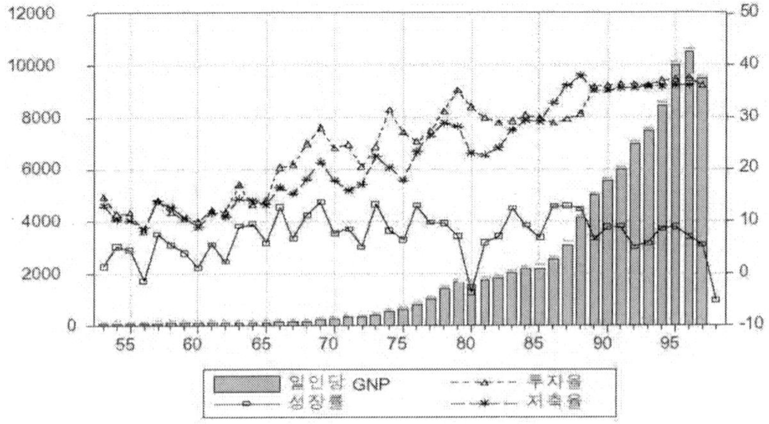

자료: 전영재, 1998, p.2.

하지만 이와 같이 해외 차입과 저임금을 기초로 한 수출경제를 두 축으로 성장을 거듭하던 한국 경제구조가 1987년 민주항쟁을 시점으로 크게 변화하였다. 변화의 촉발은 민주항쟁 이후 높아진 노동자 임금이었다. 전 산업의 명목임금을 보면, 민주항쟁이 발생한 1987년도 임금은 1980년 임금의 2.2배가 상승했다. 다시 1987년도 임금을 기준으로 할 때 1992년에는 1987년도 임금의 2.2배가 상승했으며, 1995년에는 3.1배, 1999년에는 4.1배를 넘어서서 2001년에는 4.7배에 달했다(〈그림 4.7〉).

〈그림 4.7〉 산업 명목임금 추이

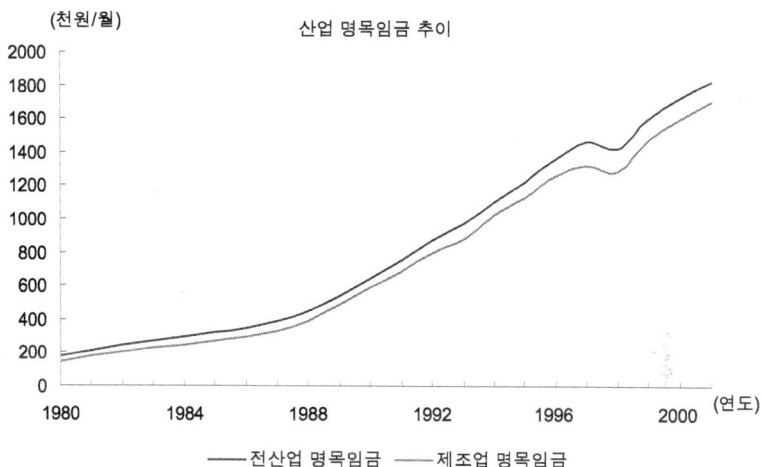

산업 명목임금 추이

(천원/월)

———— 전산업 명목임금　———— 제조업 명목임금

〈그림 4.8〉 소비지출 증감 추이

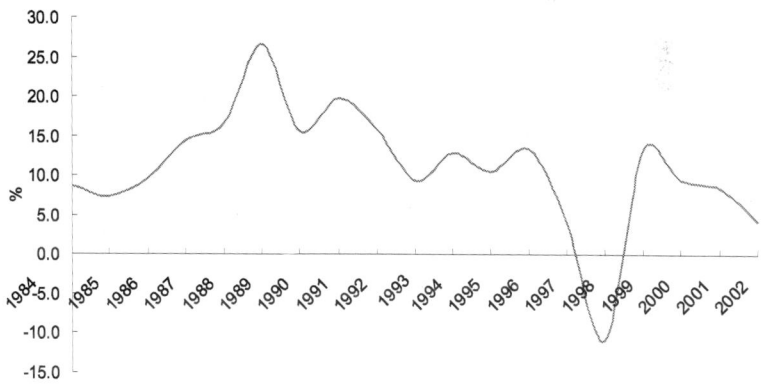

소비지출 증감 추이

임금상승으로 인해 도시 근로자의 소득증가는 가계소비지출로 이어져 내
수시장에서의 구매력이 크게 증가하였다. 도시가계연보를 토대로 도시가계
비 지출규모를 보면 1986년까지 7~9% 성장을 보이던 것이 1987년에

14.5%, 1989년에는 26.7%까지 폭발적으로 증가하였다. 이와 같은 증가추이는 1992년까지 15% 이상 지속되었으며, 1996년까지 10% 이상의 수준으로 유지되었다. 이와 같은 소비지출 규모의 증가는 내수시장을 양적으로 팽창시키는 결과를 낳았다.

소비지출 규모는 소비구조에도 변화를 가져왔다. 도시 근로자 소비규모를 가계 지출항목으로 구분하면 식료품, 주거, 광열·수도, 가구집기사용품, 피복 및 신발, 보건의료, 교육, 교양오락, 교통통신, 기타 소비지출, 비소비지출, 기타 지출의 총 12개 항목이 있는데, 이 중에서 최고의 소비 증가율을 보인 것이 개인 교통비용이다. 개인 교통비용은 1984년에 비해 1990년에는 23배로 증가하였으며, 1995년에 이르러서는 112배로, 그리고 2001년도에는 210배로 엄청나게 증가하였다(〈그림 4.9〉). 이 지출항목은 승용차 보유와 관련된 비용으로서 1990년대에 우리 사회에 승용차가 폭발적으로 보급되었음을 알 수 있다.

〈그림 4.9〉 개인 교통비용 지출

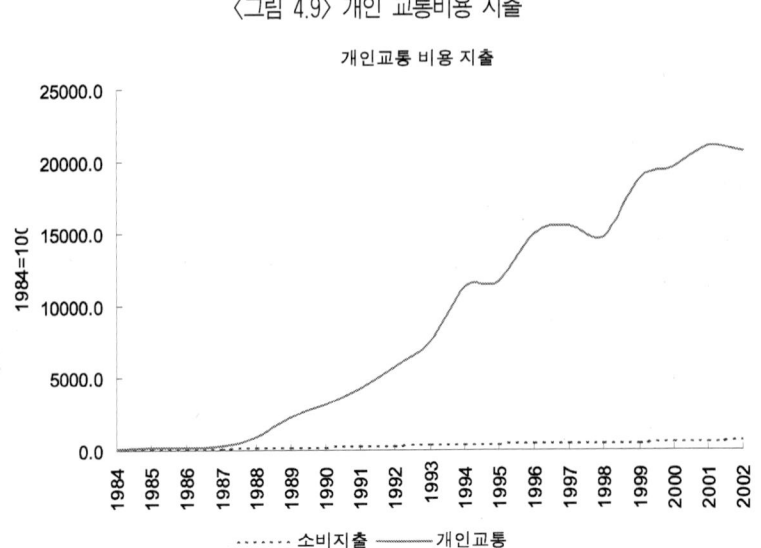

개인교통 비용 지출

이 외에도 식료품 중 외식비, 교양오락비용, 교통통신비용 중에서 통신비용 그리고 이·미용 및 화장품비용 등이 포함되어 있는 기타 소비지출 항목들은 전체 소비지출 증가율을 크게 앞질러 이들 품목들이 1990년대 대중소비사회 형성을 주도하였음을 알 수 있다. 이 중 가장 큰 증가추이를 보인 것은 외식비용이다. 외식비는 1985년에 비해서 1990년에 4.3배가 증가하였고, 1995년에는 11.2배, 그리고 2000년도에는 22배를 넘어서면서 기록적인 증가를 보였다. 다음으로 가파른 증가를 보인 것은 통신비용이다. 통신비용은 1990년대 초반부터 증가세가 두드러지게 나타나다가 1999년에는 1985년 대비 12배가 증가하였고, 2001년부터는 20배를 넘어섰다(〈그림 4.10〉).

〈그림 4.10〉 평균 소비지출 규모를 초과하는 항목들

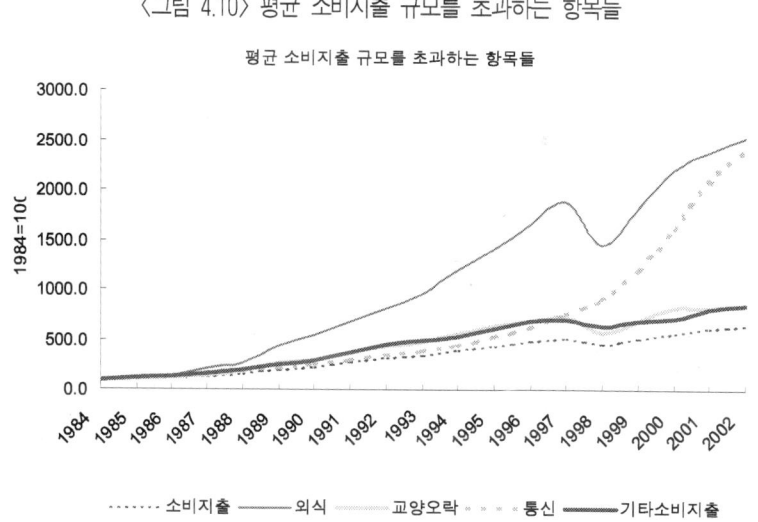

소비지출 항목들은 주로 대중소비사회를 촉진시키는 제품 및 서비스들로서 1990년대부터 신세대의 출현과 함께 폭발적으로 증가한 대중문화산업과 외식, 여가 등 생활양식의 변화에 따른 결과로 보인다.

이와 같이 내수시장이 양적 질적으로 급속히 성장하면서 1987년 이전까
지 차입과 수출경제의 사이클 구조에서 성장의 동력을 찾던 한국 경제구조
가 내수시장에 기반을 두는 경제구조로 탈바꿈하게 되었다. 동시에 제조업
이 1992년을 기점으로 전체 산업비중에서 감소되고 서비스비중이 크게 증
가하였다.

〈그림 4.11〉 국민총생산의 산업별 비율

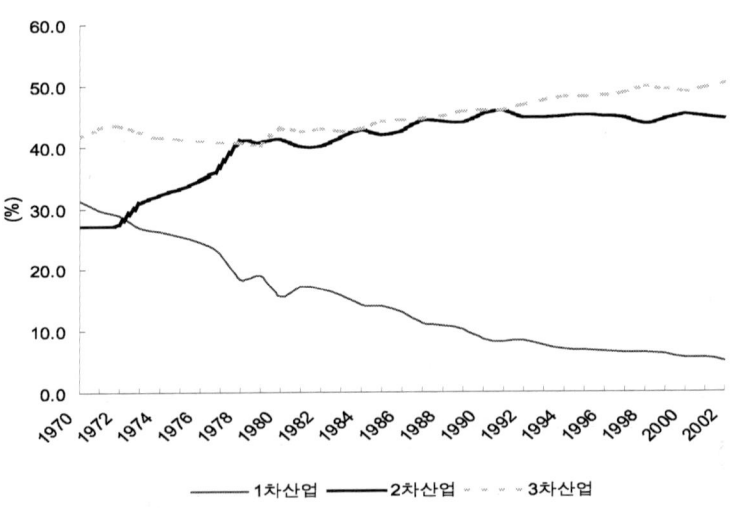

국민총생산의 산업별 비율

2) 대중소비사회의 기반 형성

1990년대 한국 경제의 거시적 흐름의 한 특성으로 중요한 것이 대중소비
사회로 진입했다는 점이다. 대중소비사회란 의식주가라는 생활양식 전반에
걸쳐서 제품과 서비스를 생계를 위한 필요와 쓰임새로서만 소비하는 차원을
넘어서서 그 제품에 내재해 있는 사회적인 기호(의미와 상징)를 소비하는
사회를 의미한다. 따라서 대중소비사회로 진입했다는 것은 단순히 소비의
규모가 확대해서 발생하는 것이 아니라 사회문화적인 기반이 물리적인 측면

과 가치관적인 측면 모두에서 새롭게 형성됨으로써 가능한 것이다.

1990년대 한국 경제 동력의 조건이 수출에서 내수로 변화한 것이 단순히 소비자의 구매력 증가를 의미하는 것이 아니라 대중소비사회가 형성되었다고 하는 이유는 1990년대부터 대중소비를 가능하게 했던 사회적 기반이 형성되었기 때문이다. 대중소비사회의 사회적 기반은 다음 네 가지 차원에서 논할 수 있다.

첫째, 백화점, 편의점, 패스트푸드점, 할인점, 체인점 등과 같이 소비공간이 크게 증가하였다. 대중소비사회의 기반으로서 소비공간의 확장은 1980년대 유통산업 정착153)과 1990년대 유통산업 성장 및 변혁기154)를 거치면서 완성되었다. 1980년대는 유통산업근대화 촉진법(1980), 독점규제 및 공정거래에 관한 법률(1980), 소비자보호법(1986), 도소매업진흥법(1986) 등과 같이 유통산업 정착을 위한 제도가 완비되었다. 이로써 1980년대부터 전문백화점, 상설할인매장이 등장하기 시작하였으며, 특히 1988년 올림픽을 시점으로 본격화되었다. 이와 같이 유통산업의 제도적인 기반이 정착된 1980년대를 지나 1990년대에 들어서면서 소득수준 향상과 소비패턴의 변화에 의해서 대중소비가 본격화된 것이다. 1990년대에는 대기업의 유통업 신규진입을 확대하였고, 유통시장을 단계적으로 개방하여 외국 유통업체의 진출이 증가하였다. 백화점의 다점포화가 진척되고, 양판점, 할인점 등 새로운 업태의 대형 판매시설이 등장하기 시작했다. 1990년대 특히 주목할 만한 현상은 편의점이 크게 증가하였다는 점이다. 1994년도에는 도소매업진흥법이 전면 개정되면서 도소매업 점포 개설의 허가요건을 완화해 줌으로 물류 활동을 지원하는 근거가 마련되었다. 이어서 1996년에 이르러 유통시장은 전면 개방되기에 이르렀다(전상우, 비교사법, 제2권 2호, 통권 3호).

소비공간이 구체적으로 조성된 현황을 보면, 먹는 시간을 단축시킴으로써 시간에 쫓긴 도시민들의 조급함과 편리함을 충족시키면서 가정 중심의 식문

---

153) 전상우, 비교사법, 제2권 2호, 통권 3호, p.23.
154) 전상우, 비교사법, 제2권 2호, 통권 3호, pp.24~25.

화에 큰 변화를 가져온 패스트푸드점은 1979년도에 처음 등장하여 1980년
대에 확산되다가 1992년에 이르러 정착되었다. 소비시간을 24시간까지 확
장시킨 편의점은 주로 1980년대 중반 이후부터 1990년대 상반기에 걸쳐서
집중적으로 진출하였다. 생산자와 소비자 간 유통단계를 혁신하여 제품의 가
격파괴를 몰고 옴으로써 유통혁명을 일으켰던 할인점은 1995년 이후 집중
적으로 등장하였다(〈표 4.2〉).

〈표 4.2〉 소비공간 확충 현황

	패스트푸드점	편의점	할인점
1980년 이전	롯데리아(79)		
1980-1985	아메리카나(80) 버거킹(84) 웬디스(84) 버거잭(84)		
1986-1989	맥도날드(88) 조아저씨(88)	세븐일레븐(89) 로손(89)	
1990-1994	하디스(90) 서브웨이(92) 화이트캐슬(92)	미니스탑(90) 훼미리마트(90) LG24시(90) 바이더웨이(91) 서클K(91) AMPM(91) 사파메트로(91)	이마트(93)
1995년 이후			킴스클럽(95) 까르푸(96) 하나로 클럽(96) 홈플러스(97) 롯데마트(마그넷)(98)

둘째, 자동차, 핸드폰, 인터넷 등과 같이 발달된 교통통신수단이 대중화
됨으로써 소비와 접촉 가능성이 증가하였다. 승용차는 1981년에 68명당 1대

비율로 보급되다가 1980년 후반부터 급증하기 시작하여 1991년에는 10.2명 당 1대 비율로, 그리고 2001년 현재에는 3.7명당 1대 비율로 보급되었다. 승용차는 장거리 이동 속도를 줄이고 가족나들이에 적합한 교통수단으로서 1990년대 가족의 여가문화 활성화에 큰 기여를 하였다.

〈그림 4.12〉 승용차 1대당 인구

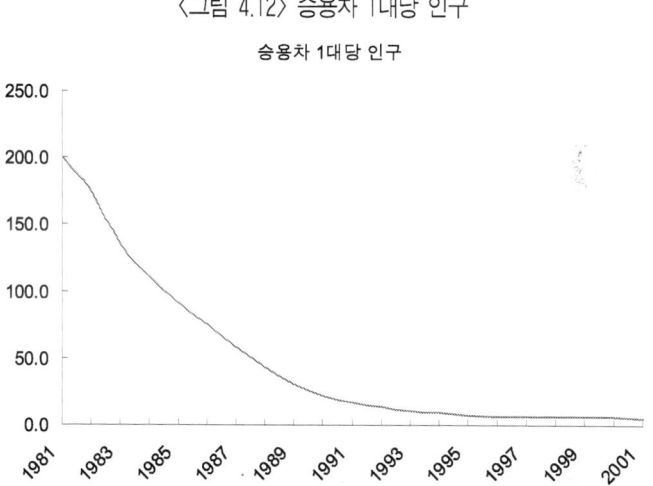

다음으로 소비와 접촉을 높여주는 매체로서 개인용 컴퓨터를 들 수 있다. 컴퓨터는 1980년대 후반에야 개인들에게 보급되기 시작했으나 이후 증가가 폭발적으로 일어남으로써 정보사회를 주도하였다. 1989년을 기준으로 할 때 1992년에 2배로 증가했으며, 1994년에는 4배, 1999년에는 6배, 그리고 2000년에는 10.4배까지 증가하였다(〈그림 4.13〉).

〈그림 4.13〉 총PC 보급 대수

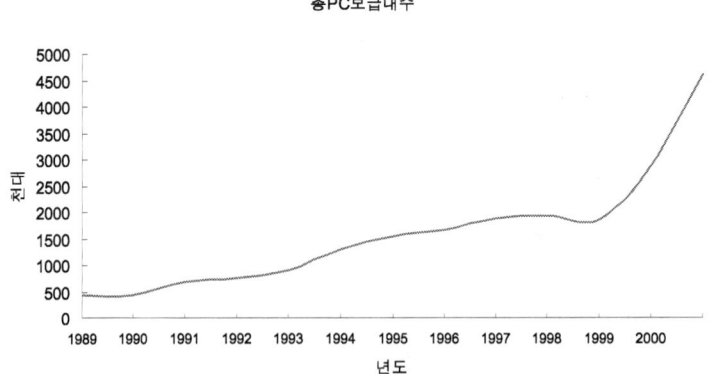

컴퓨터의 보급이 확대되면서 PC통신 가입자 수와 인터넷 가입자 수가 폭발적으로 증가하면서 정보 인프라가 빠르게 대중화되었다. PC통신은 1987년 처음 가입자가 226명이던 것이 1991년에는 34,463명, 그리고 10년 만인 1997년에 3,117,553명으로 증가하였다. 2002년 현재는 가입자 수가 16,453,110명에 이르고 있다. 초고속 인터넷 가입자 수는 2000년에 3,870,293명으로 시작하여 2002년 현재에는 10,405,486명에 이르러, 인터넷 1천만 시대에 진입하였다(〈그림 4.14〉).

이동전화 가입자 수는 1984년부터 1987년 이전까지는 차량에 부착해서 주로 사용하여 7천여 대에 머물다가 1987년 이후부터 개인사용이 늘어나면서 1990년에는 8만 대 그리고 1987년 이후 10년 만인 1997년에 6,828,169대가 보급되었다. 2002년 현재에는 32,342,493대가 보급되어 일상화되었다(〈그림 4.14〉).

〈그림 4.14〉 이동전화, PC통신, ADSL 보급 현황

이동전화, PC통신, ADSL

········ 이동전화 가입자수 ———— PC통신 가입자수 ———— 초고속 인터넷 가입자수

이와 같이 컴퓨터 통신과 인터넷의 보급은 가상공간에서 상거래가 이루어지는 새로운 소비시장을 창조해 냄으로써 대중소비의 차원을 높였다. 이동전화와 같은 통신수단의 획기적인 발전 역시 소비와의 접촉빈도를 높여주는 매체가 되었다.

셋째, TV방송, 영화, 비디오, 음악 비디오 등과 같은 영상매체의 발달로 소비를 조장하는 수단이 강화되었다. 영상매체에 담기는 衣·食·住·暇의 일상적인 생활양식은 화려하고 소비적인 요소들로 가득함으로써 소비자들의 현재의 일상을 항상 허기지게 함으로 보다 물질적으로 풍요한 삶으로의 비상을 꿈꾸게 하는 소비욕망을 부풀리는 데 크게 기여하였다. 이와 같은 대중영상매체는 대중문화산업의 사회적 기반으로서 정부 차원에서 새로운 산업으로 집중 투자하기에 이르렀다. 정부의 문화관광부의 예산 중에서 문화부문의 예산 증가추이를 보면, 1990년대 초반부터 급증하기 시작하여 1990년대 말에 이르러서는 폭발적으로 증가하고 있음을 알 수 있다. 1981년에 문화부문 예산이 14,284(백만 원)이던 것이 1991년에는 11.7배가 증가한 123,845(백만 원)으로, 그리고 2001년에는 무려 73.2배가 증가한

1,045,793(백만 원)에 이르렀다(〈그림 4.15〉).

〈그림 4.15〉 문화부문 예산

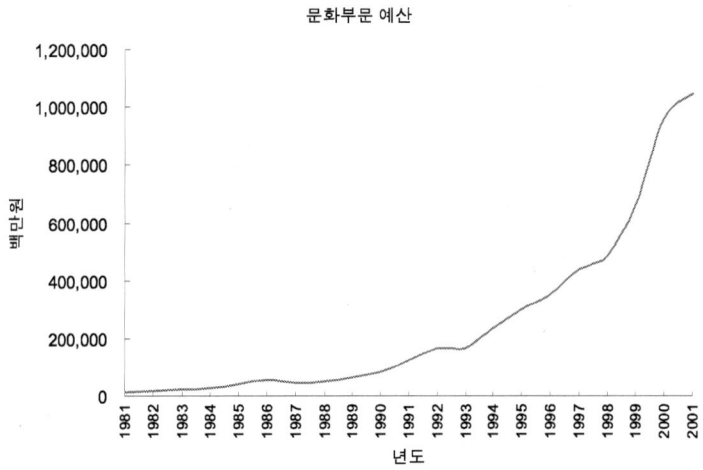

〈그림 4.16〉 대중문화산업별 창업 사업체 현황

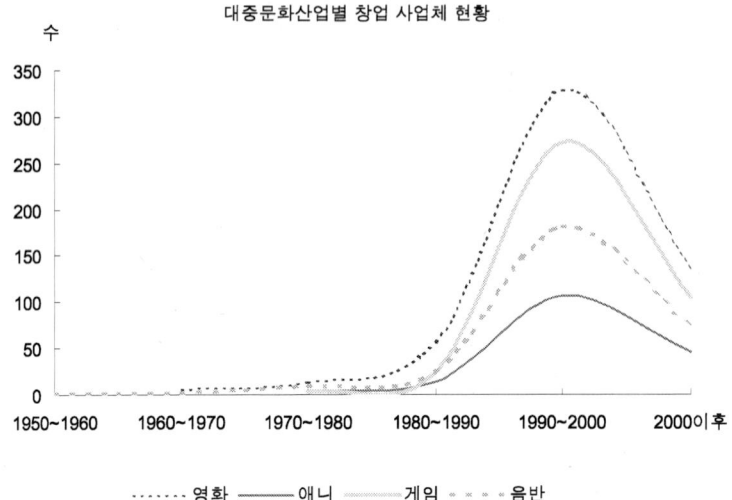

대중문화산업의 창업 사업체 현황을 보면, 1990년대에 대중문화에 대한
소비가 폭발적으로 증가했음을 알 수 있다. 영화, 애니메이션, 게임, 음반 시
장으로 구분하여 살펴보면 1990년대부터 2000년 사이에 주로 창업이 집중
되었으며, 영화와 음반의 경우 100만 장 돌파 시대를 열었다(〈그림 4.16〉).

넷째, 1980년대부터 신용카드 사용이 보편화되고 할부판매 방식이 촉진
됨으로써 소비방식이 매우 편리하게 바뀌게 되었다. 신용카드 사용이 얼마
나 보편적으로 이루어지고 있는지를 알 수 있는 이용금액 수치를 보면,
1995년에 약 51조 원이던 것이 1999년에는 90조 원으로 늘었으며, 2001
년에는 305조에 이르렀다(〈그림 4.17〉).

〈그림 4.17〉 신용카드 이용금액 현황

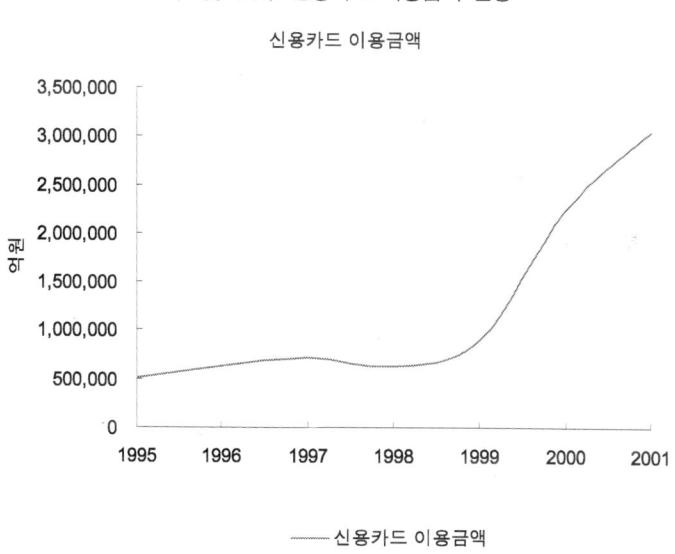

── 신용카드 이용금액

3) 경제의 세계화와 디지털 경제구조 대두

1990년대 이후 한국 경제에 나타난 두드러진 변화는 경제의 개방화다. 한
국은 1980년대 후반부터 경제개방이 대폭 확대되면서 수입자유화율이 1988

년에 95.4%에서 1997년에는 99.9%로 높아졌다. 자본자유화도 급속히 진전되어 외국 자본이 국내 투자는 물론 국내 기업의 해외직접투자도 자유화되었다.

선진국 주도로 이루어지고 있는 경제의 세계화 전략은 글로벌 차원의 경영을 확대시켜 기업 내의 국제분업을 촉진시키고 있으며, 또한 금융의 국제화를 꾀하고 있다. 금융의 겸업화, 대형화, 증권화가 이런 맥락에서 추진되고 있으며, 금융제도의 측면에서는 금융거래기준 등을 국제적 수준으로 요구하게 된다(KDI, 51). 1990년대 이후의 한국 경제는 신자유주의 이념에 기초하여 이와 같은 국제적 흐름에 적극적으로 동참하고 있다. 따라서 한국 경제는 이제 개발국가 시대의 국민경제권역을 넘어서서 세계권역에 이미 편입되었다.

경제의 세계화와 함께 1990년대 한국 경제를 전혀 새로운 차원으로 전개하게 하는 변화가 디지털 경제다. KDI는 2011년 한국 경제를 전망하면서, 디지털 경제가 두 가지 면에서 기존 경제를 근본적으로 혁신시킨다고 내다보고 있다.

첫째, 정보화에 의한 경제사회구조 변화다(KDI, 59). 정보화의 진전은 소프트 파워 시대를 가능케 했으며, 합병과 제휴의 촉진, E-랜서(전자적으로 연계된 자유계약자) 활동의 촉진, 소비자·정보·중심형 유통혁명의 전개, I. S. D. N 산업(재미 Interesting, 안전 Safe, 디지털 Digital, 자연 Natural)의 급속한 성장 등으로 인해서 수평적인 네트워크형 경제구조를 형성시키고 있다(KDI, 59). 이와 같은 경제구조로 인해서 광역화와 분권화되는 사회구조가 형성되고 있다. 기업과 일반소비자 간(B to C: Business to Consumer), 기업과 기업 간(B to B: Business to Business) 전자 상거래가 급속히 확산됨에 따라서 재래식 유통구조가 쇠퇴하고 인터넷으로 상품을 구매하는 텔레쇼핑과 텔레마케팅이 확산되었다(KDI, 61). 도시 전체가 분산형 시스템으로 발전하는 컴퓨터 사회로 바뀌고 있으며, SOHO(Small Office Home Office)와 정보서비스산업이 급속도로 발전하고 있다(KDI, 62).

둘째, 기술혁신의 가속화다. 컴퓨터와 네트워크의 발달과 함께 수반되는 바이오 테크, 나노 테크 기술혁신은 기술경제 패러다임을 근본적으로 변혁시킴으로써 기존 경제구조를 변혁시키고 있다. 디지털 기술이 공급 차원에서는 기업생산, 판매, 조달 등에 활용되면서 기존 공급방식이 변화하면서 기업조직과 산업구조 변화를 동반하고 있으며(KDI, 64), 수요 차원에서는 소비행태의 시장구조 변화를 초래함으로써 기업, 시장, 소비자가 네트워크로 연결되어 상품 정보를 신속하게 확산시킴으로 생존을 위한 아이디어와 속도경쟁이 가속화되고 있다(KDI, 65).

이와 같이 1990년대 이후에 가속화되고 있는 경제 세계화와 디지털화는 기존 경제구조를 근본적으로 변혁시키는 거시적 흐름으로 작용함으로써 이미 개발국가 경제구조와는 전혀 다른 차원의 경제구조로 전환되었다고 볼 수 있다.

2. 거시 변동의 사회문화적 요인

1) 세대교체와 주류세력의 변화

1990년대에 한국 사회는 가치관에 일대 변화가 일어난 시기로 특징지을 수 있다. 가치관 변화를 주도한 것은 신세대의 출현이다. 한국 사회의 특징을 설명하는 의미로서 신세대라는 용어는 한국일보에서 1988년 중반부터 1989년 후반까지 16개월간 기획 연재한 '신세대: 그들은 누구인가'라는 기사에서 처음 선보였다. 하지만 당시 신세대 열풍은 불지 않았으며, 본격적으로 신세대가 언론매체를 통해서 일상적으로 등장하기 시작한 시기는 김영삼 정부의 출범과 궤를 같이한다. 1992년 말 대선 전후 김영삼 정부에서 기존 정부와의 차별화를 위해서 신한국, 신경제, 신농정 등의 용어를 사용하기 시작했고, 이 '新'이라는 개념이 이후부터 언론과 기업이 방송과 광고 등에서 활용하면서 신세대 용어가 대중적으로 사용되기 시작했다(박재흥, 294). 이후 신세대라는 개념은 1993년부터 대중매체를 통해서 급속히 확산되면서 1990년대 사회변화를 설명하는 핵심 키워드가 되었다.

당시 신세대는 구세대에 대한 이유 있는 반항을 통해서 부각되면서, 한편에서는 버릇없고 이기적이라는 비판과 함께 다른 한편에서는 개성과 주관이 뚜렷하고 적극적이라는 긍정적인 평가가 갈리면서 사회적 논란을 불러일으켰다. 인구학적으로 볼 때 신세대는 당시 10대 후반부터 20대 초반에 이르는 연령대를 말하며, 학력으로는 고등학생과 대학생이 이에 해당한다. 하지만 세대란 단순히 인구학상 젊은 세대를 일컫기보다는 '특정 기간 내에 주요 생활사건을 공통적으로 체험한 사람들'이라는 의미의 동기집단을 말한다.[155]

신세대의 실상을 보다 구체적으로 말하면, 신세대는 1988년부터 출현하여 1993년에 폭발적으로 등장하면서 이후부터 X세대로 분화되어 나갔다. 또한 신세대 확산은 서울지역의 중산층 자녀들을 중심으로 주도되었으며, 당시 젊은 세대의 약 30% 정도만 자신들이 신세대임을 인식하고 있었다. 1995년 도종수가 서울을 중심으로 한 수도권 지역의 고등학생과 대학생 1,112명(남자 51%, 여자 51% / 고등학생 54%, 대학생 46%)을 대상으로 실시한 설문조사에 의하면, 응답자 중 39.2%만 자신이 신세대라고 진단하고 있으며, 40.1%는 잘 모르겠다고 하였다.[156] 하지만 당시 일부이긴 하지만 신세대의 등장은 사회 전반에 걸쳐 커다란 반향을 일으키면서 젊은 세대에 한정한 의미를 넘어서서 신세대 주부, 신세대 직장인, 신세대 여성, 심지어는 신세대 할머니까지 등장하는 상황에 이르게 된다. 이 같은 현상은 당시 새로움에 대한 우리 사회의 잠재된 갈망이 매우 강했음을 반증하는 것이다.

당시 신세대 등장이 일시적 현상이 아니라 한국 사회 사회변화를 설명할 수 있는 힘을 갖게 된 배경에는 한국 사회를 구성하고 있는 세대구조의 변화가 있다. 신세대의 부모들은 해방과 한국 전쟁 사이에 출생한 세대다. 1950

---

155) 주은우, 1994. 봄, 90년대 한국의 신세대와 소비문화. 통권 제21호, p.75.
156) 도종수, 1995 봄, 신세대의 특성이해를 위한 의식조사 연구, 한국청소년연구, 제20호, p.144.

년대에 어린 시절을 보내면서 전쟁을 경험했으며, 1960년대 보릿고개 시절
에는 한창 성장할 시기인 청소년기를 보냈다. 1970년대부터 1980년대 사
이에는 조국 근대화의 일꾼으로 산업현장에서 한국 경제의 고도성장을 이끈
주역이었다. 그리고 장년의 나이로 1987년 민주항쟁 시기를 거치면서 1990
년대에 대중소비사회라는 새로운 사회적 상황에서 기성세대라는 이름으로 신
세대와 맞닥뜨리게 된 것이다. 신세대는 산업화가 본격화된 1970년대 초반
근대화 일꾼의 자식으로 탄생하여 어린 시절을 보냈으며, 1980년대 이후부
터는 고도성장 열매의 혜택을 누리면서 1980년대 말과 1990년대 초반에 고
등학생과 대학생이 되었다.

부모세대들이 통과한 한국 현대사는 식민지의 잔재, 봉건적인 사회체제의
온존 상황에서 절대적인 빈곤을 해결하기 위해서 '잘살아 보자'를 시대정신
으로 한 시기였다. 신세대가 이유 있게 반항하는 기성세대들의 가치관, 즉
유교적 전통인 권위주의적, 복종적, 집단적 가치관은 이러한 역사적 상황에
서 형성된 것이다. 반면에 신세대는 물질적인 풍요와 함께 어려웠던 과거를
자식들에게 물려주지 않으려는 부모세대들의 노력 덕분에 자유롭고, 발랄하
고, 자기주장이 강한 세대로 성장하였다. 또한 신세대는 컬러TV, 영화, 비
디오와 같은 영상매체를 통해 정보를 획득하고 인식능력을 키워온 세대로
서[157] 감성적, 감각적, 자기 표현적, 옳고 그름이 아닌 좋고 싫음의 선호 판
단적 가치관을 가지고 있다.[158] 이런 배경 속에서 성장한 신세대는 권위주의
체제에 익숙하지 않고, 학교와 사회로부터 권위주의를 좋지 않은 태도라고
배워옴으로써[159] 탈권위주의적인 성향을 강하게 지니고 있다.

신세대의 이러한 가치관은 실제 조사를 보면 분명히 알 수 있다. 도종수가
신세대라고 인식하고 있는 학생들과 인식하지 못하고 있는 학생들 간의 가
치관을 비교해 본 결과 신세대 학생들에게 특히 두드러지게 나타난 가치관

---

157) 도종수, 1995, p.139.
158) 도종수, 1995, p.139.
159) 문용린, 신세대문화의 특성과 유형, p.30.

을 보면, 인생 목표로는 개성껏 사는 것, 장래 원하는 생활방식으로는 취미와 개성을 살릴 수 있는 생활과 경제적으로 부유하게 사는 생활을 꼽았다(도종수, 146). 또한 일상생활에 필요한 주요 정보원으로는 TV광고와 드라마, 친구가 두드러졌다(도종수, 147). 자아의식을 묻는 질문에서는 과감하게 원하는 대로 표현한다는 의견이 신세대를 인식하지 못한 학생들에 비해서 두드러졌으며, 이혼에 대해서도 보다 긍정적인 의견을 피력했다(도종수, 150). 이 외에도 충동구매가 더 높은 것으로 나타났다(도종수, 151). 또한 연세대 학생상담소가 재학생 3천4백 명을 대상으로 조사한 '가치관·자아정체감 심리 사회적 성숙도 조사' 결과에 따르면 1위가 개인의 행복, 2위가 물질적 풍요와 의욕적인 삶을 꼽았는데, 같은 항목으로 20년 전에 실시한 조사에서는 개인의 행복이 6위, 물질적 풍요가 12위였던 것과 비교하면(도종환, 1997, p.33) 놀라운 변화라 할 수 있다.

하지만 반면에 신세대들은 사회의 민주화 학습을 제대로 경험하지 못했다. 개발독재 박정희 정권의 후반기 시대에 태어나 1980년대 광주민주항쟁 기간에 유년기를 보냄으로써 사회적 억압과 폭력의 부당함을 인식하지 못했다. 그리고 1987년 민주화 운동 시점에서는 청소년으로서 여전히 사회의 커다란 변화에 직접 동참하지 못했다. 이러한 민주화 학습의 부재로 인해 신세대의 자유분방하고 재기발랄한 행동에서 뿜어져 나오는 도발적이고, 개성적이고, 감성적인 열정은 순수한 반면에 자칫 혼란으로 오해될 수 있는 것이었다. 그래서 진지함과 방향성이 결여되어 있다는 평을 받게 되는 것이다.

이러한 특성을 하나의 이념으로 굳이 표현하자면 '자유'와 '평등'이라 할 만하다. 권위로부터 자유, 외압으로부터 자유, 이념으로부터 자유, 그 어떤 외부적인 억압과 형식으로부터의 자유인 것이다. 그래서 이러한 자유는 결과적으로 평등의 이념을 지향한다. 자유라는 가치가 온전하기 위해서는 반드시 책임이 따른다. 그런 만큼 자유의 향유는 자칫 방종으로 빠질 수 있다는 우려를 하는 것이다. 신세대 이후 이어지는 젊은 세대들은 이와 같은 자유를 가치로 자란다는 의미에서 순수한 것이며, 그래서 '자유화 세대'라 할 만하다.

문화와 예술적인 특질이 가득한 세대들인 것이다.

결국 자유를 이념으로 하는 신세대를 움직이는 소프트웨어는 이미 기존의 개발독재적 요소를 넘어서는 새로운 것인 반면에, 신세대를 외부적으로 강제하는 하드웨어는 여전히 개발독재적 요소로 짜여져 있었고, 이 양자간 불일치에서 축적된 욕구가 압력밥솥의 분출처럼 서태지를 통해서 표현된 것이다. 그리고 이러한 폭발은 이후 한국 사회 전반에 커다란 변혁을 몰고 온 에너지 흐름의 한 축이 되었다.

이러한 신세대의 자유정신은 소위 386세대라는 민주화 세대와의 역사적인 만남을 통해서 비로소 우리 사회 변혁의 주체로 자리잡았다. 386세대는 신세대를 10년 이상 앞선 세대다. 그리고 386세대의 부모세대는 전쟁 때 성인으로서 직접 전투에 참여한 실질적인 전쟁세대다. 386세대는 이런 전쟁세대들의 부모 밑에서 절대적 생존시대라고 할 수 있는 1960년대에 태어나 유년기를 보냈다. 신세대가 누리던 고도성장이라는 열매를 조금씩 맛보기 시작한 것은 청소년이 되고 나서였다. 그래서 386세대는 전쟁세대의 처절함과 신세대의 풍요로움의 시대를 상호 공유함으로써 양 세대를 중개하는 중간세대로서 독특한 위치를 갖는다. 뿐만 아니라 386세대는 사회적 민주화 학습을 경험했다는 점에서 신세대와 차별적이다. 박정희 정권의 초반에 태어나 1980년에 광주민주항쟁을 청소년과 학창시설에 목도했으며, 이후 80년 내내 진행된 민주화 운동을 통해서 박정희의 개발독재와 광주민주항쟁에 대한 사회적 학습을 제대로 받았다. 그리고 1987년에는 학생과 직장인으로서 민주화 운동의 주역이 되었다. 이러한 사회적 배경 속에서 386세대는 전쟁세대와 신세대의 가치를 공유하면서도 구별되는 특질을 가지게 되었다. 전쟁세대보다는 탈권위적이고, 도발적이고, 감성적이면서도 신세대에 비해서는 가치와 이념지향적이고, 냉철하고, 진지하였다.

이러한 세대가 공유하는 가치는 '민주'와 '사회정의'라 할 수 있다. 민주화 운동은 사회적인 항거로 나타났다. 정당성이 결여한 거대한 정치적 집단이 휘두르는 사회적 폭력에 대한 대중들의 항거, 왜곡된 역사 속에 기득권을 독

차지하여 기회의 독점을 누려온 세력들의 불평 부당함에 대한 대중들의 항거, 그리고 이런 운동을 통해서 사회정의를 실현하고자 하는 몸부림인 것이다. 그래서 민주화 운동은 악에 대한 선의 투쟁이라는 본질적인 구도 속에서 이루어졌으며, 따라서 고뇌에 찬 진지함을 생명으로 하였던 것이다. 인문학이나 사회학과 같은 고뇌와 비판의 영역이었던 셈이다. 하지만 이는 자칫 우리 사회의 불안을 조성하고 화합을 해친다는 오해를 받게 되는 것이다. 이와 같은 민주와 사회정의의 가치는 386세대에 의해서 주도된 87년의 민주항쟁에서 절정에 이르게 되었다. 그 이후 386세대는 민주화 세대로 대표되면서 우리 사회변화의 또 다른 한 축을 형성하는 에너지로 잠재해 왔다.

자유화 세대와 민주화 세대 간의 공통점은 권위적, 억압, 지시, 형식과 같은 개발독재의 미덕에 대한 정서적인 반항 내지 거부이다. 차이점은 자유화 세대는 본능적, 체질적, 즉흥적, 폭발적으로 반응한다면, 민주화 세대는 의도적이며, 이념과 가치지향적이며, 이성적이라는 점이다. 이런 점에서 신세대의 사회적 기질 속에는 순수성이, 그리고 386세대의 사회적 기질에는 진정성이 있다고 하는 것이다.

바로 오늘날 우리 사회변화의 흐름을 주도하는 사회적 열정의 실체는 자유화 세대의 순수성과 민주화 세대의 진정성의 융합이 만들어낸 소산이다. 1990년대 초 서태지라는 단비를 맞으면서 우후죽순 성장했던 신세대와 그 과정을 한편으론 공감하면서도 다른 한편에서는 불편한 마음으로 지켜봐야 했던 386세대가 2002년 월드컵 응원의 마당에서 사회적인 첫 만남을 한 것이다. 월드컵 응원의 놀라운 규모와 폭발적인 열정 속에서도 진지함과 질서정연함은 유지하면서 거대한 축제의 장을 펼쳤던 그 중심에는 바로 두 세대들의 기질이 핵으로 자리잡고 있었던 것이다. 순수성과 진정성의 문화적 폭발. 이 에너지가 핵이 되어 구심력으로, 원심력으로 우리 사회의 전 세대를 하나로 회통시킨 것이었다고 볼 수 있다. 이후 미군 장갑차로 인한 효선, 미선 학생 사망 사고를 계기로 벌어진 광화문 촛불집회에서 두 번째 사회적 만남이 이루어졌다. 자유화 세대의 순수함과 민주화 세대의 진지함이 결합하여 형성된 거대한 사회 소통의 장이었던 것이다. 그리고 이 두 세대의 융합에너지는 2003년에 권력기반이 전혀 없는 노무현을 대통령에 당선시키는 기적을 만들어냈다. 두 세대 간의 첫 만남 이후 10년이라는 사회적 숙성기간을 거친 결과였다. 이러한 에너지는 이후 탄핵 정국에서도 그대로 발휘되어 탄핵무효와 민주수호를 외치는 촛불집회로 나타났다.

결국 개발국가 역사와 궤도를 같이해 온 기성세대의 사회적 영향력이 약화되고, 신세대의 등장과 신세대와 민주화 세대와의 사회적 만남은 새로운 시대정신을 씨앗으로 하는 새로운 국가유형으로의 전환 가능성을 예시하는 것이기도 하다.

2) 사회적 가치관과 사회적 관계의 변화

신세대 등장으로 야기된 가치관 변화로 인해서 1990년대 이후 한국 사회는 각종 사회적 가치관과 사회적 관계에 커다란 변화가 일어났다.

사회구성의 기본단위라 할 수 있는 가정에서는 가족 및 친족 관계에 변화가 일어났다. 사회 전반적인 여권 신장의 영향으로 젊은 세대를 중심으로 가정 내 여성의 지위향상과 함께 여성의 사회적 진출이 높아짐으로써 남편-직장, 아내-주부라는 구도가 흔들리게 되었다. 또한 시부모와 며느리의 관계가 과거처럼 종속적이지 않고 수평적인 관계로 바뀌게 되었으며, 노인의 가정 내 봉양이 줄어들고 양로원 등 사회복지시설에 의탁한 사례가 증가하였다.

또한 자녀 출산율이 줄어들기 시작하여 1.5%에도 미치지 못하는 출산율을 기록함으로써 장차 경제활동 인구 위축에 대한 우려가 대두될 지경이 되었다. 반면에 노인들은 크게 늘어나 2000년대부터 노령사회에 진입하게 되었다. 이와 같은 상황 속에서 유교적인 조상에 대한 숭배관념이 희박해지면서 제사가 줄어들고, 심지어 명절날 제사 대신 여행을 떠나는 가족이 늘어났다. 부모를 모시는 데 있어서는 장자원칙이 희박해졌으며, 남아 출산 선호사상이 지배적인 상황에도 불구하고 출가 후 역할에서는 상대적으로 아들보다 딸들의 부모님에 대한 역할이 커졌다. 이와 같은 일련의 변화

속에서 2003년에 이르러서 드디어 남성 중심의 가족제도의 근간이라고 할
수 있는 호주제가 폐지됨으로써 새로운 가족관계에 더욱 커다란 변화가 예
상된다.

우리 사회의 가치관 변화는 직장에서도 나타났다. 기존 직장에서는 주요
승진기준이 연공서열이었고, 이를 토대로 상사와 부하 직원 간의 관계가 수
직적으로 명령이 하달되는 체제였다면, 이제는 상대적으로 수평적 관계로 변
화하였다. 특히 IMF 경제위기 이후 직장은 구조조정을 거치면서 나이와 연
공 파괴 현상이 나타나면서 상하관계에 큰 변화를 가져왔다. 또한 일보다는
여가를 더 선호하는 신세대의 가치관이 직장문화의 주류를 형성해 가면서
노동의식과 직업관에 변화가 일었다. 일보다 여가를 더 중요하게 여기는 비
율이 20대에서는 56.6%, 30대에서는 44.2%, 40대에서는 25.2%, 50대
이후에는 19.9%로 젊은 세대일수록 여가를 일보다 선호하는 것을 알 수 있
다. 이와 같이 세대별 차이는 노동의식의 변화가 일시적 현상이 아니라 사
회의 거시적 흐름이라는 것을 보여준다.

〈표 4.3〉 세대별 여가시간 중요성과 주 5일 근무제 찬성자 비중(%)

%	20대	30대	40대	50대 이후
일보다 여가 중요	56.6	44.2	25.2	19.9
주 5일 근무제 도입	85.6	64.0	48.8	35.2

자료: 삼성경제연구소, 2001. 9. '주 5일제 근무와 소득과 여가에 대한 인식'(홍정우,
2003, 한국 사회의 가치관 급변과 혼돈, 삼성경제연구소, p.13에서 재인용)

사회적 가치관의 변화는 학교에서 더욱 두드러지게 나타난다. 1990년대
이후 신자유주의 시장원칙에 의한 교육 경쟁체제의 도입과 기존의 권위주의
교육체제에 대한 조직적 반발 등으로 인해서 교육현실은 커다란 변화를 맞이
하게 되었다. 대학에서의 스승과 제자 간의 관계가 진리를 전달하고 학문의
방법을 가르치는 본질적 관계에서 입시와 취직의 차원에서 지식과 정보를
전달하고 얻어가는 경제적 관계로 변질되었다. 특히 중·고등학교에서는 교

사들의 권위가 실추하면서 학교에서 학생들에 대한 생활지도 과정에서 교사
와 학생은 물론 학부모까지 상호갈등을 일으키는 상황에 이르렀다.

또한 전통적인 연고 중심의 관계가 약화되었고 취미와 동호 중심의 관계
가 크게 증가하였다. 세대별로 볼 때 20대에서 50대로 갈수록 동창회, 종친
회, 향우회 등이 증가하며, 반면에 취미와 문화 동호회, 인터넷 동호회 등
은 20대 젊은 세대일수록 참여율이 훨씬 높음을 알 수 있다.

〈표 4.4〉 세대별 사회단체 적극적인 참여율(%)

	20대	30대	40대	50대
계모임	29.7	38.4	46.9	57.2
취미/문화 동호회	40.8	28.3	38.8	38.4
동창회	32.3	23.6	35.0	46.6
종친회, 향우회	5.3	7.2	15.5	33.9
인터넷 동호회	33.8	11.4	10.4	5.0

자료: 홍정우, 2003, 한국 사회의 가치관 급변과 혼돈, 삼성경제연구소, p.16.

이와 같은 일련의 사회적 변화는 개발과 성장을 위해 정치, 경제, 사회문
화가 획일적인 가치를 지향하던 개발국가적인 속성으로부터 벗어나면서 반
사적으로 나타나는 현상으로 볼 수 있다. 그리고 이러한 사회적 관계의 다
양한 변화는 새로운 사회적 욕구와 가치지향을 만들어냈다.

3) 생활양식 변화

1990년대는 새로운 소비 주체로서 신세대의 등장, 정보화 사회의 진전,
대중소비사회 형성으로 인해서 생활양식 전반에 커다란 변화를 일으켰다.

의생활에 있어서는 과거 실용성 위주의 소비에서 패션 위주의 소비로 태
도가 변화하는 경향이 생겼다. 패션의 내용은 두 가지다. 하나는 개성 있는
패션이다. 화려하고 특색 있는 색상과 디자인 제품이 신세대의 취향에 어필

하면서 패션 유행을 선도해 나갔다. 다른 하나는 소비의 고급화 추세다. 고급 브랜드와 해외 유명 브랜드에 대한 소비경향이 특정 지역과 특정 계층을 중심으로 패션시장을 주도해 나감으로써 의류는 사회적 신분의 커뮤니케이션 수단으로서도 의미를 가지게 되었다. 이런 소비의 경향은 제품을 쓰임새로서 소비하는 것을 넘어서서 사회적 의미와 상징이라는 기호를 소비하는 차원으로까지 변화하였음을 의미한다.

식생활에서도 큰 변화를 가져왔다. 가계소득 증가와 함께 여성들의 직장생활이 늘어나면서 외식이 크게 증가하였다. 일반 식당에서 가족단위의 외식이 크게 늘고 직장인들이 손쉽게 먹을 수 있는 패스트푸드 소비가 일상화되었다. 그래서 1990년대 이후 대중음식점과 패스트푸드점이 크게 증가하였다. 식단 내용에서는 쌀과 채소 중심의 전통적인 음식문화에서 밀가루 제품과 육류 등 손쉽게 먹을 수 있는 서구 음식문화가 크게 증가하였다. 이로써 육류에 대한 수입이 크게 늘고 쌀 소비가 크게 줄어들어 쌀 중심으로 경작해 온 한국 농업의 구조적 위기의 원인이 되고 있다. 1990년대 중반 이후부터는 국민들의 환경의식이 고양되고 건강에 대한 관심이 증대되면서 환경친화적인 농산물과 농산품에 대한 수요가 증가하였다. 이러한 추세를 반영하여 환경친화적인 농산품 브랜드가 인기를 얻으며 전문매장이 생기게 되었다.

주거문화 변화는 아파트문화와 자연친화적 주거문화의 두 가지 요소에서 찾을 수 있다. 아파트문화는 1989년 이후 대규모로 건축된 아파트 입주가 본격화되고 아파트가 우리 국민이 가장 선호하는 주거양식이 되면서 시작되었다. 물리적인 면에서의 변화를 보면 아파트의 주거공간에 맞는 가구와 가전제품 수요가 늘어나면서 내구재 소비가 크게 증가한 원인이 되었다. 현재에는 각종 첨단 전자기기들이 결합된 새로운 주거양식이 등장하는 수준까지 이르렀다. 또한 아파트는 다른 한편에서는 외부와 독립된 공간구조를 가진 조건 때문에 아파트를 중심으로 하는 생활공동체 문화가 일정정도 형성될 수 있게 되었다. 특히 1995년부터 쓰레기종량제 실시를 계기로 쓰레기분리수거와 재활용 활동 등이 일어나면서 이런 경향에 영향을 주었다. 자연환경적 조건으로서 주거문화의 변화는 1990년대 말부터 나타났다. 과거에 주로 경제활동이 편리한 교통과 재래시장 중심으로 자리잡았던 전통적인 주거환경 조건에서 이제는 교통과 시장의 접근성 이외에 쾌적한 삶의 질 조건으로서 자연환경 조건을 중요한 요인으로 인식하기에 이르렀다. 그래서 주거지역 주변에 잘 보존된 산이나 하천 등이 있을 경우 주택가격이 올라가는 사회적 현상이 나타나기 시작했다.

여가생활에서 변화는 몇 가지 특징을 가지고 나타났다. 먼저 가족 중심의 정기적인 휴가가 대중화되었다. 그래서 해수욕장, 스키장이 봄철과 겨울철 주요 휴가 장소가 되면서 휴양지, 레포츠 시설, 각종 위락시설 등이 개발되었다. 둘째로 해외여행이 급증하였다. 주로 신혼여행지로 해외를 찾던 것에서 이제는 어학연수, 배낭여행, 휴가여행 용도로까지 대중화되었다. 셋째로 직장생활에서 취미와 여가활동을 위한 다양한 동호회 활동이 활성화되었으며, 취미와 여가생활을 위한 다양한 시설과 프로그램들이 개발되었다. 헬스클럽, 스포츠센터와 같은 건강생활에서부터 영화, 연극 등의 문화생활, 그리고 레저와 스포츠가 결합된 레포츠가 대중적으로 자리잡게 되었다. 넷째로 취미와 여가의 지향점에 두 가지 새로운 변화가 생겼다. 하나는 도시와 직장생활에서 지친 심신을 달래고 정신적인 재충전을 위하여 각종 정신수련 프로그램들이 개발되고 대중화되었다. 84년을 시작으로 그 이후부터 한국사회에 명상, 기 수련, 단 수련, 참선 등이 취미와 여가활동으로서 크게 증가하였으며, 1990년대 중반 이후에는 대중화되었다. 다른 하나는 자연 친화적인 현장 중심의 체험 교육이 여가의 한 형태로 나타났다. 환경단체와 시민사회단체를 중심으로 추진되고 있는 주말농장, 생태기행은 물론이고 1990년대 말부터는 농촌 활성화 프로그램의 일환으로 농촌 체험 학교가 각광받게 되었다.

4) 사회적 욕구와 정치지향의 변화

세대교체, 개인 및 사회적 가치관의 변화, 사회적 관계의 변화, 생활양식의 변화는 사실 사회적 욕구의 변화를 가져오는 원인이면서 동시에 사회적 욕구 변화로 인한 결과일 수도 있다.

과거 개발국가에서는 생존문제의 해결이 가장 중요한 사회적 욕구였다. 그래서 경제개발과 성장을 최우선으로 하는 온갖 정책들이 여타 무수히 많은 사회적 가치를 희생하면서도 용인될 수 있었다. 하지만 1990년대 중반을 넘어서면서 우리 사회의 욕구는 생존문제에서 존재문제로 전환되었다.

인간의 본성에는 생존욕구, 존재욕구, 초월욕구가 있다. 생존욕구는 인간이 생명체이기 때문에 나타나는 욕구로서, 먹는 문제를 해결하고 외부의 폭력과 침략으로부터 안전을 보장받고자 하는 욕구다. 존재욕구는 인간이 정신을 소유함으로써 가지는 욕구로서, 자신의 존재가치를 다른 사람들과의 관계 속에서 사회적으로 인정받고자 하는 욕구다. 초월욕구는 인간이 영성을 꿈꾸면서 가지게 되는 욕구다.

우리 산업화 과정은 시대적으로 요청되는 생존욕구를 어떻게 하면 가장 효율적으로 충족시킬 것인가를 위해 진력해 온 시기였다. 물론 이 시기에도 존재문제는 여전히 중요한 것이었다. 전태일의 분신은 바로 생존을 넘어서는 존재의 문제를 제기한 대표적 사건이다. 하지만 전체적인 경향성에서 그렇다는 것이다.

이런 선택은 산업화의 성공을 가져왔고 결국 우리 사회는 절대적인 생존의 문제로부터 벗어났다. 생존욕구에 대한 사회적 요청의 조건이 사라진 것이다. 하지만 이 과정에서 우리 사회는 또 다른 욕구인 존재욕구의 불만을 극도로 증폭시켜 왔고, 현재 우리 사회는 존재욕구 불만에 가득한 사회가 되었다. 이 역시도 그렇다고 해서 생존문제가 모두 해결되었다는 뜻은 아니다. 사회의 전체 경향성이 그렇다는 것이다. 그래서 이제 우리 사회는 어떻게 하면 존재욕구를 가장 효율적으로 충족시켜 줄 것인가가 시대적 과제로 놓여 있다.

존재욕구를 충족시키는 수단은 생존욕구를 충족시키는 수단과 질적으로 다르다. 생존욕구는 욕구불만과 충족 간의 사이클이 짧고 폐쇄적이다. 그리고 이 욕구 사이클을 채우는 수단은 기본적으로 물질이다. 극단적으로 야생의 동물을 생각해 보면 된다. 이 물질의 가치는 절대적이다. 하지만 존재욕구는 다르다. 욕구불만과 충족 간의 사이클은 무한히 열려 있다. 그리고 충족수단은 굳이 물질적일 필요가 없다. 설령 물질적이라 해도 절대적 가치가 아니라 상대적 가치를 가진다. 굳이 힘든 에베레스트 산을 오르는 사람들을 생각하면 알 수 있다. 그래서 존재욕구 불만이 가득한 사회에서 가장 중요한 사회적 수단은 어떻게 하면 다양한 가치를 실현할 수 있는 조건들을 갖추어 줄 것이며, 이 가치를 실현해 나가는 과정에서 어떻게 하면 공정한 게임의 룰을 만들어 줄 것인가에 달려 있다.

이와 같이 사회적 욕구의 변화는 국민과 지역주민들의 정치지향의 변화로 나타나고 있다. 정치적 이념을 중심으로 하던 정치운동이 1987년 민주항쟁을 계기로 쇠퇴하면서 생활양식 차원에서 삶의 질을 요구하는 다양한 시민사회운동이 분출되었다. 환경운동, 여성운동, 소비자운동, 언론개혁운동, 정치참여운동 등 이제는 시민사회운동이 사회변화의 힘으로 등장하기에 이르렀다. 이러한 변화 속에서 인터넷이라는 새로운 매체를 활용함으로써 시민단체보다 순발력 있게 사회문제를 이슈화하고 즉각적이고 자발적인 대중운동을 가능하게 했다.

뿐만 아니라 1990년대 중반 이후 국민들은 정부에게 정치개혁, 언론개혁, 경제개혁, 교육개혁 등 총체적 개혁을 요구하고 있다. 이러한 요구는 1990년대 중반 이후 우리 사회에서 다양한 가치가 폭발하면서 가능한 것이며, 또한 이런 가치들을 실현하기 위한 조건으로서 기존의 불공정한 게임의 룰을 바로잡아 주기를 요구하는 것이다.

이와 같이 사회적 욕구와 정치지향의 변동은 기존의 개발국가의 속성과는 너무나도 다른 또 하나의 큰 변화의 흐름이 아닐 수 없다.

제4절
결론: 녹색맹아 찾기

개발국가의 라이프사이클은 1960년대 초에 '잘살아 보자'라는 시대정신의 씨앗에서 발아하여 1970년대에 급성장하였고, 1980대 중반 이후부터 균열을 드러내기 시작하여 1990년대 이후 쇠퇴하고 있다.

IMF 경제위기를 계기로 우리 경제구조가 취약성을 드러내면서 개발국가가 자랑스럽게 내세우는 경제적 성과의 토대가 얼마나 허술한지에 대해서 혹독한 경험을 하였다. 무수히 많은 사회적 가치를 기회비용으로 포기하면서도 개발국가의 정당성이 유지될 수 있었던 것은 누구나 열심히 일하면 잘살 수 있다는 희망이 우리 사회를 버텨주었기 때문이다. 하지만 IMF 경제위기 이후 한국의 중산층은 위기를 맞으면서 우리 사회의 버팀목인 계층 상승에 대한 희망이 흔들리게 되었다. 생존문제가 절박했던 시절에 무작정 건설하고 보던 대규모 개발사업이 환경용량과 사회적 수용능력의 한계로 제동이 걸리기 시작했다. 개발국가가 강도 높은 공업화 전략을 추진하여 거목으로 성장할 수 있었던 것은 절대적인 환경친화산업으로서 농업이라는 텃밭이 있었기 때문이다. 하지만 이제 농업의 자립기반과 환경기반이 고갈되기 시작하면서 더이상 부양 시스템으로서의 기능을 상실하여 농업의 뒷받침과 희생 위에 성립했던 산업화와 도시화는 새로운 위기를 맞고 있다.

개발국가의 균열은 사회문화적인 면에서도 두드러지게 나타났다. 1990년대 잇달아 터진 사회기반시설 관련 대형 안전사고는 개발국가 라이프사이클의 균열을 알리는 상징이 되었다. 각종 인명 피해를 가져오는 사건 사고가 일상이 되어버렸다. 산업화의 일꾼과 그에 부합하는 사회적 가치를 국가가 일방적으로 공급해 온 국민교육이 신세대의 등장과 정보화 물결 앞에서 권위를 잃고 비틀댐으로써 이에 적응하지 못하는 청소년의 비행과 자살이 크게 늘게 되었다. 사회적 가치관의 혼란 속에서 이혼율이 급격히 증가하면서 가장 기본적인 사회적 단위라 할 수 있는 가족 공동체가 흔들리기 시작했다. 사회 곳곳에서는 과거 개발성장지상주의에 의해서 배제되어 왔던 사회적 가치들이 제 목소리를 내기 시작하면서 갈등이 분출되기 시작했다. 부의 불평등한 분배구조가 불로소득 등과 같은 비정상적인 방법으로 고착되고, 이런 현상이 교육 등을 통해서 세습되는 경향을 보이면서 사회적 위화감이 팽배해졌다. 더욱이 복지비용의 부담까지 분배의 형평성 논란에 휩싸이면서 분배 갈등이 증폭되고 있다. 국가가 추진하는 대규모 사회기반시설 건설 사업이 삶의 질을 요구하는 환경운동단체와 주민들의 반대에 부딪히면서 사업을 포기하거나 전면 수정하는 상황이 빈번해지고 많은 사회적 갈등과 사회적 비용을 초래하고 있다. 사회문화적 갈등은 세대간, 그리고 성별간에도 나타나 가정, 직장, 학교 등 생활 현장에서 유교적 전통과 새로운 가치관 충돌이 일고 있다. 국제적인 냉전 이데올로기 해체와 정치적 민주화의 진전, 그리고 급변하는 경제적 조건 변화는 개발국가 정당성의 위기 때마다 명분으로 내세웠던 안보논리의 빛을 발하게 하면서 북한에 대한 관점을 기준으로 하는 진보와 보수 간의 깊은 반목이 '햇볕'정책 등을 계기로 뚜렷이 부각되었다.

경제사회 문화적 차원에서 나타나는 이와 같은 부정적인 사회적 현상들은 과거의 관점에서 보면 개발국가의 균열로 해석할 수 있지만 미래의 관점에서 본다면 새로운 시대정신의 발아를 의미하는 것이기도 하다. 현재 새로운 시대정신으로서 '삶의 질'이라는 씨앗은 어린 묘목의 상태로 1990년대를 지나면서 1997년 IMF 경제위기라는 혹독한 추위를 경험하였고, 현재에도 그 한파의 영향권을 벗어나지 못하고 있다. 이러한 상황 속에서 새로운 시대정신이 그렇다면 과연 '녹색'일 것인가 아니면 '또 다른 그 어떤 것'일까 하는 판단은 우리 사회의 거시적 변동내용을 보다 더 신중하게 분석한 다음에 내려야 할 과제인 것이다.

1990년대 한국 경제는 수출경제에서 내수경제로 거시적인 전환을 하였다. 생산을 동력으로 하는 경제가 소비를 동력으로 하는 경제로 전환되었다는 것이다. 이런 변화 상황에서 대중소비를 위한 사회적 기반이 형성되면서 우리 사회는 1990년대 이후 대중소비사회로 본격 진입하게 되었다. 동시에 한국 경제는 신자유주의의 세계시장질서에 적극 편입해 나가면서 정보 인프라를 바탕으로 첨단 기술혁신이 결합하는 디지털 경제구조로 급격히 변화하고 있는 중이다. 사회문화적으로는 정치적 민주화, 경제적 소비화, 디지털 경제화 등과 함께 정치, 소비, 경제의 주체로 등장한 신세대의 영향으로 개인과 사회적 가치관에 변화를 몰고 왔다. 신세대의 자유정신은 386세대의 민주정신과 융합되면서 사회변혁의 에너지로 떠올랐다. 이 두 세대들의 부상으로 인한 가치관 변화는 가정, 직장, 학교, 산업현장 등 경제활동의 모든 영역에서 새로운 사회적 관계 변화를 가져왔으며, 이러한 시대적 변화 속에서 등장한 시민사회 영역의 급격한 성장은 이제 사회변화의 핵심 권력으로 등장하기에 이르렀다. 이러한 변화들은 의식주가의 생활양식에 반영되면서 생활양식의 혁명을 몰고 왔다. 대중소비사회 특징인 기호소비가 의생활 부문에 주요한 지표로 등장하였고, 식생활에서는 외식과 패스트푸드 음식이 급증하면서 밀가루와 육류 위주의 서구식 식단이 자리잡았고, 다른 한편에서는 건강식품에 대한 관심이 증대되면서 환경친화적인 농산물 수요가 높아졌다. 주거문화에서는 삶의 질 조건이 중요한 요소로 등장하였으며, 여가에 있어서는 가족 중심의 정기적인 휴가, 해외여행, 취미와 여가의 다양화 등 대중화되는 측면과 함께 한편에서는 정신수양 프로그램의 대중화, 자연과 삶의 현장 체험 학습 등이 증가하고 있다. 결국 이러한 제반 변화는 사회적 욕구 변화의 원인이면서 또한 결과이기도 했다. 그리고 이러한 현상은 우리 사회에 대한 총체적 개혁이라는 정치적 지향으로 나타났다.

이와 같은 거시적인 사회변동 과정에서 개발국가 균열의 틈 속에 파종한 '삶의 질'이라는 새로운 시대정신에서 우리는 과연 '녹색'의 거목으로 성장할 수 있는 녹색맹아를 발견할 수 있는가? 아니면 녹색맹아가 자랄 수 있는 토질을 가꾸기 위한 사회적 노력은 어떠해야 하는가? 개발국가 사체의 퇴적물 속에서 새로운 시대정신으로서 싹트고 있는 녹색맹아를 조심스럽게 찾아보자.

경제적 분야에서 녹색맹아는 대중소비사회와 정보사회라는 경제적 토양에 뿌려졌다. 이러한 토질에서 녹색맹아가 성장할 수 없다면 새로운 사회유형으로서 녹색국가에 대한 기대는 한낱 이상에 불과해진다.

그래서 중요한 것은 대중소비사회에서 소비자의 녹색주권을 어떻게 찾을 것인가를 넘어서서 인류 정신사적으로 흐르는 역사의 한 페이지로서 의미를 가지는 것이다. 인류 문명의 정신사적인 전개는 인간을 둘러싼 모든 존재와의 관계 속에서 끊임없는 인간의 '주체찾기'의 결과로 볼 수 있다. 신과 인간과의 관계에서 인간의 주체찾기는 인류 역사의 오랜 과제였고, 이러한 과제의 해결은 다시 인간과 인간 간의 관계에서 주체찾기라는 또 다른 과제에 이르게 하였다. 하지만 이제 20세기 말 자본주의로 대표되는 현대문명에서 인류 역사는 인간과 물질 사이에서 인간의 주체찾기를 시도할 수밖에 없는 또 한번의 역사적 국면에 직면해 있는 것이다. 이것이 대중소비사회에서 모든 상품에 대한 소비자로서 인간의 '녹색주권찾기'가 갖는 역사성인 것이다. 이를 동력으로 기업과 산업의 사회적인 환경책임을 어떻게 견인할 것인가가 중요한 시대적 과제인 것이다. 이것은 결국 생산과 소비의 영역에서 시장의 녹색화를 이끄는 사회적 전략이 되는 것이다. 또한 정보사회를 통해서 기존의 개발국가식의 획일적이고 권위적인 가치와 삶의 방식을 극복하고 다양한 가치를 사회문화적 유형으로 어떻게 정착시킬 것인가가 중요하게 대두된다.

대중소비사회 10년의 역사를 돌이켜 보면 녹색과는 거리가 먼 방향으로 진행하는 듯이 보인다. 기업 역시 과거 10년 동안 사회적 책임을 다하지 못했다. 하지만 시민의식이 성숙해 가면서 사회적으로 가치 있는 제품에 대한 소비를 선호하는 성찰적 소비가 조심스럽게 나타나고 있으며, 녹색소비운동 또한 시민운동의 한 영역으로 자리잡아 가고 있다. 반면에 정보사회에서는 국민들과 주민들의 정보에 대한 접근이 용이해지고, 사회적 학습의 기회가 상대적으로 폭넓게 열리게 됨으로써 대중들의 의식이 고양되어 가고 있다.

그래서 정부, 전문가들 그리고 권력층에 의해서 독점되어 온 정보 기득권이 철폐되면서 이를 보호막으로 성립되었던 불공정한 게임의 룰이 하나씩 근거를 잃어가고 있다. 이런 점들은 분명히 정보사회라는 토질에서 발견되는 녹색맹아가 아닐 수 없다.

사회문화적 분야에서 녹색맹아는 사회적 욕구가 생존에서 존재로 변화함에 따라 나타나는 가치관의 변화, 생활양식의 변화 그리고 정치적 요구의 변화로 요약된다. 현재 우리 사회는 1990년대 중반 이후 다양한 가치관과 삶의 질을 요구하는 생활양식이 새롭게 형성되고 있다. 특히 이러한 변화 중에는 소위 '웰빙' 바람으로 변질되긴 했지만 환경친화적인 삶과 자아실현의 삶에 대한 관심과 욕구는 녹색가치 실현의 중요한 흐름이 되고 있다. 또한 정치, 경제, 사회문화적인 면에서 기존의 획일적인 가치관과 권위주의를 창조적으로 파괴하는 각종 실험들이 시민운동과 환경운동, 그리고 각종 모임과 단체 등을 통해서 활발히 전개되고 있다.

존재욕구 시대에 녹색맹아가 발아할 수 있는 토양의 핵심 요소는 보편적인 사회적 가치, 즉 생태가치를 비롯하여 신뢰, 정의, 아름다움, 양심 등을 어떻게 삶의 방식에서 사회문화적인 양식으로 실현시킬 것인가에 달려 있다. 이를 위해서는 대중들의 다양한 존재욕구가 실현될 수 있도록 공정한 게임의 룰을 갖춘 다양한 사회적 조건들을 구비해 주는 일이 요구된다. 이것이 가능하다면 우리 사회는 녹색자아를 가지는 대중들이 주류를 형성하게 되면서 녹색맹아는 녹색국가라는 거목으로 성장할 수 있을 것이다.

참고문헌

홍정우(2003) 〈한국 사회의 가치관 급변과 혼돈〉, 삼성경제연구소.

장상환(1998) "1990년대 한국자본주의의 구조변화", 〈사회경제평론 11〉, 한국사회경제학회, pp.169~199.

유길상·이규용(2002) 〈외국인 근로자의 고용실태와 정책과제〉, 한국노동연구원.

김형기(1996) "1980년대 한국자본주의: 구조전환의 10년", 〈동향과 전망〉 통권 제29호, 한국사회과학연구소, pp.79~105.

류상영·강석훈(1999) "중산층의 변화실태와 정책방향", 삼성경제연구소.

전영재(1998) "건국 50년, 한국 경제의 역정과 과제", 삼성경제연구소.

전상우 한국유통산업정책 50년의 현황과 과제, 〈비교사법〉 제2권 2호(통권 3호), pp.21~27.

김영수 경제성장에 대한 사회적 요인의 영향과 그 시대적 변화, 〈제도와 경제발전〉, pp.103~153.

도종환(1997) "행복한 삶에 대한 신세대의 가치관", 〈중등 우리교육〉, pp.33~37.

도종수(1995, 봄) "신세대의 특성이해를 위한 의식조사 연구", 〈한국청소년연구〉 제20호. pp.129~160.

박재흥(1994) "신세대", 〈경제와 사회〉, 가을호 통권 제23호. pp.293~300.

월간식당(1994. 4) "한국 패스트푸드 시장 분석에 관한 연구".

주은우(1994) "90년대 한국의 신세대와 소비문화", 〈경제와 사회〉 봄호 통권 제21호, pp.70~91.

변유미(2000) "1990년대 한국 교육개혁의 성격에 관한 연구", 창원대학교 교육대학원. 석사학위논문.

정강용(1997) "대중소비사회의 소비주체에 대한 사회학적 고찰", 고려대학교 대학원. 석사학위논문.

한상진(1994) "사회개혁과 중민이론", 〈계간 사상〉 가을호, pp.260~283.

한상진(1999) "한국사회 변동의 양면성: 89-99", 〈계간 사상〉 가을호. pp.146~172.

한상진(1995) "광복 50년의 한국사회: 돌진형 근대화로부터 성찰적 근대화로", 〈계간 사상〉 여름호. pp.140~170.

백욱인(1994) "대중소비생활 구조의 변화", 〈경제와 사회〉 봄호 통권 제21호,
　　　pp.45~69.
강이주·오명렬(2000) "신세대 생활양식의 동태적 변화", 〈소비문화연구〉 제3권
　　　제2호, pp.1~27.
문화관광부(2001) 〈문화산업통계〉.
통계청 〈한국경제주요지표〉.
통계청 〈도시가계연보〉.
기타 각종 사회지표

　－신문

한국일보(2002) 4. 8 / 2003. 1. 10.
대한매일(2001) 8. 6.
동아일보(2003) 11. 14.

제5장
환경친화적 소비자의 합리적인 행동 특성

1. 문제제기 및 연구목적

본 연구는 실제 시장의 구매행위나 환경실천 행위에 있어서 다양한 현상으로 관찰되는 환경친화적인 소비자의 행동 특성 중에서 하나의 일관성을 찾아내고 그것이 어떠한 원칙 내지 법칙에 기초하고 있는지를 알아보기 위함이다. 이를 통해서 환경정책의 궁극적 수요자이자 참여자인 주민 또는 소비자의 자발성을 이끌어 낼 수 있는 정책적 시사점을 얻고자 한다.

인간의 본성에는 두 가지 특성이 있다. 하나는 이기적인(selfish) 인간형으로서의 특성이고 다른 하나는 이타적인(altruistic) 인간형이다. 전자의 인간형이 시장에서 재화를 구매하고, 사용하고, 폐기하는 과정에서 자신의 이익을 최우선으로 하는 하나의 일관된 행동으로 관찰될 때 이를 경제합리적이라 한다면, 후자의 인간형의 경우에는 가치합리적으로 칭할 수 있다. 이러한 두 가지 인간유형은 인간본질을 구성한 두 구조로서 그 자체로서는 선악의 구분을 논할 수 없지만, 문제는 어떤 인간형이 더 지배적으로 나타나느냐에 따라 그 사회의 건강성이 달라진다는 점이다.

현재 우리 사회는 한편으로는 환경문제로 인한 자연생태계의 파괴와 다른 한편으로는 인간 공유의 가치인 도덕자원의 고갈이 우려되는 상황에 처해 있으며, 이러한 원인은 제한된 자원과 재화의 한정된 조건하에서 경제합리적인 인간형이 비대하게 발달하여 가치합리적인 인간형의 발현을 억압하는 사회 현실로부터 연유한다고 본다.

본 연구에서는 이와 같이 왜곡된 인간형이 인류 보편적 모습이 아니라 현대 사회의 사회조건에서 만들어낸 특수한 인간유형이라고 규정하고, 그렇다면 어떻게 하면 인간에 내재해 있는 가치합리성이 경제합리성을 극복하고 생활 속에서 발현될 수 있는지, 그 원리와 사회적 조건 등을 알아보고자 한다.

이를 위해서 본 연구에서는 이타적인 행위로 알려져 있는 소비자들의 환경친화적 소비행동을 분석의 대상으로 삼는다. 환경친화적 소비행동은 분명히 기존의 경제적인 합리성이라는 기준으로 볼 때 비합리적인 소비행동으로 볼 수 있다. 왜냐하면 환경상품을 구매하기 위해서는 가격과 품질 그리고 그 쓰임새에 있어서 어느 정도의 불이익을 감수해야 하는데, 이것은 분명 기존의 경제적 합리성의 기준에서 벗어나는 행동이기 때문이다.

본 연구에서는 이러한 분석에 기반을 두어 환경정책을 입안하고 집행하는 과정에서 정책의 효과를 극대화하기 위해서 관련 주체들의 자발적인 참여를 이끌어낼 수 있는 시사점을 제공하고자 한다.

2. 연구범위와 방법론

본 연구에서는 연구의 범위를 구체적으로 설정하고 내용에 대한 보다 정확한 설명을 위해서 몇 가지 용어에 대한 개념을 미리 구별해 둔다.

환경문제와 관련한 소비자의 행위(action)에는 인식(awareness), 태도(attitude), 행동(behavior) 등이 있다. 인식(awareness)은 소비자가 단지 환경문제의 심각성을 알고 있음을 뜻하고, 태도(attitudes)는 환경문제에 대해서 소비자가 어떻게 해야 할 것인가 하는 것에 대해 사회적인 가치를 받아들임으로써 그에 대한 입장과 견해를 가지고 있는 경우에 사용한다. 행동(behavior)은 이러한 태도가 시장에서 구체적인 실천으로 나타났을 때와 그러할 의향(intention)을 가지고 있을 때에 한해서 사용한다. 특히 '그러할 의향'을 행동에 포함시킨 이유는 이 소비자가 단지 실용정보가 없기 때문에 구체적인 행동을 나타내지 못하는 것으로 보기 때문이다. 행위(action)는 이상의 세 가지 개념을 모두 포괄하는 일반적인 말로 사용된다.

그리고 소비자 행동이라고 할 때 행동의 범위에는 시장에서의 상품의 구매, 상품의 사용, 상품의 폐기의 각 단계에서 이루어지는 행동을 포괄하는 개념으로 정의한다. 따라서 소비자 행동은 구매, 사용, 폐기의 단계에서 소비자들의 인식, 태도를 배제하고 구체적으로 관찰될 수 있는 행동을 말한다. 이런 전제하에 본 연구에서는 합리성을 구체적으로 논하는 과정에서는 소비자의 구매단계, 즉 선택행동을 그 중심으로 삼으면서 결론적으로는 여기에서 도출된 내용을 통해 소비자 행동을 해석하고자 한다.

본 연구에서는 개인 차원에서는 비합리적으로 보이지만 사회적으로는 매우 의미 있는 환경친화적인 소비자의 행위를 합리성이라는 일관된 행동으로 이해하기 위해서 다음과 같은 내용을 연구범위로 설정한다.

첫째, 소비자의 환경친화적 소비행위가 보이는 특성은 기존의 실증 방식이 아니라 해석의 방식을 택하는 데 있어서의 두 가지 측면에서 이루어졌다. 하나는 인간본질의 구조가 시공을 초월하여 보편적 요인으로서 어떻게 인간 행위에 영향을 미치는지를 설명함으로써 환경친화적 소비자의 소비현상을 보다 근본적으로 이해할 수 있는 조건을 제공하고자 하였다. 다른 하나는 상황조건에 관한 것이다. 인간본질의 보편성이란 곧 처해 있는 상황이 어떠하냐에 따라서 독특한 행태로 발현되기 때문에 그에 대한 기술을 통해서 환경친화적 소비자의 소비행동의 다양성을 이해할 수 있도록 하였다.

둘째, 이를 바탕으로 환경친화적 소비행위의 설명 틀로서 합리성에 대한 새로운 정의와 그 분류를 알아본다. 이때 합리성의 정의 및 분류는 앞서 설명한 인간본질의 구조에 기초해서 이루어지며, 이러한 합리성이 상황조건에 의해서 어떻게 달리 발휘되는지를 설명함으로써 환경친화적인 소비자의 행위의 다양한 양태를 일관성 있는 기준에 의해서 이해하고자 하였다.

셋째, 환경친화적인 소비자의 행동이 구체적으로 어떻게 나타나고 있는지 기존의 연구성과를 정리한다. 기존의 연구는 주로 소비자들에 대한 설문조사를 활용한 통계분석 방법에 주로 의존하여 소비자들의 환경친화적 태도 및 행동의 수준을 측정하거나 이러한 행위에 영향을 미치는 요인을 여러 차원에서 다루어 왔다. 따라서 기존의 연구성과로부터 소비자의 환경친화적인 행동의 특성을 정리하고 그 공통된 의미를 제시함으로써 환경친화적 소비자의 행위가 합리적으로 이루어지고 있음을 설명코자 한다.

마지막으로, 환경친화적 소비자에 대한 합리적 행위의 설명을 통해서 환경정책적 시사점을 보인다. 이상을 도식화하면 다음과 같다.

〈도식 1〉 환경친화적 소비자 행동 설명방식

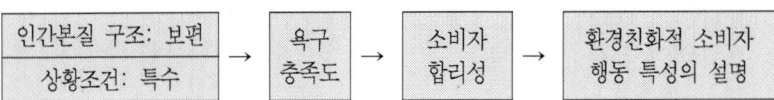

| 인간본질 구조: 보편
 상황조건: 특수 | → | 욕구
 충족도 | → | 소비자
 합리성 | → | 환경친화적 소비자
 행동 특성의 설명 |

본 연구는 이상의 도식을 바탕으로 새로운 해석을 시도하고자 한다. 환경친화적인 소비자의 특성을 설명하는 데는 근본적으로 두 가지 설명방식이

있을 수 있다. 하나는 실증적인 방법으로서 통계학적인 분석 방법을 활용하는 길이다. 기존 연구의 대부분이 여기에 속한다. 다른 하나는 비실증적인 방법으로 맥락적으로 드러내는 혹은 해석해 내는 방식이다. 본 연구에서는 이를 홍운탁월(烘雲托月, 김용옥, 1994: 80)이라 명명한다. 홍운탁월의 본 뜻은 '구름을 그려 달을 드러낸다'는 것으로서, 실증적인 연구 방법이 달을 보여주기 위해서 달을 직접 그리기 위한 화법과 도구를 개발하는 것이라면, 이 방식은 구름을 그려주고 달은 관찰자가 스스로 파악할 수 있도록 하는 방식이다.

전자의 경우는 일정한 집단을 연구대상으로 선정하여 이들이 구체적으로 나타내는 소비행위나 그럴 의향을 설문지를 통해서 알아봄으로써 간접적으로 소비자들의 환경친화적 소비행위의 특성을 설명해 낸다. 따라서 이 방식은 비가시적인 세계보다는 표면으로 가시화된 특성만을 설명하는 한계를 가진다. 반면에 홍운탁월의 방식은 실증적인 연구에서 포착해 내지 못한 비가시적인 의미의 세계를 설명해 냄으로써 환경친화적 소비행동이 다양하게 표출되는 가시적 특성을 보다 일관된 원리로 설명할 수 있게 된다.

본 논문에서 보여주어야 할 '달'은 환경친화적 소비자의 행동이 어떠한 것인가 하는 점이다. 이를 위해서 소비자 행동의 환경친화적 특성을 삶의 현장의 일부로부터 직접 실증해 내는 것이 아니라 인간본질의 구조, 소비자가 처해 있는 맥락적 상황, 그리고 이로부터 나타나는 소비자의 의사결정의 기준인 합리성이라는 구름들을 그려냄으로써 시장에서 소비자가 나타내는 행위라는 현상의 이면에 감춰진 달의 모습을 드러내고자 한다.

제2절
인간본질의 구조와 사회적 조건

1. 인간본질의 회귀에너지와 인간욕구

세상에는 시간과 공간에 따라 변화하는 것이 있고 변화하지 않는 것이 있다. 우리는 전자를 특수라 하고 후자를 보편이라 한다. 인간본질의 회귀에 너지는 인간이라면 누구에게나 시공을 초월해서 나타나는 보편적 성질이다.

현대 인류의 몸 역사는 세 가지 정보의 흐름이 축적되어 있다. 하나는 물질의 정보요, 그 둘은 생명의 정보, 그 셋은 정신의 정보이다. 현대 과학의 성과를 빌리자면, 물질의 정보는 150억 년 전 우주탄생 시기로부터 발생되어 오늘에 이르는 것이고, 생명의 정보의 기원은 지구상에 생명체가 나타난 35억 년 전까지 거슬러 올라간다. 그리고 마지막으로 정신의 정보는 인류가 지구상에 등장하기 시작한 시기로 알려진 300만 년 전부터 발생하여 오늘에 이르고 있다. 따라서 현재 컴퓨터 자판을 두드리고 있는 나의 몸은 물질, 생명, 정신이라는 3가지 정보를 수백억 년의 진화과정 속에서 축적해온 결과이다.

이러한 세 차원의 정보는 각기 나름대로의 법칙에 의해서 각각의 세계를 구축한다. 물질의 정보는 엔트로피 법칙에 지배되어 물질세계를, 생명정보는 생명의 법칙에 의해서 생명세계를, 그리고 정신정보는 존재의 법칙에 의해서 정신세계를 구성한다. 여기에서 본 연구에서 매우 중요한 개념인 본질이라는 것이 발생한다. 본질이란 각 세계가 유지되기 위한 '스스로 그러한 (自然) 상태'를 의미하는 것으로서 과학적인 언어를 빌리자면 에너지 준위가 가장 낮은 상태를 말한다.

물질의 세계에서 본질은 엔트로피가 증가하려는 방향으로 물질이 움직인다는 점이다. 만일, 이러한 법칙을 거스르기 위해서는 외부로부터 에너지를 가해 주어야 한다. 물을 낮은 데서 높은 곳으로 위치를 바꾸어 준다거나 열을 낮은 온도에서 높은 온도로 바꾸기 위해서는 외부로부터 에너지를 가해 주어야 한다. 이러한 에너지의 가함현상은 자연(自然)스러운 것이 아니라 곧 인공조건을 의미하며, 이러한 인공조건이 조성될 때 물질의 세계는 본질로 회귀하려는 힘과 이를 거스르는 외부에너지의 힘 간의 긴장관계로 구성된다. 따라서 물질세계에서 본질로 회귀하려는 힘은 스스로 그러함이 아니라 하나의 의지로서 발산하게 되는데, 이것을 본질회귀에너지라고 명명한다. 이러한 원리를 이용하는 것이 수력발전, 화력발전이다.

생명세계에서 본질은 생명상태를 유지하려는 방향으로 생명체가 활동한다는 점이다. 이러한 경향성은 물질세계와는 정반대의 법칙을 만들어냄으로써 고도로 정교한 생명의 질서를 형성시켜 왔다. 만일 외부로부터 생명체의 생존을 위협하는 조건이 가해질 때 생명체는 이에 저항 또는 적응하여 자신의 생명성을 유지하기 위한 몸부림을 친다. 이러한 몸부림은 외부의 위협조건에 맞서는 것으로서 하나의 강력한 의지로 나타나며, 따라서 이를 생존의지(will to survibal)라 부른다. 생명세계에서 본질회귀 에너지는 곧 생존의지이다.

정신세계에서 나타나는 본질은 인간과 인간 간의 생활관계 속에서 결정된다. 인간은 타자로부터 자신의 존재를 인정받으려는 경향을 보인다. 만일 사회관계에서 자신의 존재가 타자로부터 인정받지 못하고, 인정받을 수 있는 기회가 박탈된다면 그 사람은 자신의 존재를 확인시키기 위해서 다양한 형태로 독특한 행동을 보이게 된다. 이때 존재가치에 대해 만족한 상태가 본질상태이고, 박탈은 곧 외부적 조건에 해당된다. 따라서 박탈감이 강하면 강할수록 이로부터 자신의 존재를 인정받으려는 의지는 더욱 확고하게 나타나는데 이를 존재의지(will to existence)라 부른다. 이것이 정신세계에서의 본질회귀 에너지이다.

이상 세 차원에서 본질은 물질성, 생명성, 존재성으로 요약된다. 그리고 이러한 본질로 회귀하려는 에너지는 시공을 초월하여 보편적으로 존재하는 법칙이다. 이러한 법칙은 그대로 인간의 몸과 인간사회를 구성함으로써 인간 본질의 보편성을 규정하는 가장 근원적인 법칙으로 자리하게 된다. 본 글에서는 주로 인간의 정신작용을 다루는 주제이기 때문에, 이 중에서 물질세계로서 인간의 본질 영역은 논외로 하며, 생명세계로 구성된 인간(생명체로서의 인간)과 존재세계로 구성된 인간(존재체로서의 인간)의 본질만을 주로 논의하기로 한다. 향후 인간본질의 회귀에너지라 할 때에는 생존의지와 존재의지만을 칭하는 것으로서 이를 포괄하는 개념으로 생명의지(will to life)를 사용한다.

인간이라는 말 속에는 이미 사회적 관계 속에 있는 인간의 의미를 함축한다. 따라서 생명체로서의 인간과 존재체로서의 인간은 모두 사회적 관계 속에서 그 본질을 발현하게 되며, 그렇기 때문에 사회적 조건이 어떠하냐에 따라서 인간본질의 발현 정도는 영향을 받게 된다.

인간은 생명의지의 발현을 위해서 가장 기본적인 장치로서 욕구를 가지고 있다. 따라서 인간의 욕구란 생존성과 존재성이라는 인간의 본질상태로 회귀하려는 인간 자아(ego)의 정당한 기작이다. 생존의지를 발현시키는 과정에서는 생존욕구가, 존재의지를 발현시키는 과정에서는 인정욕구가 충족되기를 원한다. 그러나 인간에게 있어서 원초적으로 정당한 인간욕구는 사회적인 관계라는 상황에 의해서 욕망화된다. 즉, 욕망된다는 의미는 개별 인간이 생존의지를 발현시키기 위해 필요한 생존욕구의 충족, 그리고 존재의지를 발현시키기 위해 필요한 인정욕구의 충족이 타자와의 관계 속에서 자아 차원의 기작으로부터 사회(super-ego) 차원의 기작으로 변질됨을 뜻한다. 따라서 인간의 욕구는 인간의 보편적 성질로서 특성을 보이는 반면에 인간의 욕망은 그러한 인간이 처해 있는 사회적 상황 및 조건을 그대로 반영함으로써 구조화된다. 인간의 욕망은 그래서 사회적 구조이다.

2. 생명의지 발현의 원리와 사회적 조건

인간의 생명의지가 발현되는 원리는 보편적 성질이다. 그러나 그것이 발현되는 양태를 결정하는 것은 사회적 조건으로서 특수한 것이다. 인간의 생명의지가 발현되기 위해서는 전술한 바와 같이 본질의 상태를 심히 거스르게 하는 인위적인 외부의 힘이 필요하다.

그럼, 그러한 외부적 조건은 어떤 것인가? 우선, 생명체로서 인간에게 생존의지를 발동시키는 계기는 주로 먹이와 관련된다. 사회적으로 얼마나 풍부한 물질을 확보하느냐에 의해서 인간의 생존욕구의 충족도가 결정되며, 이는 한 사회의 생산체제 및 생산방식 등과 관련된다. 생존욕구를 충족시키는 물질적인 풍요도는 그 사회의 인정욕구를 충족시키기 위한 기초단계에 해당한다.

그러나 물질적인 조건이 절대적으로 풍요로워 생존욕구가 충족되었다 해도 인간의 인정욕구는 그 결과로서 자연스럽게 충족되지는 않는다. 왜냐하면 인정욕구란 타자와의 관계 속에서 달성되는 것이기 때문에 인정욕구 충족도를 높이기 위해서는 먹이의 절대적인 풍부함보다는 배부름의 공평함이 더욱 중요한 요인이 되기 때문이다. 그런데 사실 인정욕구의 충족여부는 물질적인 풍요로움이 절대적이든 상대적이든 무관하게 타자의 시선(other's look)[160]에 의해서 결정된다. 타자의 시선은 곧 그 사회의 지배적인 가치체계 내지 평가 및 인정체계에 의해서 좌우된다. 어떤 유형의 인간을 그 사회에서 필요로 하는지, 그 사회의 윤리 및 규범은 어떠한 것인지, 그리고

---

160) 시선이 가지는 본질적인 의미는 샤르트르와 푸코를 통해서 잘 나타난다. 샤르트르는 복도에서 남의 방을 염탐하고 있던 한 인간이 제3자인 다른 사람에게 들킴(타자의 눈-시선)으로써 자신이 대자적 존재로부터 즉자적 존재로 추락함을 묘사했으며, 특히 이러한 자신의 존재에 대한 타자의 규정은 그 타자의 눈이 사라짐에도 불구하고 여전히 그 기능을 함으로써 시선처리의 상호관계 속에서 인간의 존재가 사회적으로 규정됨을 보여주었다. 푸코는 베라스케이즈의 그림에 나타난 시선과 원형감옥에서 일방적으로 죄수를 감시하고 있는 시선을 통해서 인간사회를 배제시키고 구분하는 미세한 권력의지를 드러냄으로써 시선처리가 인간존재와 관련해 가지는 사회적 의미를 부각시켰다.

그 사회체제가 유지되기 위해서 공식적으로 자격을 인정하는 방식이 어떠한지에 의해서 인간은 권력관계를 형성한다. 그리고 그 관계는 존재적 지위(existential niche)를[161] 결정해 버린다. 따라서 그러한 가치체계 내지 인정체계가 획일적이면 획일적일수록, 경쟁은 치열해지고 그 결과 인간의 인정욕구의 충족도는 제로로 가까워진다. 이러한 상황이 존재체로서 인간의 존재의지가 발현되는 외부적 조건이 된다.

이처럼 인간의 생명의지는 생존욕구와 인정욕구의 충족도가 사회적으로 심하게 위협받거나 왜곡될 때 비로소 발현된다. 생존욕구 불만이 최고로 고조된 사람에게는 먹이가, 반면에 인정욕구 불만이 최고로 누적된 사람에게는 인간적인 대우가 그 사람에게 있어서 최고의 효용(행복)을 가져다준다.

제3절
소비자의 합리성: 경제성, 가치성

1. 합리성의 정의

소비란 경제활동의 전체 과정 중에서 소비주체가 의, 식, 주, 여가생활을 위

---

161) 존재적 지위(existential niche)는 자연생태계에서 나타나는 생태적 지위(Ecological niche)와 대응되는 개념으로서, 후자가 생물들 간의 경쟁으로부터 생물들이 살아남기 위해서 먹이와 서식지를 달리한 결과로 나타나는 것이라고 한다면 전자는 정신세계의 인간이 사회적인 관계 속에서 자신의 존재가치를 인정받기 위한 과정에서 나타난 산물이라 할 수 있다.

하여 노동한 대가로 받은 소득과 주어진 시간을 배분하는 방식이다. 이 과정에서 소비자는 무수한 선택의 순간에 직면하고 그 선택은 기회비용을 의미한다. 따라서 이론적으로 볼 때 소비자는 주어진 조건하에서 가장 합리적인 길을 선택할 수밖에 없다는 것은 당연하다. 따라서 합리성의 핵심은 곧 주어진 조건하에서 어떻게 하면 최고로 행복(효용)해질 수 있을까 하는 문제와 관련되어 발생한다.

여기에서 합리성을 논하기 위해서는 두 가지 중요한 정점으로 수렴된다. 먼저, 최종적인 목표점으로서 인간의 행복(효용)이다. 그럼 무엇을 행복으로 보아야 하는가가 연구에 있어서 중요한 기준이 된다. 본 연구에서 행복은 생존욕구와 인정욕구 충족도로서 정의한다. 다음에는 이러한 욕구충족도를 좌우하는 요인들로서 돈, 자원, 기타 요인 등 제약조건들이 있다. 따라서 합리성을 논하기 위해서는 제약조건과 인간의 욕구충족도 간의 관계가 어떻게 설정되어 있는지에 대한 이해가 필요하다.

그런데 양자간에는 단순히 직접적인 관계로서 나타나는 것이 아니라 인간이 어떠한 상황에 처해 있느냐 하는 상황조건에 따라서 달리 나타난다. 즉, 동일한 제약조건하에서도 인간이 처해 있는 조건, 즉 상황조건이 어떠하냐에 따라서 다른 욕구충족도를 보이게 된다. 이처럼 인간의 행복을 좌우하는 상황조건을 시대적 조건, 생리적 조건, 심리적 조건, 이용적 조건 등 네 차원으로 구분하여 설명할 수 있다. 그리고 이러한 각각의 조건은 다음과 같은 요인으로부터 영향을 받는다.

이를 도식화하면 다음과 같다.

〈도식 2〉 상황조건에 대한 설명요인

설명요인	상황조건
패러다임전환단계	시대적 조건(역사성, 시간성)
배고픔, 배부름, 아픔	소비자 몸 상태
스트레스, 소외감, 열등감, 자아정체성 위기, 생명정서고갈,	소비자 심리상태
지역자원이용도, 정보이용도	소비자 주변 여건

따라서 인간의 합리성은 제약조건하에서 욕구충족도(생존욕구, 인정욕구 충족도)를 최대로 하기 위해 처해진 상황조건하에서 행하는 인간의 행위라고 정의해 볼 수 있다.162) 이 정의에 의하면, 합리성은 욕구충족을 위해 어떠한 조건에 있느냐에 따라서 여러 가지로 구분해 볼 수 있으며, 경제적 합리성이란 인간의 욕구충족도를 최고로 하기 위해서는 제약조건 중에서 특히 돈 내지 자원이라는 경제적인 요인이 가장 중요한 것이며, 동시에 인간이 처해 있는 상황 또한 그것을 가장 필요로 하는 상태임을 전제한 것이다. 그렇다면 현재 처해 있는 인간의 욕구를 최고로 충족시키는 요인, 달리 말하면 욕구불만을 가장 심화시키는 요인이 무엇이냐에 따라서 합리적인 행위에 대한 유형이 달라질 것이다. 소비자에게 있어서 그것이 경제적인 요인이라면 소비자 행동은 경제합리성을, 가치적인 것이라면 가치합리성을, 그리고 또 다른 요인이 있다면 또 다른 합리성을 나타낼 것이다.

이상의 내용을 맥락적으로 도식화하면 다음과 같다.

〈도식 3〉 합리성을 정의하는 변수들

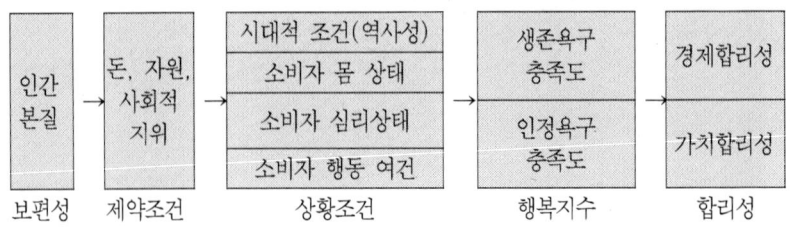

인간 본질	돈, 자원, 사회적 지위	시대적 조건(역사성) / 소비자 몸 상태 / 소비자 심리상태 / 소비자 행동 여건	생존욕구 충족도 / 인정욕구 충족도	경제합리성 / 가치합리성
보편성	제약조건	상황조건	행복지수	합리성

위의 도식에서 돈, 자원, 사회적 지위 등 소비자 행복을 결정짓는 가시적

162) 합리성을 이와 같이 인간의 욕구충족도를 척도로 정의하게 될 때 제기되는 비판은 그것이 너무 개인적인 차원에 치중되어 자칫 사회적인 가치와의 대립되는 상황에 대한 설명이 부족할 수 있다는 점이다. 그러나 이러한 우려는 인간의 욕구충족도라는 개념 속에 인간 간의 관계 속에서 결정되는 존재욕구가 중요한 요인으로 들어 있다면 해소된다.

인 요인 등 제약조건을 주어진 상수로 가정한다. 또한 위 도식의 전면을 통괄하는 인간본질의 구조 또한 보편적으로 본다. 그리고 소비자가 처해 있는 맥락적 상황을 독립변수로 하고, 이의 영향으로 발생하는 욕구충족도의 상태를 매개변수로, 그리고 궁극적으로는 그로 인해서 나타나는 소비자 구매행동의 특성을 종속변수로 하여 합리성을 설명한다.

2. 합리성 형성의 연원

인간의 본질은 생명세계와 존재세계의 양 차원으로 구성되어 있기 때문에 이러한 본질의 특성이 사회적으로 발현되는 과정에서 인간은 독특한 두 가지 유형의 인간형을 만들어내게 된다. 그 하나가 경제적 동물(Economic animal)로서 인간이요, 다른 하나가 이미지 메이킹 동물(Image-making animal)로서 인간이다. 전자를 만들어내는 행동기준이 곧 경제적 합리성이요, 후자가 가치합리성이다.

1) 경제적 합리성의 연원

인간은 경제적 동물이다(Homo ecomomicus). 인간이 가지는 이러한 특성은 35억 년 생명정보로부터 기인한 것이다. 생명세계에서 나타나는 생명체의 욕구불만은 주로 생리적인 현상이 본질을 이루고 있으며, 따라서 욕구불만과 욕구충족 간에는 빠른 순환 사이클이 형성된다. 즉, 배고프면 곧 다른 생명체를 잡아먹거나 풀을 뜯어 먹고 배가 부르면 그만이다. 따라서 이 세계의 특성은 주로 가시적인 물질을 누가 차지할 것인가 하는 것이기 때문에 소유와 지배, 그리고 생사의 관계가 보다 확실해진다.

따라서 생명체들의 생존의 세계가 유지되기 위해서는 물질균형이라는 법칙이 적용되기 때문에 생존세계는 근본적으로 제로섬게임(zero-sum game)으로 귀결되는 세계이다. 인간 역시 정신적인 존재 이전에 생명체로서의 본질을 또한 가지고 있기 때문에 이러한 원리는 시장에 그대로 반영되어 수요공급의 법칙을 이루게 되고 이러한 결과로서 가격이 형성되고 인간은 물질을 얻게 된다. 따라서 시장의 원리란 물질을 둘러싼 제로섬게임이 적용되기 때문에 근본적으로 이기적이고 합리적이고 지극히 계산적일 수밖에 없다. 생존을 위한 물질의 획득이 직접 자연으로부터 얻어지는 것이 아니라 이처럼 시장이라는 인위적인 메커니즘을 통해서 일어나기 때문에 그 과정에서 인간 또한 시장 메커니즘의 속성을 그대로 반영하게 된다. 생존세계에서 나타나는 인간의 이러한 심리적인 특징은 욕구의 대상인 물질이 가시적이며 제한적인 실체로서 존재하기 때문이다.

따라서 경제적 합리성이란 바로 생명체로서 인간의 특성으로부터 연유하는 것으로서 소비자가 시장에서 행하는 행동의 준칙을 의미한다. 따라서 기존의 소비자선택이론은 모두 경제적으로 합리성을 기준으로 성립되어 왔다.

2) 가치적 합리성의 연원163)

그런 반면에 인간은 또한 이미지 메이킹 동물(Homo Image-makingus)로서의 특성을 보인다. 인간의 이러한 특성은 300만 년의 정신정보로부터 기인하는 것으로서 생명세계와 운영하는 원리는 좀 다르다. 즉, 배가 불러도 더 많은 것을 먹으려 하는 경우가 있는가 하면, 배가 고파도 자신은 먹지 않으면서 남을 도울 수도 있는 것이 정신세계의 기본 원리이다. 따라서 욕구불만과 욕구충족이 생명세계와 같이 곧바로 충족되는 빠른 사이클로 이

---

163) 하버마스에 의하면, 생활세계의 의사소통적 합리성을 기반으로 경제와 관료 행정이 생겨나고 이것을 바탕으로 계속 성장하여 결국 비대해진 도구적 합리성이 생활세계의 영역을 침범함으로써 생활세계의 식민화(die Kolonialisierung der Lebenswelt)로까지 악화되었다고 하는데(윤평중, 1994: 130), 이때의 의사소통 합리성은 가치합리성을 근원으로 하는 것이며, 또한 도구적 합리성은 경제적 합리성과 같은 연원으로 볼 수 있다.

루어지는 것이 아니라 끊임없이 욕구가 창출되고 확대될 수 있는 열린 시스템으로 형성되어 있다. 만일 인간의 인정욕구의 불만이 끊임없이 누적되는 조건이 형성된다면 인간의 욕구는 사회적인 구조에 의해서 욕망화된다. 따라서 인간 욕망의 본질은 명백하게 정신세계의 작동원리로 인해서 사회과정 속에서 확대되는 사회구조로 볼 수 있다. 그런데 여기서 주목해야 할 사실은 바로 이러한 현상이 자신의 존재가치가 사회적인 관계 속에서 타자로부터 인정받고자 하는 과정에서 나타난다는 점이다.

따라서 자신의 이미지가 자신의 존재를 부각시키기에 유리하도록 특징화해 간다. 이러한 이미지의 형성은 가시적인 물질을 둘러싸고 이루어지는 것이 아니라 상호 시선처리에 의해서 확인되는 것이기 때문에 제로섬게임이 아니라 기본적으로 윈-윈 전략(win-win strategy)일 수 있다. 이것이 욕구대상으로서의 물질세계와는 달리 정신세계가 가지는 특징이다. 따라서 인간은 자신의 존재를 확인할 수 있는 가장 확실한 토대로서 자아정체성(self-identity)을 확보하려 한다. 사회관계 속에서 자아정체성이 도전받게 된다는 것은 곧 자신의 존재 그 자체에 대한 위험을 의미하는 것이며, 이를 보호하기 위한 이미지 메이킹 과정이 끊임없이 필요하게 된다. 이러한 이미지 메이킹의 과정에서 중요한 두 가지 요소는 자신의 이미지를 사회적으로 인정될 수 있는 가치들-정의로움, 양심적, 도덕적, 강함, 착함, 성실함, 아름다움 등-로서 형성코자 한다는 점과 또 하나는 동시에 이러한 이미지 메이킹이 상처받아 자신의 자아정체성이 도전받게 되었을 때 이로 인한 인지적 부조화(cognitive dissonance theory)를[164] 해소하기 위해

---

164) 인지적 부조화 이론은 Leon Festinger가 제안한 '인간의 인지와 동기에 관한 한 이론'에서 구체화된 내용으로서, 기본적으로 한 개인이 심리적으로 불일치한 두 개의 인지(아이디어, 태도, 신념, 의견)를 동시에 가지고 있을 때 일어나는 긴장 상태를 말하는 것이다. 이때 이를 감소시키는 동기가 발생하는데, 그에 대한 방법이 자기자신에 대한 정당화 논리이다. 따라서 인지적 부조화 이론에서는 사람을 합리적인 존재로 묘사하지 않고 오히려 합리화하려는 존재로 본다. 사람은 옳게 되려는 동기가 있는 것이 아니라 오히려 자신이 옳다고 '믿으려는 동기'를 가지고 있다(Elliot Aronson: 177-181). 인지적 부조화가 가장 강력하게 일어나는 상

끊임없이 자기정당화를 통해서 자아정체성의 위기를 방어하려 한다는 점이다. 따라서 인간은 양심적이고 선하며 또한 강한 이미지로서 타자들에게 인식되기를 선호한다. 정신세계에서 나타나는 인간의 이러한 심리적인 특성은 인정욕구 충족의 매체가 물질과는 달리 제한적이지도 가시적이지도 않는 상호 시선처리 속에서 결정되기 때문이다.

가치합리성이란 바로 인간이 존재체로서 가지는 이러한 특성에서 연유한 것으로서 실제 시장에서 소비자들의 행동을 이끄는 또 한 축의 중요한 행동준칙으로 자리잡고 있다.

3. 합리적인 소비자선택론

소비자의 소비행위는 시장에서 재화를 구입, 사용, 처분하는 일련의 과정으로 정의된다. 소비자선택론은 이 중에서 주로 시장에서 재화를 구매할 때의 소비자 행동을 설명하는 데 초점을 둔 것으로서 왜 하필 소비자는 그 많은 재화 중에서 꼭 그 재화를 선택하는지에 대한 설명인 것이다. 이에 대한 지금까지의 설명은 주로 경제학의 범위 내에서 논의되어 왔기 때문에 기존 소비자선택론의 핵심은 경제적 합리성을 그 기준으로 하고 있다. 그러나 본 연구에서는 소비자의 합리성이 전술한 바와 같이 인간이 가지고 있는 인간 본질의 구조로부터 연유한다는 점을 염두에 두고 합리적인 소비자선택론을 논의하고자 한다. 따라서 소비자선택의 합리적인 기준 또한 경제성과 가치성의 양 기준에서 설명한다.

황은 다름 아닌 자아개념(self-concept)이 위협받을 때이다(Elliot Aronson: 215). 개별 인간이 사회적인 행위 속에서 자아정체성의 위기를 느낄 때 나타날 수 있는 여러 가지 사회심리적인 현상에 대한 보다 상세한 설명은 위 책의 173 ~ 263쪽을 참고할 것.

1) 경제합리적인 소비자선택론

경제학에서 인간은 합리적이라고 가정하는데, 여기에서의 합리성은 두 가지 의미를 함축한다. 하나는 소비자는 이기적(self-interest)으로 행동한다는 것과 다른 하나는 선호에 있어서 일관성(consistency of preference system)을 갖는다는 것이다(The Ecomoist, 1994-1995: 92). 이러한 인간형에 바탕을 둔 경제합리적인 소비자선택에 관한 내용을 모두 포괄하자면 크게 세 차원에서 논의될 수 있다.

먼저, 거시경제학적인 접근이다. 소비자는 획득한 소득을 얼마나 지출할 것인가를 결정해야 하는데, 그 합리적인 판단기준을 거시경제학에서는 여러 가지로 설명하고 있다. 케인스의 절대소득가설, 프리트만의 항상소득가설, 안도와 모딜리아니의 생애주기가설 등이 모두 이에 관한 것들이다(김대식 외, 1994: 657-664). 이러한 이론들에 의하면, 소비자는 자신의 벌어들인 소득을 지출하는 데 있어서 합리적인 기준을 소득 그 자체에 두고 있다. 다만 그 소득을 현재의 소득량으로 볼 것이냐, 아니면 미래까지를 함께 고려할 것인가가 차이일 뿐이다. 이것이 말하는 것은 소득이라는 외부변수에 대한 소비자선택의 기준이 일관되게 나타난다는 선호체계의 일관성을 전제로 한 것으로서, 이 논의에서는 소비자 현재의 심리상태나 기타 상황변수는 제외된다. 단지 듀젠베리만이 상대소득가설(김대식 외, 1994: 657-664)을 통해서 이와 같은 기본 가정을 벗어나려 시도하고 있다. 그는 소비자들의 선호체계가 소득이라는 절대적인 외부변수만을 고려해서 판단할 만큼 그렇게 일관적이지 못하며, 오히려 소비자의 선택행위에 영향을 주는 선호체계는 과거 자신의 소비경험과 타자의 소비양태로부터 영향을 받는다는 '선호체계의 상호 의존성(interdependence of preference system, Duesenberry, 1952: 13-15)'을 주창하였다.

두 번째는 미시경제학적인 설명이다. 일관성이든 상호 의존성이든 일단 소득 중에서 소비할 몫으로 결정한 후 이것을 어떻게 하면 최대로 활용할 것인가가 그 다음의 문제로서 중요하게 제기된다. 바로 이 과정에서 소비자

개개인의 소비행위에 초점을 맞추어 그 합리적 결정이 어떻게 이루어지는지에 대해서 설명하는 것이 미시경제학적인 소비자선택이론이다. 이에 대한 설명의 출발과 핵심은 한계효용이론이다. 무차별 곡선, 현시선호이론은 한계효용이론이 기반을 두고 있는 기본 개념구조와 인간형에 대한 동일한 합의를 바탕으로 성립되거나 세련화된 것들과 다름 아니다. 따라서 일반적으로 소비자선택이 합리적으로 이루어진다고 할 때 합리적이라는 개념에는 한계효용이론에서 뜻하는 바가 모두 수용되어 있다. 한계효용이론의 역사적 의미는 고전학파와 사회주의학파의 노동가치설에 맞서는 것으로부터 찾아진다. 멩거는 "재화의 가치는 오직 그 존재량과 인간 욕망의 만족이라는 참으로 주관적인 것"(유동민, 1996: 200)으로 보았다. 이처럼 인간욕구를 기본 바탕으로 성립된 한계효용이론의 핵심 내용은 세 가지로 요약된다. 하나는 소비가 증가할수록 그 상품에 대한 한계효용은 체감한다는 것이고, 둘째는 그렇기 때문에 소비자는 각 재화 간 한계효용이 같아질 때까지 선택을 조정함으로써 효용을 극대화한다는 것이다. 셋째는 이러한 효용극대화 조건은 소득의 한계 내에서 균형을 달성한다는 것이다. 이를 통해서 한계효용이론은 소비자들이 주어진 한계 내에서 무엇을 얼마만큼 구매하느냐를 설명해 내는 데 많은 기여를 하였다. 따라서 한계효용이론을 기초로 하여 성립된 소비자선택이론에는 선택을 할 때마다 그 기준을 제시하는 것으로 일관한 선호체계가 소비자 내면에 갖추어져 있음을 뜻한다.

세 번째는 일반적인 소비자선택이론의 가정 중 일부를 비판, 새로운 내용을 전개함으로써 기존의 합리적인 선택이론의 한계점을 보완해 나가는 시도가 있다. 스티글러(Stiggler)는 탐색이론을 통해서 소비자들이 구매하고자 하는 재화에 대해서 완전정보를 가지고 있다는 기존 경제학의 가정을 거부하고 정보비용을 소비자의 선택에 중요한 요인으로 고려하였다. 그에 의하면, 소비자는 기대효용을 극대화하기 위해서 탐색의 한계비용이 한계수익보다 더 클 때까지 탐색함으로써 최적탐색 수를 결정한다는 것이다(Stiggler, 1961). 이때 소비자 역시 자신의 이익(self-interest)을 최대화하기 위해 경제적으로 합리적인 존재이며, 그 소비자의 선호체계는 일관성을 가지고 있음이 전제되어 있다.

이상의 합리적인 소비자선택론이 주로 경제학을 중심으로 이루어져 온 것에 반해서 이로부터 탈피하고자 하는 노력이 심리학 중심의 소비자 행동 연구로부터 나타났다. 소비자들의 선택을 하나의 과정으로 보고, 이 과정에서 소비자 내부의 심리변수들과 소비자 심리에 영향을 미치는 사회적 변수를 고려하고 있다(이규현, 1994: 33). 하워드와 세쓰(Howard, J. A., & Sheth, J. N.)의 블랙박스 모형, 엥켈-블랙월-미니어드(Engel, J. F., Blackwell, R. D., & Miniard, P. W.)의 모형, 그리고 스턴덜과 크레이그(Sternthal, B., & Craig, S.)의 모형 등이 여기에 해당한다. 이러한 연구경향은 잘트만과 위렌도르프(Zaltman, G., & Wallendorf, M.)에 의해서 사회학과 문화인류학적인 접근 등으로 확대되어 가고 있다(이규현, 1994: 33-39). 이러한 연구방향이 경제학에서 탈피하여 소비자의 심리적 요인을 중시한 것은 사실이지만, 이러한 내용들은 소비자선택 행위의 기준이 다양한 요인들에 의해서 영향을 받을 수 있음을 보여주는 것일 뿐 소비자선택이 이기심에 기반을 두어 합리적으로 이루어진다고 가정한 인간형을 극복한 것으로는 인정되지 않는다.

경제적으로 합리적인 인간형에 가정되어 있는 이기심과 선호의 일관성은 그동안 경제학 내외부로부터 많은 비판을 받아왔다. 소비자들은 유혹, 두려움, 유행, 종교, 나쁜 습관 등 비경제적인 요인에 의해서 선택의 선호에 영향을 받고 있으며, 또한 사이먼(Simon, 1955)을 시발점으로 해서 소비자는 이기적으로 행동하려 하지만 정보부족, 정보획득 및 해석비용 때문에 제한된다는 제한된 합리성(bounded rationality)을 가정하는 부류도 있다(The Economist, 1994-1995; Bettman, 1991). 탈러(Thaler)는 상황에 따라서 항상 합리적인 것은 아니라는 유사 합리적 경제인(quasi-rational economics)을 설정하고 있다(Thaler, 1991). 또한 실제 시장에서 관찰되는 소비자 행동 중에서 기존의 소비자선택의 합리성으로 설명되지 않는 현상을 지적한 것으로서,

베블렌은 과시소비(Veblen, conspicuous consumption, 1934: 68-101)
를, 듀젠베리는 선호체계의 상호 의존성(Duesenberry, interdependence
of consistence system, 1952: 6-16)을 통해서 선호체계의 비일관성을,
프랭크(Frank)는 이성에 내재해 있는 열정(passions within reason,
Warsh, 1989: 32-34)을, 그리고 차원을 달리하여 개인의 합리적인 선호체
계와 사회적인 총선호체계 간의 불일치성을 증명한 애로우(Arrow, 1951)의
논점들을 들 수 있다. 끝으로, 소비자선택론의 핵심인 한계효용이론이 기반을
두고 있는 기본적인 가정들로 인해서 발생하는 한계점들(최병용, 1991, 48)을
기본적으로 지적할 수 있다.

　그러나 경제적으로 합리적인 소비자선택이론이 가지는 한계는 인간본질
차원과 시대적 조건하에서 보다 분명해진다. 먼저, 한계효용이 체감한다는
것은 재화의 쓰임새 중에서 우선적으로 인간의 생리적 욕구를 충족시켜 줄
수 있는 물질재화에 한정되어 나타날 뿐 정신적인 인정욕구를 충족시켜 주
는 재화에는 적용되지 않는다. 이것은 인간본질론에서 볼 때 생명세계에 국
한된 법칙임을 알 수 있다. 이러한 관점을 통해서 다음 두 가지 시사점을
찾을 수 있다. 하나는 한계효용이 대두되고 그것이 지배적인 이론으로 성립
될 수 있었던 역사적 배경에는(1870년대 이후) 생존욕구를 채워주는 물질
적인 풍요로움이 인간의 욕구충족도를 가장 크게 하는 요인으로 작용하고
있었음을 뜻한다. 두 번째는 대중소비사회, 정보사회로 특징되는 현대사회
는 생존욕구 이외에 정신적인 측면에서 효용을 가져다주는 상징 또는 가치
재화가 더욱 중요해지고 있다는 점이다. 그런데 정보, 지식, 문화의 소비는
의미덩어리인 골동품과 수집품과 같이 모두 상징과 의미 등을 효용으로 하
는 재화들로서 소비할 때 효용체감의 법칙이 일어나지 않는다는 점이다. 그
리고 한 사회에서 진행되고 있는 소비패턴의 일정한 추세(trend)와 유행소
비 같은 거시적 현상에 대한 설명에 무기력하다. 이러한 점에서 볼 때, 한계
효용법칙에 기반을 두어 성립하고 있던 기존의 경제합리적인 소비자선택론
은 현대사회에서 새롭게 재구성되어야 한다. 이러한 연장선상에서 환경친화

적인 소비자의 행위 역시 의미지을 수 있다.

2) 가치합리적인 소비자선택론

인간은 이기적이고 일관된 선호체계를 가진다는 점을 전제로 규정한 소비자의 합리성이 이상과 같이 실제 소비자의 선택행위를 설명하는 데 있어서 한계점을 노출하고 있으며, 다음에 제시되는 여러 가지 가치합리적인 소비자선택 행위는 이러한 한계를 보완하는 내용으로 구성된다.

이러한 소비자선택의 행위에는 세 가지가 있다.

첫째, 가치만족 소비이다. 소비자는 자신이 어떤 대상을 소비했다는 그 사실만으로도 매우 흡족해 하는 경우가 있다. 이런 경우는 두 가지 조건이 갖추어져야 한다. 하나는 소비자가 소비하는 대상이 '사회적으로 가치 있는 재화 또는 서비스'여야 한다. 다른 하나는 소비자가 자신의 존재가치를 사회적으로 인정받고자 하는 심리를 가져야 한다. 똑같은 상품이지만 그 상품의 판매 이익금 중에서 일부가 환경보전을 위한 비용으로 지출된다거나 불우한 이웃을 돕는 데에 쓰인다고 하면 소비자는 그러한 상품을 구매하는 것이 사회적으로 의미 있는 행위에 자신이 참여했다고 생각하게 되고, 이 과정에서 자신의 존재가치에 대한 만족을 느낀다. 환경친화적인 제품은 보통 가격, 품질, 디자인 면에서 열등하기 때문에 이를 구매하는 소비자에게는 경제적인 손실을, 또한 사용과 폐기 시 환경을 위한 행동을 하기 위해서는 불편함을 감수해야 한다. 따라서 환경친화적인 소비행위는 소비자 자신에게 비합리적이긴 하지만, 반면에 사회적으로는 매우 큰 가치를 가지고 있기 때문에 환경친화적인 소비행위는 가치만족의 소비유형으로 볼 수 있다.

둘째, 타인지향 소비이다. 자신이 구매한 상품이 가격, 품질, 쓰임새를 기준으로 선택되지 않으며, 그렇다고 사회적으로 의미 있게 소비되는 재화도 아닌 경우가 있다. 이 상품이 선택되는 유일한 이유는 이 상품을 구입함으로써 자신의 존재를 타자에게 과시하기 위한다거나 최소한 또래 집단으로부터 소외받지 않기 위해서이다. 이러한 행위는 사회적으로 의미 있는 것은 아니지만 소비자 개인적으로 볼 때에는 욕구불만의 심리상태를 누그러뜨리는 역할을 함으로써 큰 효용을 가져다주는 재화이다. 현재 이스트팩(eastpak)이라는 브랜드가 한국의 중·고·대학생들의 가방시장을 석권하고 있는 것처럼 하나의 상품이 어떤 집단에서 일정기간 동안 순식간에 전파되는 유행소비, 가격이 비쌀수록 잘 팔리는 청바지와 같이 베블런효과로 설명되는 과시소비 등이 이런 소비유형에 속한다. 이러한 재화의 효용은 실제 사용가치보다는 커뮤니케이션의 기능에 있다. 따라서 소비자의 타인지향 소비는 자신의 존재가치를 타자로부터 인정 또는 소외시키지 않기 위한 가치합리성으로 볼 수 있다.

셋째, 자기파괴 소비이다. 타인지향 소비가 인정욕구를 충족시키기 위해서 자신의 존재를 타자에게 과시하는 방식을 취하는 것인 반면에 자기파괴 소비는 그 방식을 자신의 내면으로 향하게 함으로써 자신에게 피해를 주는 경우이다. 이 경우에는 자신의 욕구충족의 길이 사회적으로 철저하게 무시 또는 박탈당한 상태에서 자학의 방식으로 나타나며, 중독소비가 대표적이다. 자기파괴 소비는 개인적인 차원이나 사회적인 차원이나 백해무익한 행위이지만, 그 계기가 자신의 존재가치를 사회적으로 발현하는 과정에서 인정욕구를 충족시키고자 하지만 그 수단이 봉쇄됨으로써 나타나는 소비유형이라는 점에서 볼 때, 분명 이것은 가치합리적인 소비유형의 한 가지로 볼 수 있다.

이상에서 보인 바와 같이 경제적으로 합리적인 소비자선택론에 의해서 비합리적인 소비행위로 비판받았던 소비자 행위는 가치합리성이라는 기준에서 보면 지극히 당연한 일관된 행위로 관찰될 수 있다. 그리고 위에서 분류한 세 가지 가치합리적인 소비유형들은 대중소비사회로 정의되는 현대 도시사회에서 주도적으로 나타나고 있는 소비양식의 특징이기도 하다. 대중소비사회에서의 소비를 흔히 '기호소비'로 표현하는 것은 바로 이 때문이다. 이것이 가지는 의미는 이제 재화가 경제적인 합리성에 의해서 선택되지 않고, 그 재화가 가지는 사회적 문화적 의미에 의해서 선택됨을 의미하며, 이것은 소비자선택의 기준으로서 가치합리성이 매우 중요하게 기여하는 시대로 접어들 었음을 뜻한다.

제4절
환경친화적 소비자의 생태합리적 행동

1. 환경친화적 소비자 행동의 가치합리적 특성

경제적으로 합리적인 소비자 정의에 의하면, 소비자는 시장에서 상품을 구 매할 때 가격, 품질, 쓰임새를 꼼꼼히 따져서 가장 저렴한 가격으로 가장 좋은 상품을 구입하게 된다. 이때 가장 좋다는 뜻에는 두 가지 중요한 의미 가 함축되어 있다. 하나는 돈을 주고 고른 바로 그 상품이 기타 상품에 비 해서 소비자 개인에게 가장 큰 이익이 된다는 뜻이며, 동시에 그 이익을 보 는 주체가 남 또는 사회 전체가 아니라 자기자신이라는 점이다. 이러한 경 제합리적인 소비행위는 상품을 구매하는 데뿐만 아니라 구매한 상품을 사용 하고 폐기하는 데 있어서도 그대로 적용된다. 어떻게 하면 자기에게 이익을 극대화하느냐가 유일한 기준인 것이다.

그런데 환경친화적인 소비자는 상품을 구매, 사용, 처분하는 소비행위를 하는 데 있어서 경제적으로 합리적인 소비자가 사용하는 판단기준인 경제적 이익과는 다른 잣대, 즉 환경친화성을 가지고 있다. 그런데 환경친화성이란 일반적으로 소비자 자신에게는 경제적인 이익을 가져다주지 않는 게 특징이다. 환경상품을 구매하기 위해서는 타 상품에 비해서 가격, 품질 면에서 손해를 감수해야 하며, 상품을 이용하고 폐기하는 데 있어서도 환경친화적으로 하기 위해서는 불편을 감수해야 한다. 따라서 환경친화적 소비자는 분명 기존의 경제합리적인 소비자 정의에 의하면 불합리하기 그지없다. 그럼에도 불구하고 소비자는 시장 또는 기타 사회적 활동영역에서 환경친화적인 행위를 나타내고 있으며, 이는 사회적으로 의식 있는 소비자(Anderson, 1972: 23-31)의 맥락에서 꾸준히 연구되어 왔다. 이것은 환경친화적 소비자의 행동이 경제합리성에 기초하는 것이 아니라 가치합리성에 기초한다는 견해를 뒷받침해 주고 있다.

소비자의 환경친화적인 소비행동에 영향을 주는 요인에는 인구통계학적인 변수, 사회심리적 변수, 그리고 사회문화적 변수 등이 있다. 이들 변수 중에서 인구통계학적인 변수와 사회심리적인 변수 중에 후자가 소비자의 환경친화적 행동에 더 큰 영향을 미치는 것으로 나타남으로써(Anderson, 1972), 환경친화적 소비자의 행동이 가져오는 만족이 물질적 만족에 의한 생존욕구의 충족보다는 사회적 관계 속에서 결정되는 인정욕구의 충족에 더 기여함을 알 수 있다.

스탠리(Stanley, 1996)는 환경이슈에 관심을 보이는 소비자가 전반적인 환경친화적인 행동을 하는 데 중요하게 관계되어 있음을 연구하였으며, 이 외에 버크(Burke, 1993)는 소비자들이 가지고 있는 윤리의식이 상품을 구매하는 데 있어서 어떤 태도로 나타나는지를 알아보기 위해서 노동자 탄압 회사의 제품과 동물 학대를 통해 만들어진 환경상품에 대해서 소비자의 구매행동에 대한 태도를 조사하였다. 이들은 소비자들의 환경친화적인 행동의 이면에는 환경의식, 윤리의식 등의 가치 및 규범이 중요하게 작용하고 있음을 말함으로써 경제합리적이기보다는 가치만족을 중시하는 소비자들의 가치합리적인 행동 특성을 보여준다.

환경친화적인 소비자의 행동이 경제합리성보다는 가치합리성에 근거하고 있다는 관점은 많은 연구자들이 환경친화적 소비자의 행동을 연구하기 위해 사용하고 있는 행동모델을 통해서도 잘 나타난다. 많은 연구자들은 소비자의 환경친화적 소비행위 중 사회적 규범이 어떻게 태도를 형성하고 결국 행동으로 연결되는지 그 과정에 대한 심리적인 행동모형을(Schwartz, 1970, 1980; Ajzen, 1991: 179-211) 이용하여 환경친화적 소비자의 태도-행동 간의 불일치, 그리고 이러한 불일치의 조건을 해소하는 조건(Homer & Kahle, 1988; Hopper & Nielsen, 1991: 195-220; Van Liere & Dunlap, 1978: 174-188; Taylor & Todd, 1995: 603-630)과 아울러 환경친화적 소비행동의 이타적(altruistic)인 특성에 대해서 연구해 왔다.

쉬와르쯔(Schwartz, 1970, 1980)의 규범 활성화 모델에 의하면, 행위자가 자신의 행동이 가져올 결과에 대한 인지(AC: awareness of consequences)와 그 사태에 대해 느끼는 책임통감(AR: ascription of responsibility)의 정도에 따라서 개인적 규범이 실제 행동으로 직결돼 나타나기도 하고 불일치가 발생하기도 하는데, 둔랩(Dunlap, 1978)은 쉬와르쯔의 모델을 이용해서 정원 폐기물을 소각하는 소비자들의 비환경적 행동이 결과에 대한 인지(AC)와 책임통감(AR)이 높을수록 적게 일어남을 실증하고 있다. 여기서 AC와 AR은 곧 소비자들의 경제적인 만족을 구성하는 요건이 아니라 가치 내지 규범을 강화시킴으로써 가치합리적인 행동을 구성하는 요인임을 알 수 있다. 또한 테일러(Taylor, 1995)는 재활용과 음식물 퇴비화에 참여하고 있는 소비자들의 처분행동이 어떻게 이루어지는지를 설명하기 위해서 아찌젠의 계획적 행동이론(Ajzen, 1991: 179-211), 로저스(Rogers)의 혁신확산이론, 반두라(Bandura)의 자기확신(self-efficacy)이론 등을 부분적으로 통합해 통합적인 폐기물관리 모델을 구성하였다. 이를 통해서 테일러는 환경친화적 소비자의 소비행동에 영향을 미치는 요인을 태도, 주관적 규범, 인지된 행동통제 등 세 차원에서 소비자 행동을 설명하고 있다. 여기에서 핵심은 소비자의 환경친화적 소비행위를, 인구통계학적인 변수보다는 사회심리적인 변수를 더욱 중요시한다는 점이며, 이는 전술한 바와 같이 가치합리성에 기초해서 소비행동을 설명하고 있음을 의미한다.

드 영(De young)은 환경친화적 소비자의 행동을 이끄는 요인을 내부적 동기(intrinsic motivation)와 외부적 동기(extrinsic motivation)로 나누고, 전자는 만족감으로, 후자는 경제적 인센티브로 보고, 전자가 후자에 비해서 정책적인 효과에 있어서 자발성과 지속성을 보장하는 요인임을 밝히고 있다(De young, 1986, 435-449). 이러한 결과 역시 소비자가 경제합리적이라기보다는 가치합리적인 행동을 보인다는 관점을 뒷받침한다. 호퍼는 재활용 프로그램에 참여하는 소비자 행동을 이타적인 것으로 보고, 어떠한 개입정책이 소비자들의 이타적인 행위를 더욱 촉진하는지를 연구하였다(Hopper, 1991, 195-220).

요약하자면, 시장에서 실제로 나타나고 있는 소비자들의 환경친화적인 소비행동은 첫째, 환경친화적 소비자의 소비행동을 가치지향적인 것으로 보고, 사회적으로 의식 있는 소비로서 이타적으로 보며, 둘째, 환경친화적 소비행동에 영향을 주는 변수는 인구통계학적인 것보다 사회심리적인 요인이 더 중요하며, 셋째, 환경친화적 소비자의 행동에 영향을 주는 것으로서 경제적 유인보다는 내면적 동기를 더 중시한다. 그리고 넷째, 가치 및 태도와 행동 간의 불일치를 나타내는 조건을 해소하기 위한 노력이 환경친화적 행동을 이끄는 데 중요하다는 점이다. 이러한 연구결과들은 모두 환경친화적 소비자의 행동이 경제적인 합리성보다는 가치합리적인 행동준칙에 기반을 두고 있음을 뒷받침한다.

2. 환경친화적 소비자의 가치합리성 발현의 조건

합리성에 대한 정의를 새롭게 내리기 위해 제시한 바 있는 앞선 논의에서 (〈도식 2〉) 합리성은 소비자의 욕구충족도에 따라서 그 유형이 달리 나타나며, 욕구충족도는 소비자가 처해 있는 상황조건에 의해서 결정됨을 보였다.

따라서 환경친화적 소비자의 행동 특성이 경제합리성에 기반을 두기보다는 가치합리성에 기초하고 있다는 기존의 연구성과들이 단편적인 현상들에 대한 분석 내용이 아니라 합리성이라고 할 만큼 일관된 원리로서 설명이 되기 위해서는 현재 소비자가 처해 있는 상황조건에 대한 검토가 중요하게 된다.

먼저, 환경친화적 소비자가 어떠한 시대적 조건하에 있는가의 문제이다. 이것은 현대 소비자가 처해 있는 사회에 대한 역사성에 관한 질문이다. 현재 우리 사회는 지식정보 사회 등으로 표현되는 새로운 시대로 진입하였다. 이로써 산업사회에서 물질적 재화와 서비스의 생산이 경제활동의 핵심 내용이던 것이 지식, 문화, 정보산업 등 비가시적인 정신적 가치의 세계의 창출이 더욱 중요해지고 있다. 이와 함께 현재 우리는 환경문제의 심화로 경제활동에 있어서 인간과 인간 간의 관계만 고려했던 시대로부터 자연생태계의 수용능력을 감안해야 하는 새로운 시대에 살고 있다. 이것은 곧 산업사회를 구성하고 있는 생산 및 소비방식, 그리고 이를 구동시켜 온 사회적 가치체계에 대한 새로운 패러다임이 필요함을 의미한다. 이러한 시대적 상황은 생명의지 발현의 원리에 의해서 소비자에게 기존의 경제합리성과는 다른 새로운 행동준칙을 강제하게 된다.

두 번째는 소비자의 몸 상태, 즉 생리적 조건에 관한 것이다. 현재 도시의 소비자는 의식주가(衣食住暇)에 있어서 절대적인 빈곤에서 벗어나 물질의 풍족, 편리성 증대, 즐김 문화 발달 등 생존욕구를 충족시켜 왔다. 우리 사회는 이러한 긍정적인 성과에도 불구하고 부정적인 면, 즉 한편으로는 자연환경 파괴와 도시문명에 의한 생명정서의 '고갈', 비윤리적인 사회문제의 만연 등으로 인한 도덕자원의 '고갈'과 다른 한편으로는 과잉노동, 과잉섭취, 과잉경쟁 등 '과잉'으로 인한 온갖 스트레스와 성인병 등으로 고통받고 있다. 이러한 몸적 조건은 생명체로서의 인간과 존재체로서의 인간의 본질인 생존성과 존재성을 위협하는 요인이 되고 있다. 이러한 상황에서 소비자의 욕구 충족은 물질적인 측면보다는 자연을 보전하고 사회의 공유가치를 유지하려는 정신적인 측면과 관련되어 이루어질 때 더 큰 효용을 얻게 된다.

세 번째는 소비자의 심리상태이다. 이 조건은 인정욕구의 충족도가 어느 정도인가의 문제와 관련된다. 현대 도시의 소비자는 경제적 효율성과 그에 준하는 가치체계에 의해서 인간성이 상실되어 왔다. 또한 도시의 심각한 환경문제로 인해서 쾌적한 생활환경을 위협받고 있다. 한편으로는 경제적 효율성에 잘 훈련된 인간형이 되라는 사회적 욕구에 충실치 못해서 자신의 존재가치가 희박해지고, 다른 한편에서는 인간의 양심과 가치를 실현시키는 이타적인 인간형이 되어야 한다는 인간본질의 내면의 목소리를 외면함으로써 또한 자신의 존재가치의 무기력함을 경험하고 있다. 소비자는 양자간의 갈등 속에서 인간의 인정욕구 불만이 극도화된 사회에 살고 있는 셈이다. 따라서 소비자는 이러한 갈등 속에서 자신의 존재가치를 느낄 수 있게 행동하는 것이 가장 큰 효용을 얻게 된다.

넷째는 소비자의 소비행동을 촉진키 위한 여건이다. 현 우리 사회의 소비자가 이상의 세 가지 상황조건에 처해 있다 해도 이것들이 소비자들로 하여금 새로운 행동으로 이끌지는 못한다. 왜냐하면, 소비자의 행위에는 가치-태도-행동 간 위계구조에 따라서 순차적으로 나타나기 때문에(Homer & Kahle, 1988) 소비자의 태도와 행동 간 불일치가 발생할 수 있기 때문이다. 따라서 소비자가 전술한 세 가지 상황조건하에서 경제합리성과는 다른 가치와 태도의 형성이 구체적인 소비행동으로 나타나기 위해서는 그와 관련된 사회적 물적 조건 내지 프로그램이 형성되어야 한다. 이 조건을 마련하는 것은 환경정책의 중요한 영역이 된다.

시대적 조건, 몸적 조건, 심리적 조건은 생존욕구의 불만보다는 인정욕구의 불만을 누적시키는 결과를 가져오기 때문에 인간의 생명의지(생존의지와 존재의지)가 발현되는 사회적 조건으로 작용할 때 그 특성을 반영하게 된다. 이러한 상황에 처해 있는 소비자는 생명체로서, 존재체로서 인간의 본질로 회복하려는 에너지, 즉 생명의지를 발현시키는 방식으로서 이기성, 경제적 효율성, 물질적인 풍요 등으로 대변되는 경제적인 합리성을 새로운 행동준칙, 즉 가치합리성으로 대체하려고 한다.

3. 환경친화적 소비자의 생태합리적 특성

환경친화적인 소비행위는 가치합리적인 소비유형의 분류 중에서 가치만족 소비유형에 속한다. 가치만족 소비는 개인적인 차원에서 피상적으로 볼 때는 경제적인 차원에서 손해를 감수해야 하는 만큼 비합리적으로 보일 수 있지만, 사회적으로는 매우 의미 있는 행위이다. 그러나 그러한 행위가 자신의 존재가치를 사회적으로 인정받기 위한 행위의 일환으로 이루어지는 것이라고 생각해 본다면, 개인적인 차원에서조차 매우 합리적인 행위임을 알 수 있다.

환경친화적인 소비자 행동은 어떻게 정의해야 하는가? 환경친화적 소비행동은 가치와 태도가 아닌 구체적인 실천 행위로서 행동의 결과가 자연환경을 보전하는 데 유리한 방향으로 이루어질 경우에 한정한다. 이 점을 염두에 두고 소비행동의 범위를 상품을 구매, 사용, 처분하는 일련의 과정으로 하면 환경친화적 소비행동의 내용은 다음과 같은 세 가지로 분류해 볼 수 있다.

〈표 5.1〉 환경친화적 소비자 행동의 유형

	동 기	특 성	구체적 행동의 예
적극적 보전행동	이타적	기존의 습성을 대체하는 새로운 행동이 나타남. 불편함과 비용감수.	샴푸사용안하기, 동물학대 상품비구매(가죽제품, 동물 생체실험 관련 상품), 녹색 상품구매, 상품모니터링 수행, 환경보전활동 참여.
소극적 보전행동	양심적 불가피성	낭비적 요인을 줄이거나 상대방에게 피해를 주지 않는 선에서 이루어짐. 불편함과 비용을 감수할 필요가 없음.	에너지·물 절약, 쓰레기 투기 안하기, 자연보호, 쓰레기분리수거(정책수행에 따른 행동)
적극적 회피행동	개인적	자신의 경제적 이익이나 건강과 직결되는 사안에 대한 행동.	정수기 구입, 유기농산물 구매, 전원주택구입, 식품 첨가물 주의, 리필제품구매.

▨▨▨ 생태합리적인 소비자 행동 / ☐☐☐ 경제합리적인 소비자 행동

위 세 가지 행동 유형은 직간접적으로 환경문제와 관련되어 발생하는 것들로서 환경친화적 행위로 통칭할 수 있으나 그 성격은 다소 다르다. 즉, 적극적 보전행동과 소극적 보전행동은 환경문제의 심화가 가치와 태도를 환경친화적으로 변화시키고 그로부터 환경친화적인 행동이 나오는 경우로서 환경보전에 직접적으로 도움을 주는 행동인 반면에, 적극적 회피행동은 자신의 경제적 이익이나 건강과 직결되는 사안에 대한 행동으로서 환경문제의 심화에 따른 소비자의 가치와 태도는 환경친화적으로 변화되었지만, 그로부터 나온 행동이 사회적 가치보다는 개인적 이익에 비중을 두고 행해진 경우이다(민현선, 1998).165)

그렇다면 위 세 가지 유형의 환경친화적 소비행동은 어떤 합리성에 근거하는가? 환경친화적인 소비자 행동이 가치합리적이기 위해서는 세 가지 요소 중 하나 이상을 가지고 있어야 한다. 하나는 환경친화적인 선택을 하는 소비자는 최소한도 물질적인 재화의 사용가치보다는 자신의 존재가치를 더 중시한다는 것, 다른 하나는 자신의 소비행위가 환경을 보전하는 데 기여하게 됨으로써 가치만족을 느낀다는 점, 그리고 또 다른 하나는 이러한 행동은 기본적으로 이타성(altruistism)을 띤다(Hopper, J. R., & Nielsen, J. M., 1991, 195 - 220)는 점이다.

이런 기준으로 본다면, 적극적 보전행동과 소극적 보전행동은 가치합리적이라고 할 수 있으나, 반면 적극적 회피행위는 경제합리적인 행동으로 보아야 하며, 그렇다면 적극적 회피행동은 환경친화적 소비자 행동의 유형에서 배제된다. 그런데 전자의 두 유형은 가치합리적인데, 그 가치의 내용이 생태계 보전에 기여하는 것으로부터 발생되는 것이기 때문에 가치합리성에 기초해서 이루어지는 환경친화적인 소비자의 행동은 특별히 생태합리적이라고 이를 수 있다.

---

165) 민현선은 이를 개인지향적 소비행동과 사회지향적 소비행동으로 나누어 설명하고 있다.

제5절
결 론

결론적으로, 환경친화적 소비자의 행위는 가치합리성에 기반을 두어 이루어지기 때문에 사회적으로 의식 있고 가치지향적이며, 사회심리적인 요인의 영향을 많이 받으며, 내부 동기화(intrinsic motivation)가 중요하며, 가치-태도-행동 간의 위계구조가 생긴다는 점을 감안하여 환경정책이 수행된다면 그 효과를 극대화할 수 있다.

환경개선을 위한 정책적인 측면에서 시사하는 바는 다음 내용으로 정리된다.

첫째, 환경상품 시장의 활성화 측면이다. 환경상품이 타 상품과 시장에서 실질적인 경쟁이 가능하기 위해서는 환경친화적인 소비자의 가치합리성을 어떻게 제고시킬 것인가에 모아져야 한다. 환경친화적 소비자는 가치합리성 중에서 가치만족 소비유형이기 때문에 어떻게 하면 소비자들의 환경상품에 대한 구매행위가 소비자들의 내면의 가치를 최대한 만족시킬 것인가가 관건이다. 일례로 환경마크상품의 브랜드화 전략이다. 환경친화적인 환경표지상품(환경상품, 에너지효율등급상품 등)은 다양한 제품의 종류에 부착되지만 제품의 종류와 무관하게 환경마크가 사회적인 의미와 가치를 담고 있는 하나의 브랜드로 소비자에게 인식될 수 있는 마케팅 전략을 수립하는 일이다.

둘째, 소비자는 가치합리성을 가지고 있기 때문에 환경개선을 위해 협조를 호소할 경우 적극적으로 참여할 용의가 있음에도 불구하고 많은 환경정책은 공급자와 수요자 간의 커뮤니케이션이 이루어지지 않은 상태에서 수행됨으로써 적극적인 참여를 이끌어내지 못하고 있다. 환경개선을 위한 외부적인 강제조건으로서 다양한 법적, 경제적 정책수단들이 수행되는데, 문제는 강제력은 참여자들의 태도가 환경친화적으로 변화되는 과정을 거치지 않고 행동을 이끌기 때문에 자발성과 적극성이 떨어진다는 점이다. 예를 들면, 김포매립지를 건설하기 수년 전부터 서울시와 경기도의 각 지방자치단체별로 주민들에게 난지도의 상황, 폐기물 발생 현황, 매립지 건설의 불가피성, 주민들과의 관련성 등에 대해서 충분한 논의를 진행해 왔다면, 이러한 상황에서 소비자들은 각자 어떻게 해야 하는지에 대한 태도가 형성됨으로써 김포매립지를 건설하고 향후 쓰레기종량제를 실시하게 되었을 때 보다 적극적이고 큰 정책적 효과를 나타냈을 것으로 보인다. 이렇게 형성된 정책 수요자의 환경친화적 태도는 지속성과 파급효과를 나타낸다.

셋째, 환경정책을 입안, 수행하는 데 중요한 것은 그 내용과 관련해서 소비자의 환경친화적 태도를 우선 형성시키는 것이다. 그 다음에는 태도와 행동 간의 불일치를 해소하는 정책방안이 마련되어야 한다. 전자는 가치정보의 제공에 관한 것으로서 수행하는 정책 내용과 관련된 환경문제의 중요성과 사회적으로 의식 있는 행위에 대한 교육, 홍보의 중요성을 뜻한다. 후자는 실용정보의 제공과 사회적인 기반시설의 문제이다. 환경친화적인 태도가이미 형성되어 있는 소비자를 행동으로 이끌기 위해서는 구체적 실천에 필요한 정보를 제공해 주어야 하며, 실제 행동하는 과정에서는 환경친화적인 태도에서 기대하는 바의 결과를 성취할 수 있는 정책수행의 여건이 마련되는 것이 중요하다. 이것이 의미하는 바는 정책을 우선 도입하는 것이 중요한 것이 아니라 그 도입 배경에 대한 충분한 사회적 합의와 제반 여건을 선행시킨 후에 이루어져야 함을 뜻한다. 현재 도입을 추진 중인 확대생산자책임제도(EPR) 또한 관련 당사자들의 태도 형성과 행동을 위한 구체적인 여건 마련을 전제로 이루어져야 한다.

넷째, 생산자의 환경오염 행위를 통제하고 환경친화적인 경영체제로 유도하고, 폐기물 발생을 최소화하기 위한 정부의 법적 규제나 경제적인 유인책의 효과를 극대화하기 위해서는 환경친화적인 소비자의 구매력을 통해서 생산자에게 경제적 영향력을 주도록 정책적인 연계가 이루어져야 한다. 따라서 환경정책은 어떻게 하면 소비자들의 가치합리성을 발현시켜 생산자에게 영향을 줄 것인가에 초점을 둘 필요가 있다. 예를 들면, 폐기물관리정책에 있어서 지방자치단체가 재활용품 처리 책임에서 손을 뗀다면, 생산자와 소비자는 폐기물 발생의 원인에 대한 책임을 지는 과정에서 가치합리성이 발현되는 기회를 가지게 된다. 소비자는 문전에서 도소매업까지 되가져다주는 과정에서 가치합리성이 제고되고, 이러한 처분행동은 도소매업, 유통업, 생산자에게 연쇄적인 영향을 미쳐 환경친화적인 경영을 이끌어내며, 결국에는 소비자의 구매행위에까지 그 영향을 미치게 된다.

참고문헌

김대식 외(1994) 〈현대경제학원론〉, 박영사.

김염제(1987) 〈소비자 행동론〉, 나남.

김용옥(1994) 〈여자란 무엇인가?〉, 통나무.

민현선(1998) 〈환경친화적 소비행동에 대한 태도와 소비행동〉, 서울대학교 소비자 아동학과 박사학위 논문.

유동민(1996) 〈경제학을 만든 사람들〉, 비봉출판사.

윤평중(1994) 〈푸코와 하버마스를 넘어서 – 합리성과 사회비판〉, 교보문고.

이규현(1995) 〈소비자 행동〉, 한남대학교 출판부.

이기춘 외(1996. 5) "환경친화적 제품에 대한 구매의사", 〈소비자학연구〉.

최병용(1991) 〈최신소비자 행동론〉, 박영사.

Ajzen, I.,1991. The theory of planned behavior,
Organization Behavior and Human Decision Processes, 50, 179-211.

Aronson, Elliot. 1988. 윤진 외 역. 1989. 〈사회심리학〉. 탐구당.

Anderson, W. T., & Cunningham, W. H. 1972. The socially conscious consumer, *Journal of Marketing*, Vol.36, 23-31.

Arrow, Kenneth J., 1963, *Social Choice and Individual Values*, New Haven and London, Yale University Press.

Bettman, J.R. 1991. Consuner decision Marking, in Robertson, T.S., (et al). *Handbook of Consumer Behavior*.

Burke, S. J., Milberg, S. J., & Smith, N. C., 1993. The role of ethics concerns in consumer purchase behavior: Understanding alternative processes, *Advances in Consumer Research*, Vo.20, 119-122.

De young. 1986. Some psychological aspects of recycling: The structure of conservation satisfactions, *Environment and Behavior*, 18, No.4, July, 435-449.

Duesenberry, James S. 1952. Income, Saving and The theory of Consumer Behavior, Harvard University Press, Cambridge, Massachusetts.

Heiskanen, E., & Pantzar, M. 1997. Toward sustainable consumption: Two new perspectives, *Journal of Consumer Policy*, 20: 409-443.

Homer, P. M. 1988. A structural equation test of the value-attitude-behavior hierarchy, *Journal of Personality and Social Psychology*, 54, No.4, 638-646.

Hopper, J., & Nielsen, J. M. 1991. Recycling as altruistic behavior: Normative and behavioral strategies to expand participation in a community recycling program. *Environment and Behavior*, 23(2), 195-220.

McCracken, G. 1988. Culture and Consumption-New Approaches to the Symbolic Character of Consumer Goods and Activities, Indiana University Press, Bloonington and Indianapolis.

Mills, C. Wright. 1956. *White Collar-The American Middle Classes*, New York, Oxford University Press.

Morgan, G. 1983. "The Significance of Assumptions," in Morgan, G.

ed., *Beyond Method: Strategies for Social Research*, Newbury Park: Sage.

Schwartz, S.H., & Howard, J.A. 1980. Explanations of the modeling effect of responsibility denial on the personal norm-behavior relationship, *Social Psychology Quarterly*, 43, N.4, 441-446.

Schwartz, S.H. 1970. Elicitation of moral obligation and self-sacrificing behavior: An experimental study of volunteering to be a bone marrow donor, *Journal of Personality and Social Psychology*, 15, No.4, 283-293.

Stanley, L., & Lasonde, K. M. 1996. The relationship between environment issue involvement and environmentally-conscious behavior: An exploratory study, *Advances in Consumer Research*, Vo. 23, 183-188.

Stiggler, G.J. 1961. The Economics of information, *The Journal of Political Economiy*. June.

Taylor, S., & Tood, P. 1995. An

intergrated model of waste management behavior-A test of household recycling and composting intention, *Environment and Behavior*, Vol. 27, No.5, 603-629.

Thaler, R.H. 1991. *Quasi rational economics*, Russell Sage Foundation.

Tino Bech-Larsen. 1996. Danish consumer's attitudes to the functional and environmental characteristics of food packging, *Journal of Consumer Policy*, 19: 339-363.

Van Liere, K. D., & Dunlap R.E. 1978. Moral norms and enviromental behavior: an application of Schwart'z norm-activation model to yard burning, *Journal of Applied Social Psychology*, 8, 2, 174-188.

Veblen, Thorstein. 1934. *The Theory of the Leisure Class*, The mordern library New York.

Warsh, D. 1989. "How Selfish Are People-Really?" *Harvard Business Review*, (May-June)

Wind, J., V.R.Rao, and P.E.Green. 1991. "Behavioral Method."in Robertson, T.S. and H.H. Kassarjian, *Handbook of Consumer Behavior*, Englewood Cliffs: Prentice Hall.

The Economist December 24th 1994-Journal 6th 1995. Rational Economic Man-The human factor.

제6장
환경관리정책의 지속가능발전 원칙의 모형 개발

　지속가능발전위원회가 2000년 9월 20일에 대통령자문기구로 발족되었다. 이 기구는 향후 국가정책의 방향의 설정과 시행에 있어서 경제개발과 환경보전 간의 갈등을 합리적으로 해소하고, 국가의 지속가능한 발전을 달성할 수 있는 큰 틀을 모색해 나가는 기능을 할 것으로 기대된다.

　지속가능발전(SD)은 1987년에 WCED 보고서에서 처음 개념이 제시된 이후 1992년 브라질 회의를 거치면서 국제사회 및 개별 국가의 새로운 발전 이념으로 수용되었었다. 그 이후 SD는 이념의 차원을 넘어서 환경보전과 경제발전의 동시 달성을 위해 필요한 각 분야별 정책방안을 모색하는 기준이 되어왔다. 이러한 배경에 비추어볼 때 정부 차원의 지속가능발전위원회의 발족이 주는 의미는 SD의 이념이 환경관리 부문을 축으로 그동안 진행되어 왔던 비공식적인 논의 및 시험의 장으로부터 국가정책 방향의 설정과 수행을 위한 책임 있는 집행의 장으로 이동했다는 점이다.

하지만 이러한 기구의 활동에도 불구하고 지속가능발전이 한 사회에서 실현되기 위해서는 각 분야별 정책이 그 기준에 부합되게 수행되어야 한다. 이를 위해서 필요한 것 중의 하나가 어떠한 정책유형이 지속가능한 것인지 그 기준 및 내용을 설정하는 것이다. 이를 위한 방법 중의 하나가 정책에 대한 지속가능성 여부를 평가하는 일이다. 하지만 아직까지 정책별로 지속가능성을 평가하는 방법이 충분히 개발되지 못한 실정이다.

본 연구에서는 지속가능발전을 수행하기 위해 삼아야 할 기준으로서 지속가능발전의 개념 및 원칙에 대한 체계적인 정리를 통해서 지속가능발전원칙의 모형을 구성한다. 원칙모형이란 추출된 개별적인 원칙들이 종합되어 지속가능발전전략을 수행하기 위한 체계화된 원칙들의 그룹으로 된 형태를 말한다. 지속가능발전원칙 모형은 크게 3단위모형-10개 원칙으로 구성된다. 단위모형은 목표설정 모형(TPM), 행동준칙 모형(APM), 조직운행 모형(OPM)의 세 차원으로 구성되며 각 단위모형별로 원칙들이 제시되어 있다.

이 모형은 환경관리정책을 수행하는 기준 설정 및 정책의 지속가능성 평가를 위한 이론적 도구로 삼고자 한다.

제2절
지속가능발전 개념과 그 전략

1. 지속가능발전의 함수

'지속가능'에 대한 의미를 경제학에서 처음 사용한 학자는 힉스(J. Hicks)이다. 그는 소득을 "다음 기간의 복지수준을 현재 기간의 복지수준보다 떨어지지 않게 하는 범위 안에서 현재 기간에 최대한 소비할 수 있는 금액"으로 정의하면서 소득의 지속가능성을 강조하였다. 이것을 이정전(2000: 291)은 한마디로 "원금을 까먹지 않고 이자소득 한도 내에서 최대한 소비할 수 있는 상태"로 표현한다. 이 말을 그대로 적용하게 되면 자연생태계의 수용능력과 경제성장 속도 간의 관계를 설정해 볼 수 있다. 즉 지속가능발전은 '자연생태계의 수용능력을 교란시키지(까먹지) 않고 그 능력하에서 최대한 이룰 수 있는 경제성장'으로 정의된다.

그런데 문제는 그 다음이다. 가난을 해결하기 위한 기존의 해결책은 경제성장을 촉진시키는 것인데 그럴 경우에 자칫 자연생태계의 수용능력을 초과할 우려가 있다는 것이다. 그렇다면 지속가능발전이란 '자연생태계의 수용능력을 교란시키지 않으면서, 동시에 가난한 자의 필요조건을 해치지 않는 한도 내에서 이루어지는 것'으로 정의해 볼 수 있다. 즉 이 상황은 자연이라는 녀석과 가난이라는 녀석 간에 벌이고 있는 시소게임에서 경제라는 녀석이 캐스팅보트를 쥐고 있는 형국으로 묘사된다. 즉 경제가 커지면 가난 쪽이 힘을 받아 그쪽으로 기울고, 반대로 작아지게 되면 자연 쪽으로 기울게 된다.

그렇다고 한다면 지속가능발전(SD: Sustainable Development)이란 자연생태계, 경제성장 속도, 가난한 자에 대한 배려의 세 가지 변수가 다음과 같은 관계로 설정되는 것을 말한다. 즉 지속가능발전이란 '자연생태계와 가난한 자를 동시에 고려하는 경제활동'인 것이다. 이것은 현실적으로 볼 때 모순이다. 그래서 지속가능발전은 이 모순을 해결하는 방법을 찾을 때 달성된다.166)

이 모순을 해소할 수 있는 방안을 찾기 위해서 이 상황을 보다 구체적으로 표현해 보자. 지속가능발전은 '자연생태계가 수용할 수 있는 한도 내에서 생산하고 소비하면서도 현재 우리(특히 가난한 자)의 복지수준이 감소되지 않거나 오히려 증대되는 경제활동의 상태'를 말한다. 따라서 지속가능발전은 다음과 같은 함수로 표현할 수 있다.〔이하 자연생태계의 수용능력은 환경용량(Environmental Capacity)이라는 용어와 같이 씀.〕

지속가능발전(SD)=F(환경용량, 생산량·소비량, 복지수준)---- 1)
환경용량(EC)=G(생산량 및 소비량, 복지수준)--------------- 2)

위 식에서 지속가능발전은 환경용량, 생산량·소비량(경제규모), 복지수준 등 세 변수에 의해서 결정된다. 그리고 환경용량은 다시 생산량 및 소비량, 복지수준의 함수이므로 결국 지속가능발전은 생산량 및 소비량과 복지수준에 의해서 좌우된다.

여기서 핵심은 환경용량이다. 환경용량은 인간의 경제활동을 수용할 만한 자연생태계의 능력, 즉 인간을 부양할 수 있는 생산능력, 인간이 배출하는 오염물질을 분해해 낼 수 있는 정화능력, 그리고 인간에 의해 훼손된 자연을 복원할 수 있는 회복능력을 통칭한다.

다음으로 생산량·소비량 변수이다. 이것은 경제규모를 나타내는 것으로서 국민소득을 말한다.

---

166) 지속가능발전의 개념이 WCED보고서에 잉태되기까지의 역사적인 배경과 그 개념에 대한 논의는 오용선(1994), "지탱가능성 경제복지지표를 이용한 한국의 경제성장에 대한 평가"(서울대학교 환경대학원), 45~49쪽 참조.

그리고 복지수준은 가난한 자에 대한 배려의 정도와 행복을 가름하는 사회적 가치 척도를 의미하는 것이다. 그런데 지속가능발전을 달성하기 위해서 유념해야 할 것이 바로 복지수준이라는 변수이다. 인간 경제활동의 궁극적인 목적은 '복지증진'에 있으며, 지속가능발전 또는 경제활동의 일환으로서 '복지증진'이 최종적인 목적이다. 그런데 기존 경제학적인 관점에서 볼 때, 복지란 생산량과 소비량에 비례해서 증진되기 때문에 복지수준을 증대시키기 위해서는 생산량·소비량을 늘려야 하는데 이렇게 될 경우에 환경용량이 작아져서 생태계가 위협받는다. 반면에 환경용량을 풍부하게 하기 위해서 생산량·소비량을 줄이게 되면, 이때에는 복지수준이 감소되어 궁극적인 목적을 달성할 수 없게 된다.

결론적으로, 지속가능발전은 생태적 지속가능성, 경제적 지속가능성, 사회문화적 지속가능성의 세 가지 변수 간 관계에 의해서 결정되는 것으로 볼 수 있다.

2. 지속가능발전전략

위 세 가지 지속가능성 간의 상호 모순관계를 해소할 수 있는 답이 '지속가능발전전략(SDS: Sustainable Development Strategy)'이다. 하지만 지속가능발전전략을 수립함에 있어서는 대표적으로 두 가지 견해로 갈리는데, 그것은 강한 지속가능성(SS: strong sustainability)과 약한 지속가능성(WS: weak sustainability)에 관한 일반적인 논의이다. 데일리와 콥은 힉스의 소득개념에서 자본을 완전히 보전하는 점을 중시하는데, 여기에는 인공자본(humanly created capital)만 해당될 뿐 자연자본(natural capital)은 고려되지 않고 있음을 지적하면서, 자연자본이 파괴된 양만큼의 손실은 인공자본의 축적으로 대체됨으로써 보상될 수 있다는 입장에 있는 것을 WS로 보는 반면에, 자연자본은 인공자본으로 대체될 수 없는 것으로서 둘 다 생산요소로 간주해야 한다는 견해에서 출발하는 것을 SS로 보았다(Daly, 1989: 72). 장욱은 이러한 개념 정의에 기초해서 지속가능발전을 위한 방안으로 제시되고 있는 생태효율성(eco-efficiency)은 경제효율성의 연장에 있는 것으로서 자연자본의 손실을 불가피하게 수반한다는 차원에서 WS를 위한 행동강령에 불과하다고 보았으며, 따라서 자연자본의 손실을 근본적으로 보전하여 SS를 달성하기 위해서는 생태효과성(eco-effectiveness)이라는 개념에 기초한 정책방안이 필요하다는 점을 논하고, 그에 대한 구체적인 정책사례를 제시하고 있다(장욱, 1998: 8-19). 문순홍은 지속가능성을 현상유지적이고 체계 내적인 WS, 미래생태지향적이고 체제변혁적인 SS 간 스텍트럼이라고 정의한 헤디저(Hediger, 1999)의 견해를 수용하여, 지속가능성에 대한 측정과 평가를 기술경제, 정치행정, 사회문화의 영역에서 양자간의 상대성을 감안한 평가방안을 제시했다(문순홍 외, 2000: 117).

본 연구에서는 전술한 바 있는 지속가능발전의 개념에 기초해서 세 가지 지속가능성을 신장시키는 것들로서, 역시 세 가지 지속가능발전전략을 제시한다. 여기에는 WS와 SS가 구분 없이 모두 포함된다. 양자는 지속가능발전을 위한 선택·대립 관계로서가 아니라 점진적인 방법과 급진적인 방법이 위상을 달리하여 동시에 수행되는 것으로 재해석한다.

첫째, 환경용량을 약화시키지 않는 '지속가능생태전략'이다. 생태적 지속가능성을 높이기 위해서는 두 차원의 방안이 있다. 하나는 양적 관리의 차원이다. 즉 자연계에서 경제계로 투입되는 자연자원의 투입량(Input)과 경제계에서 자연계로 내보내는 오염배출량(Output)을 모두 줄이는 일이다. 다른 하나는 질적 관리의 측면이다. 투입되고 배출되는 물질들의 성질을 자연친화적으로 하는 방안이다. 이렇게 하기 위해서는 자연자원의 사용량을 최소화하고, 자연자원 및 에너지는 되도록 재생가능자원을 활용함으로써 자연자원의 고갈을 사전에 예방한다. 또한 자연으로 배출되는 물질은 사전 감량화하고, 재활용률을 높이며, 물질의 특성을 무해하게 한다.167) 이와 같이 자원을 사용하고 그로 인해 발생하는 환경오염이 양적 및 질적인 면에서 자연생태계에 부담을 최소화시키는 경제활동이 이루어질 수 있다면, 이 결과는 자연수용성이 높다고 말할 수 있다.

둘째, 경제규모를 늘리면서 최소한 자연자원 소모량을 일정하게 유지하든지 또는 최소한 경제규모를 일정하게 유지하면서 자연자원 소모량을 줄이는 '지속가능경제전략'이다. 이 전략은 쓰루푸트(Throughput, Daly, 1991) 영역에 적용되는 전략이다. 여기에서는 크게 산업구조적인 측면과 도시구조적인 측면 두 가지가 있다. 전자의 경우에 있어서는 환경친화적인 산업구조 개편, 기술혁신, 관리 및 경영방식 개선을 통해서 생산성을 높이거나 새로운 산업을 창출함으로써 경제규모를 증대시킬 수 있다. 후자에 있어서는 에너지 효율을 높이고, 환경친화적인 교통체계, 건물구조 및 건축양식의 환경친화적 요소 증진 등의 방안이 있다. 이러한 구조는 지속가능발전전략에서 물적 자원이 구체적으로 변형되는 과정으로서 자원 변형의 특성이 자연수용성 원칙에 부합토록 이루어져야 한다. 인간의 복지를 위해 추진되는 경제활동의 구조가 이와 같다고 한다면, 그것은 생태적으로 가장 효과적인 방안이 될 것이다. 따라서 이와 같은 경제방식을 생태효과성이 높은 것으로 표현할 수 있다.

셋째, 복지수준을 높이면서 최소한 생산량·소비량을 일정하게 유지시키거나 최소한 복지수준을 일정하게 유지하면서 생산량·소비량을 감소시키는 '지속가능사회문화전략'이다. 이를 위해서는 먼저 물질적인 측면에서는 분배의 형평성을 높여야 하며, 가치기준에 있어서는 다양한 가치판단이 존중되어야 하며, 환경적으로는 환경친화적인 태도와 행동에 준해서 생활양식을 구성해야 한다. 이를 위해서는 경제적인 합리성 이외의 새로운 가치판단 기

---

167) 장욱은(1998) 양적 관리를 생태효율성, 질적 관리를 생태효과성에 기초한 방안으로 규정하고, 강한 지속가능성을 달성하기 위해서는 후자의 행동강령을 채택하는 것이 중요함을 주장하였다.

준으로서 가치합리성이 중시되어야 한다.

이상을 요약하면 〈그림 6.1〉과 같다.

〈그림 6.1〉 지속가능발전전략 도식

지속가능발전전략

분 야	생태적 지속가능성		경제적 지속가능성		사회문화적 지속가능성	
정책목표	-자원사용, 오염배출최소화 -물질특성 친환경성		-경제성장, 자원사용일정 -경제성장일정, 자원사용감소		-복지증진, 경제일정 -복지일정, 경제감소	
정책방안	투입영역	배출영역	생산부문	소비부문	제도·법률	문화·가치
	-신규자원사용량 최소화 -재생가능자원 사용	-오염배출 최소화 -유해물질 배출방지 및 안전 처리	-산업구조 -기술혁신 -관리 및 경영 -신산업창출 -생산방식	-수요관리 -도시경영 -도시계획 -의식주가	-의사결정 분권화 -참여 확대 -분배 형평성	-다양한 가치 판단 기준 -환경친화적인 태도 및 행동
분 야	자원정책	환경관리정책	산업정책	도시계획	자치 및 복지정책	교육문화정책
핵심 개념	최소성 및 자연수용성		효율성 및 생태효과성		형평성 및 가치합리성	

이상에서 보는 바와 같이 지속가능발전전략은 사회 전 분야에 모두 밀접히 관련되어 있다. 좁은 관점에서 본다면 이 중에서 환경오염의 사후처리만을 담당하는 배출영역의 관리를 환경관리정책의 영역으로 한정할 수 있지만, 지속가능한 환경관리라는 보다 넓은 시야에서는 관리의 대상이 여타 모든 정책의 영역까지 확장되어 나타난다. 따라서 본 연구에서는 후자의 관점에서 지속가능발전전략을 제시하고 이에 준한 원칙을 제시하고자 한다.

다만 전략 간에는 서로 다른 위상을 차지하고 있으며, 이를 또 다른 차원에서 묘사하면 〈그림 6.2〉와 같이 수위에 떠오른 빙상과 같다. 이것은 초두에 언급했던 자연생태계의 수용능력, 경제성장의 속도, 그리고 가난한 자에 대한 배려라는 세 가지 변수의 순차적인 관계를 반영한 것이기도 하다.

〈그림 6.2〉 지속가능발전전략의 위상

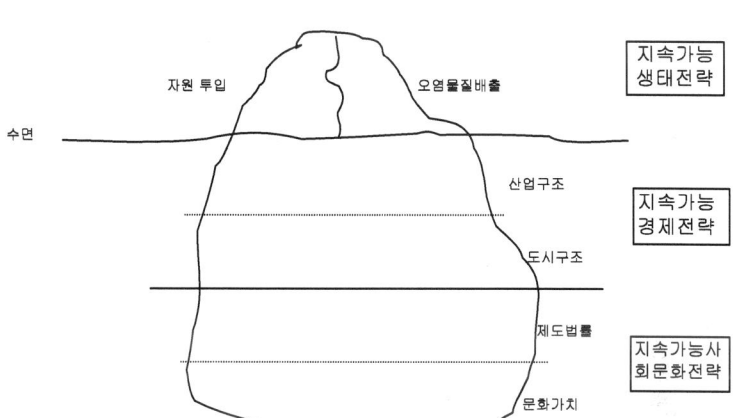

제3절
지속가능발전원칙의 추출 및 모형 구성

지속가능발전의 전략을 수립하고 그 목적을 달성하기 위해서는 구체적인 실천 원칙이 필요하다. 이와 같은 원칙으로 가장 널리 인용되는 것이 '의제 21'에서 제시하고 있는 것 중에서 다음 네 가지 원칙이다(이정전, 2000: 308-310).

첫째는 오염원인자부담원칙(Polluter Pays Principle)이다. 이 원칙은 환경오염을 초래한 자가 책임을 지고 이를 해결하는 데 소요되는 응분의 비용을 부담하여야 한다는 요지의 원칙이다. 둘째는 사용자부담원칙(User-Pays Principle)이다. 이 원칙은 자연자원의 이용에 수반된 모든 비용을 충실히 반영해서 자연자원의 가격이 결정되어야 한다는 원칙이다. 셋째는 예방원칙 (Precautionary Principle)이다. 이것은 지구온난화 문제 등 주로 지구환경문제를 다루는 데 적용되는 원칙으로서 불가역적인 피해로 인해서 인류에게 돌이킬 수 없는 엄청난 재앙을 초래할 우려가 있는 사안에 대해서는 비록 충분한 과학적인 근거가 마련되지 않았다 하더라도 환경보전 대책을 미루어서는 안 된다는 것이다. 넷째는 최근접결정원칙(Subsidiarity Principle)이다. 환경에 관한 정치적인 결정이 이루어져야 할 경우에는 이해관계가 있는 당사자에 가장 가까운 정부의 수준에서 이루어져야 한다는 원칙이다.

위에서 제시한 네 가지 원칙은 모두 지속가능발전의 이념을 실천하기 위해 필요한 원칙임에 분명하다. 그렇지만 그 유용성에도 불구하고 이 원칙들이 어떤 기준에 의해서 선정되었는지 그 논리성을 찾기 어렵고, 또한 각각의 원칙들의 개념 범주가 여러 가지 차원을 달리하고 있어서 지속가능발전을 수행하는 실천 원칙으로서 하나의 체계를 가지고 있지 못하는 단점이 있다.

따라서 본 연구에서는 앞서 논의한 지속가능발전의 개념 정의와 지속가능발전전략에 대한 내용을 기초로 해서 지속가능발전의 원칙을 선정하고, 체계적인 실천 원칙을 구성한다.

1. 지속가능발전원칙 모형 구성을 위한 시스템 구성

한 사회의 지속가능발전을 이루기 위한 전략을 수행하기 위해서는 그 사회의 각 기능 단위들이 '시스템화'되어야 한다. 예컨대 〈그림 6.3〉에서 볼 때 지속가능발전전략을 추진하는 우리 사회는 자원정책, 환경관리정책, 산업정책, 도시계획, 자치 및 복지정책, 교육문화정책 등의 기능단위로 구성되어 있는 셈이며, 분야별 지속가능발전전략이 원활히 수행되기 위해서는 이 각각의 기능 단위들이 지속가능발전을 향해 나아가도록 시스템화되어야 한다는 것이다.

특정한 기능을 수행하는 하나의 시스템은 목표설정, 행위자, 핵심 조직이라는 세 가지 골격으로 구성된다. 1) 먼저 목표설정이다. 어떤 일을 수행하는 데 있어서 가장 우선해야 할 것은 시스템이 궁극적으로 달성해야 할 방향과 내용이 무엇이냐를 정하는 일이다. 이것이 설정되어 있지 않은 상태에서 아무리 많은 자원, 비용, 시간을 투자했다 해도 그 결과는 큰 효용을 주지 못한다. 2) 그 다음으로는 시스템 내의 행위자를 활성화시키는 것이다. 사회 구성원들은 다양한 가치와 사회적 규범, 그리고 각자의 이해관계에 따라 다양한 행동을 하기 때문에 이들을 특정한 목표를 향해 나가도록 촉진시키는 작업이 중요하다. 3) 마지막으로 시스템을 작동시키고 운영하는 핵심 조직의 역할이 무엇보다 중요하다. 그래서 시스템의 핵심 조직은 건실하게 운행될 수 있는 조건을 갖추어야 한다. 위 세 가지 골격이 갖추어져야만 비로소 지속가능발전전략을 수행할 수 있는 시스템이 구성되는 것이다. 이를 도식화하면 〈그림 6.3〉과 같다.

〈그림 6.3〉 시스템의 세 가지 구성 골격

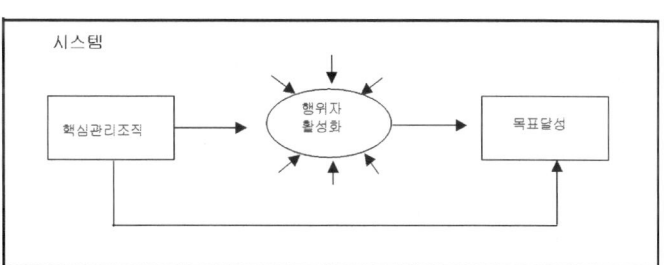

따라서 지속가능발전의 원칙모형을 구성하는 일 또한 이 세 가지 기본 골격으로부터 추출한다. 이를 순차적으로 명명하면, 지속가능발전원칙의 모

형은 목표설정 모형, 행동준칙 모형, 조직수행 모형의 세 가지 단위모형으로 구성된다.

2. 지속가능발전원칙의 목표설정 모형

먼저 목표설정 모형이다. 여기에는 지속가능발전전략의 도식(〈그림. 1〉)에서 나타난 내용을 토대로 한다면 세 가지 지속가능성 영역 각각에 하나씩의 원칙을 추출할 수 있다.

그 첫째는 자연수용성 원칙이다. 이 원칙은 투입영역(Input)과 배출영역(Output)에서 자연에 주는 부담을 최소로 해야 한다는 내용이며, 여기에는 이미 전술한 바와 같이 자연자원의 양적, 질적 특성을 모두 포함한다. 둘째는 생태효과성 원칙이다.[168] 이것은 주로 자연으로부터 경제계로 투입되는 자연자원의 양이 여러 가지 제품으로 변형되는 과정(Throughput, 오용선, 1999: 357-358)에서 그 효율성을 최대화해야 할 뿐 아니라 환경친화적인 생산이 이루어져야 한다는 내용이다. 셋째는 가치합리성 원칙이다 (오용선, 1998: 222-234). 바로 앞의 원칙이 인간 경제활동의 생산기능에 적용되는 것이라고 한다면, 이 원칙은 소비기능과 관련되는 것으로서 우선 분배의 형평성을 위한 사회적 배려가 필요하며, 다음으로 인간이 衣·食·住·暇의 문화를 향유하는 데 있어서 경제적으로 합리적이면서 생태적으로 합리적인 소비가 이루어져야 한다는 원칙이다. 따라서 방향설정의 원칙모형은 이 세 가지 원칙으로 구성된 단위모형이다.

---

168) 장욱(1998)이 생태효율성을 약한 지속가능성, 생태효과성을 강한 지속가능성의 행동강령으로 규정한 점을 인정하고, 본 연구에서는 후자를 전자의 것을 포괄하는 개념으로 수용하여 생태효과성을 지속가능경제전략을 수행하는 핵심 내용으로 삼는다.

3. 지속가능발전원칙의 행동준칙 모형

다음으로는 행동준칙 모형이다. 이 모형을 구성하는 원칙은 지속가능발전 전략의 도식화에 모습을 드러내지 않는다. 왜냐하면, 제시된 각각의 목적을 달성해야 하는 행위자는 자신에 어떤 조건을 부여해 주는가에 따라서 방향 설정의 원칙을 실천하기도 하고, 아니면 정반대의 방향으로 행동하는데, 바로 이러한 행위자의 행태가 나타나지 않기 때문이다.

이 원칙을 추출하기 위해서는 크게 두 가지 측면에서 논의를 더 진행해야 한다. 하나는 행위자의 행태에 영향을 주는 외부적인 조건에 대한 것이고, 다른 하나는 그런 행위자가 처해 있는 일상적 상황에 대한 것이다.

먼저 후자부터 보자. 이런 상황을 흔히 '죄수의 딜레마'로 요약 표현한다. 죄수의 딜레마란 공공재를 생산하고 소비하는 행위자들이 생산하는 데에는 되도록 자신의 비용을 지불하지 않으려는 대신에 이를 소비하는 데는 최대한 이득을 보려는 사회심리적인 구조를 말한다. 여기에는 무임승차심리와 고립상황심리가 동전의 양면으로 존재한다. 환경문제의 발생이란 바로 행위자가 환경재라는 공공재를 생산하고 소비하는 과정에서 일어난다.

죄수의 딜레마에 처해 있는 행위자의 사회심리적 구조는 앞서 제시한 지속가능발전전략의 목적을 달성하는 과정에서도 그대로 적용된다. 따라서 중요한 것은 어떻게 하면 죄수의 딜레마 상황을 최대한 약화시킬 수 있는가 하는 점이다. 이것이 앞서 전자라고 언급한 바 있는 행위자에 영향을 주는 외부조건들이다.

무임승차심리를 가지게 되는 것은 행위자가 환경보전 행위를 한다 해도 그 행위의 결과로 인해서 그에게 어떤 이득(상)이나 손해(벌)를 주지 않기 때문이다.[169] 마찬가지로 고립상황심리 또한 행위자의 환경보전 노력에 대

---

169) 상의 형태로는 물질적인 보상에서부터 정신적인 보상인 칭찬까지 다양한 방식이 있으며, 벌 또한 경제적인 비용을 지불케 하는 것으로부터 신체적인 체벌, 사회적 지탄 등과 같은 정신적인 요소에 이르기까지 다양한 내용으로 구성된다.

해서 상을 주거나 그렇지 않은 자에게 벌을 주지 않기 때문이다. 또한 중요한 것은 설령 환경보전 행위를 하는 데 있어서 보상을 하지 않거나 그렇지 않은 행위자에 대해서 벌을 내리지 않더라도 행위자 각자가 타 행위자 역시 자기와 같은 환경보전 노력에 힘쓸 것이라는 믿음이 형성된다면 해소된다. 결국 죄수의 딜레마에 처해 있는 행위자들의 사회심리적인 구조를 해소시키기 위한 외부적인 조건은 '체벌', '보상', '믿음' 등 세 가지 개념으로 요약된다. 이 각각의 개념에 대응되어 오염원인자부담원칙, 환경개선자보상원칙, 자율관리자존중원칙을 설정하고, 이를 행동준칙 모형 구성의 기초로 삼는다.

첫째, 오염원인자부담원칙(Polluters Pay Principle)이다.[170] 이 원칙은 환경오염을 발생시키는 자(오염원인자)에게 외부효과에 상응하는 가격을 지불토록 함으로써 현재 환경재를 무료로 이용하고 있는 시장의 관행으로 인해 발생한 시장실패를 교정토록 하기 위한 것이다. 즉 체벌이다.

이 원칙은 환경오염의 행위자를 통제하기 위한 환경정책 집행의 한 기준으로서 논하기 이전에 한 집단에 하나의 사건이 발생하고 그 사건의 재발을 방지하기 위해서는 그 사건을 저지른 자에게 그 책임을 물어야 한다는 현 우리 사회의 상식 내지 원칙이기도 하다. 이러한 원칙의 적용이 주는 효과는 사회적 해악을 발생시키는 개별 행위자의 재발을 사전에 예방하자는 것이고, 이를 선례삼아 이러한 원칙이 집단 내의 사회적 규범으로 자리잡게 하자는 데 있다.

환경관리정책에서 오염원인자부담원칙의 적용은 사회적 해악으로서 환경오염을 발생시킨 경제주체에게 그 대가를 치르게 하는 것이며, 이때 대가를 치르는 방식은 신체적 구속이 아닌 경제적 비용을 지불케 하는 방식을 택하게 된다. 따라서 오염원인자부담원칙이 폐기물관리정책에 적용될 경우에 개

---

170) 이 원칙은 이미 전술했듯이, '의제 21'에서 제시하고 있는 것으로서 1972년 5월 제293차 OECD위원회에서 상정된 "환경정책의 국제 경제적 측면에 관한 지도원칙에 대한 위원회의 권고안"에서 OECD 환경정책의 기조로 채택하기로 합의하였으며, 1992년 "리우지구선언"에서 재확인된 원칙이다(이정전, 2000).

별 경제주체에 대해서는 사전예방적인 폐기물 감량화를 이끌어낼 수 있으며, 집단적으로는 폐기물 발생에 대한 원인자가 그 책임을 지는 관행을 사회적 규범으로 성립시킬 수 있다.171)

둘째, 환경개선자보상원칙이다. 이 원칙은 아직까지 환경관리정책에서 지속가능성 원칙으로 언급된 사례가 없다. 그럼에도 불구하고 본 연구에서 이를 하나의 원칙으로 삼게 된 근거는 두 가지다. 하나는 전술한 오염원인자부담원칙이 가지는 사회적 의미와 같은 맥락에서이다. 즉 오염원인자부담이 사회적 해악의 반복을 사전에 방지하기 위해 내리는 벌이라고 한다면, 반면에 환경개선자보상은 사회적 선행을 하는 자에게 그 행위를 적극적으로 장려케 하기 위해 주는 상과 같다. 즉 오염원인자부담원칙과 오염개선자부담원칙은 동전의 양면으로서 한 사회의 규범을 형성하고 질서를 유지시키는 원칙이라 볼 수 있다.172)

셋째, 자율관리자존중원칙이다. 한 사회가 필요로 하는 규범을 형성시키고 그 질서를 유지시키기 위해서는 상-벌 체계가 중요하다는 점은 지적한 바대로다. 하지만 모든 사회적 행위가 이와 같이 두 가지 행위의 원칙에만 근거할 경우 사회적 관리비용이 많이 소요될 뿐만 아니라 사회적 규범은 위태로워진다. 사회적 약자에 대한 복지시설 운영, 시민 및 환경단체의 활동 등과 같이 자율적 관리자들의 사회적 역할이 매우 중요하다. 이러한 행동은

---

171) 이 원칙에 근거하고 있는 경제적 인센티브는 현 시장경제체제에 가장 부합하는 환경정책수단으로 평가받고 있으며, 환경세, 배출부과금, 쓰레기 종량제 수수료, 거래가능배출권 등이 여기에 해당한다. 특히, 폐기물관리와 관련된 정책수단으로서는 폐기물예치금, 폐기물부담금, 쓰레기종량제 등을 들 수 있다.

172) 예컨대, 폐기물관리정책에서 재활용 활성화를 위한 정부지원의 중요성을 들 수 있다. 재활용 행위는 자원의 절약, 폐기물관리비용 저감, 소각과 매립에 따른 제2차 환경오염의 저감, 환경친화적인 태도 형성 등의 효과를 나타냄으로써 우리 사회에 큰 편익을 창출하고 있다. 하지만 재활용 행위가 사회에 기여하는 가치에 대해 시장에서 받는 가격 보상은 자원의 절약 가치에 국한되고, 나머지 편익에 대해서는 공공재적 성격 때문에 보상받지 못하고 있어서 재활용 시장이 활성화되지 못하고 있다. 따라서 재활용 행위를 사회적 적정수준으로 끌어올리기 위해서는 폐기물 재활용의 사회적 기여에 대해서 정당한 대가를 지불해야 하며, 이를 위해 정부의 보조금 지급 등과 같은 재정적 지원정책이 필요하다(이정전, 2000: 202).

보상과 체벌과는 구별되는 자발적인 참여의식으로부터 나온 것으로서 행위
자 간의 믿음을 형성하는 요인이다. 이 행동준칙은 환경정책에서는 자율환
경관리제도로 구체화된다. 정부, 기업, 시민 간에 다양한 형태의 관계를 통
한 협약이 가능하고, 이로써 자율적인 환경관리를 촉진할 수 있다. 이것은
자율관리자존중원칙이다.

4. 지속가능발전원칙의 조직수행 모형

이 모형은 조직의 생존 요건에 관한 것이다. 조직이 사회 속에서 본연의
기능을 충분히 수행하고, 본래의 취지대로 생존해 나가기 위해서는 다음과
같은 네 가지 요소가 필요하다.

첫째, 적응성 원칙이다. 조직 외부로부터 내부로 자원 및 예산을 확보하
는 능력을 그 조직이 사회에서 생존, 나아가 적응해 나가는 능력으로 본다.
둘째, 배분성 원칙이다. 확보된 예산 및 자원으로 조직이 설정한 목표를 달
성하기 위해 자원과 예산을 적절하게 배분하는 능력이다. 이를 통해서 조직
은 본연의 업무를 구체적으로 수행할 수 있게 된다. 셋째, 배려성 원칙이다.
배분하는 과정에서 발생할 수 있는 조직 내 불평등과 이를 계기로 발생할
수 있는 불협화음이나 갈등을 해소하는 능력이다. 이것은 조직 내 업무 기
능을 보다 원활하게 수행할 수 있도록 하는 조건으로 작용한다. 넷째, 문화
성 원칙이다. 조직 내 구성원들이 조직이 수행하는 업무의 본래 취지와 목
적, 그리고 그 가치를 수용함으로써 적극성을 이끌어내는 능력이다.

이상의 지속가능발전원칙의 모형을 제시하면 〈그림 6.4〉와 같다.

〈그림 6.4〉 지속가능발전원칙의 모형

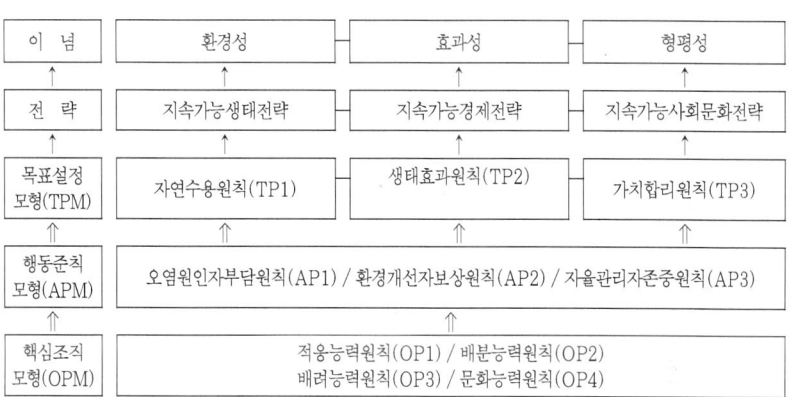

제4절
지속가능발전원칙 모형의 정책적 활용범위

1. 환경관리정책의 범위 설정

먼저 목적설정 모형(TPM)은 지속가능발전전략의 영역에 기초해서 구성된 것으로서, 이를 활용할 경우에는 환경관리정책의 관리범위와 그 내용을 구성할 수 있다. 예컨대 폐기물관리정책의 경우에 있어서 자연수용원칙을 적용할 경우에 그 내용은 주로 신규 자연자원 및 자연분해불가자원 등에 대한 사용규제정책과 재생자원 및 자연친화적 재질 자원의 사용촉진정책을 들수 있다. 생태효과원칙의 경우에는 생산부문에 있어서 효율적인 생산기술의 개발과 환경친화적인 생산활동으로 요약된다. 가치합리원칙을 적용 시에는 시민참여관리시스템과 환경친화적인 소비자 행동이 핵심이 된다.

반면에 행동준칙 모형(APM)은 환경관리에 참여하는 각 주체별로 어떤 역할을 수행해야 할 것인지, 역할분담의 구조를 구성하는 데 기초가 된다. 뿐만 아니라 역할분담의 구조에 부합되는 정책수단을 구성하는 데 활용된다. 오염원인자부담원칙의 적용에 의해서 환경오염을 발생시킨 자가 누구인지를 식별하고, 그 정도에 대한 일정한 합의가 이루어지게 된다면 그에 준해서 환경관리에 참여하는 각 주체별로 그에 합당한 책임의 영역을 설정해 줄 수 있게 된다. 환경개선보상원칙에 있어서는 환경관리에 참여하는 각 주체들의 행위가 환경개선에 크게 기여함에도 불구하고 현재의 시장조건하에서는 아무런 보상을 받지 못함으로 인해서 그 행위가 활성화되지 못하고 있다고 판단할 경우에 사회적인 지원이 이루어지도록 한다. 자율관리자존중원칙에서는 관련 주체들의 참여를 적극 유도하고, 자율적인 참여에 의한 자율 환경관리가 수행되도록 한다.

특히 행동준칙 모형의 경우에는 역할분담의 구조에 부합해서 정책수단을 적용할 수 있다. 먼저 오염원인자부담원칙에는 직접규제 방식과 경제적 인센티브 방법으로 충족시킨다. 환경개선자보상원칙은 직접개입과 경제적 인센티브 방식이 유용하다. 자율관리자존중원칙에는 사회적 프로그램과 자율 환경관리 방식이 효과적이다. 이를 요약하면 다음과 같다.

끝으로 조직수행 모형은 환경관리정책을 수행하는 핵심 조직의 기능을 충실히 이루기 위한 생존 조건으로서 의미 있다.

결국 실제 정책을 수행하는 데 있어서는 하나의 통합모형(TPM-APM-OPM)으로서 기능한다. 전술한 바 있는 자연자원의 사용량에 환경세를 부과해서 그 사용량을 원천적으로 줄여야 한다는 사용자부담원칙은 자연수용원칙에 오염원인자부담원칙을 적용한 것이다. 또한 지구온난화와 같이 과학적인 근거가 확실치는 않지만 만일의 경우에 입을 피해가 막대할 경우에 예방원칙을 적용해야 한다는 요지는 본 모형에서의 생태적 지속가능성의 분야 내에

서 기본적으로 자연수용원칙하에서 다뤄질 수 있다. 단지 이 경우에는 자연
수용원칙 그 자체를 받아들일 것인가 말 것인가를 판단하기 어려운 상황에
서 어떤 선택이 보다 합리적인가에 대한 판단기준을 말해 준다. 따라서 예
방원칙이라는 것은 자연수용원칙을 적용하는 데 있어서 보조 지침으로 의미
지을 수 있다. 예방원칙에 의해서 지구온난화 예방정책이 채택된다고 할 경
우에는 이를 수행하는 구체적인 수단은 역시 행동준칙 모형에 기초해서 이
루어지게 된다. 최근접결정의 원칙 또한 사회문화적 지속가능성 분야에서
다뤄질 수 있다. 이해 당사자의 참여가 가장 잘 보장되는 의사결정하에서
해당 사안이 해결된다고 한다면 이것은 가치합리원칙이 발현될 수 있으며,
이것은 결국 자율관리자존중원칙의 보장에 의해서 가능해진다.

이상의 내용을 폐기물관리 분야에 적용해 볼 경우 다음 표로 요약된다.

〈표 6.1〉 지속가능발전원칙 모형에 근거한 폐기물정책의 주요 관리범위

		목적설정 모형		
		자연수용원칙	생태효과원칙	가치합리원칙
관리내용		1) 투입: 신규자원억제, 재생자원 사용촉진 2) 배출: 폐기물사전감량, 유해폐기물억제 및 안전처리	1) 동맥산업: 친환경제품설계(DfE), 생태공단조성 2) 정맥산업: 재활용 시장 촉진 3) 기초시설: 적정설비 및 운영	1) 환경친화적 소비태도형성 2) 주민참여 확대
행동준칙 모형	오염원인자부담원칙	1) 자원고갈세 2) 생산자예치금, 폐기물부담금, 쓰레기종량제, 1회용품규제, 포장규제, 배출자처리책임, 생산자책임확대제도	1) 제품규격화, 단순화 기준 마련, LCA적용, 환경회계 2) 소각 및 매립비용 인상, 매립세도입, 지역종량제	1) 환경파괴적 경영기업 상품불매운동 2) 불법투기규제
	환경개선자보상원칙	1) 재생원료 사용자에 인센티브 제공 2) 소비자예치금 제도	1) 환경친화기업지정제도 2) 재활용촉진 재정지원 3) 재활용시설투자 확대	1) 환경마크제도, 환경상품우선구매제도, 재사용시장 지원제도 2) 주민포상제도, 주민단체지원
	자율관리자존중원칙	2) 자율협약에 의한 폐기물배출제로화 프로그램 수행	1) 공단 내 폐기물교환기구설치 2) 재활용기술상호교류, 재활용산업단지 조성 3) 지자체 기초시설 설비 및 안전관리	1) 환경상품정보네트워크구성 2) 폐기물관리정책입안, 집행과정, 모니터링에 시민참여보장제도

		목적설정 모형		
		자연수용원칙	생태효과원칙	가치합리원칙
조직 수행 모형	적응능 력원칙	—조직 외: 환경개선특별회계, 지방양여금, 지방보조금 —조직 내: 자치단체 폐기물관리 예산 확보 —재정자립도 신장		
	배분능 력원칙	—정책우선순위별 예산 집행 기준안 마련 1) 폐기물데이터 집계에 대한 투자 강화 2) 사업장 폐기물의 효율적 관리를 위한 직제 편성 및 인력 확충 3) 재활용 촉진을 위한 지원제도 강화 —조직 간 역할분담에 대한 이해도 증진		
	배려능 력원칙	—관리 조직원의 근무 만족도 향상 —폐기물관리 인력의 복지 향상 —조직원의 근무 태도 진작		
	문화능 력원칙	—관리 조직원의 전문성 제고 프로그램 —관리 조직원의 환경인식 제고 방안 —관리 조직원의 주민참여관리에 대한 인식 제고 방안		

2. 지속가능성 평가모형 구성

환경관리정책을 지속가능성을 기준으로 평가하고자 할 때 평가를 위한 모형이 필요하다. 이러한 모형을 지속가능성 평가모형이라고 한다면, 본 연구에서 제시한 지속가능발전원칙의 모형은 지속가능성 평가모형을 구성하는 기본적인 골격으로 활용할 수 있다.

이것은 지속가능발전원칙의 3개 단위모형별로 구성되어 있는 각각의 원칙마다, 해당되는 관리의 내용을 평가지표 항목으로 추출하고, 이 각각의 항목을 지수로 산정한 다음에 이를 평가하는 방식이다.

그리고 평가지표는 OECD가 제안한 압력-상태-대응(P-S-R)지표체계에다 동인지표(Driving Index)를 합해서 동인-압력-상태-대응(D-P-S-R)지표체계에 대응되게 개발될 수 있다(〈표 6.2〉).

<표 6.2> 지속가능성 평가모형의 기본 골격

원칙의 단위모형	원 칙	수행원리	지표체계대응
목표설정 모형	자연수용원칙	자원관리 최적성	S지표
		폐기물관리 최적성	
	생태효과원칙	생산구조 생태성	P지표
		도시구조 생태성	
	가치합리원칙	분배 형평성	D지표
		생태합리성	
행동준칙 모형	오염원인자부담원칙	생산 및 유통자 촉진	R-2지표
		판매업자 촉진	
		소비자 촉진	
	환경개선자보상원칙	폐기물유통시장 활성	
		재활용기술시장 활성	
		재활용제품 판매시장 활성	
	자율관리자존중원칙	기업자발형 촉진	
		정부유인형 촉진	
		쌍방협의형 촉진	
조직수행 모형	적응능력원칙	조직 외 동원	R-1지표
		조직 내 동원	
	배분능력원칙	정책우선순위 예산집행	
		조직간 역할분담	
	배려능력원칙	근무 만족도	
		복지 향상	
		근무 태도	
	문화능력원칙	전문성제고	
		환경인식 제고	
		주민참여관리인식 제고	

이 지속가능성 평가모형은 이 지표체계 중에서 대응지수(R)가 강화된 지표체계라 할 수 있다. 즉 조직수행의 내용과 행동준칙을 결정짓는 환경관리수단의 내용은 모두 정책적인 요인으로서 대응지수화가 가능하다.

제5절
결 론

　본 연구는 지속가능발전의 개념을 출발점으로 해서 한 사회의 지속가능발전을 수행하기 위한 원칙을 하나의 모형으로 구성해 보았다. 모형을 구성하는 데 있어서는 지속가능성을 향해 나아가기 위한 조건으로서 사회를 시스템화하는 요건으로서 목표설정요인, 행동준칙요인, 조직수행요인의 세 가지 요소를 선정하고 이를 단위모형의 근거로 삼았다. 또한 각 단위모형마다 특성에 맞는 내용들을 추출하여 총 10개의 원칙을 추출해 냈다.

　따라서 본 모형은 3단위모형－10개 원칙으로 구성되었다. 이러한 모형은 산발적으로 제시되었던 지속가능발전의 원칙을 체계화시킴으로써 폐기물관리정책을 지속가능성이라는 관점에서 이해할 수 있는 도식으로 활용될 수 있음을 폐기물관리에 대한 예시를 통해서 알 수 있었다. 뿐만 아니라, 지속가능발전을 위해서는 환경관리정책에 대한 평가가 지속가능성이란 기준으로 이루어져야 하며, 이를 위해서는 평가모형의 개발 또한 중요한데, 이를 구성하는 기본 골격으로서 활용될 수 있음을 간략히 제시하였다.

　향후 연구를 통해서 지속가능발전원칙 모형을 근거로 지속가능성 평가모형을 개발하고, 개발된 모형을 폐기물, 수질, 대기 등 오염매체별 환경관리정책에 적용, 평가할 수 있을 것으로 본다.

참고문헌

문순홍(2000) "생태근대화론을 활용한 환경정책의 지속가능성 평가 기본모형 연구", 〈환경정책〉, 환경정책학회 제8권 제1호.

오용선(1994) 〈지탱가능성 경제복지지표를 이용한 한국의 경제성장에 대한 평가〉, 서울대 환경대학원.

오용선 외(1999) 〈서울시 폐기물의 사전예방적 통합관리시스템(PIMS) 모형 개발〉, 교보생명교육문화재단, 교보교육문화논총 제1집(환경편).

오용선(1998) "환경친화적 소비자의 합리적인 행동 특성", 〈환경정책〉, 한국환경정책학회 제6권 제2호.

이정전(2000) 〈환경경제학〉, 법문사.

장 욱(1998) "지속가능성에의 두 가지 접근방법: 생태적 효율성과 생태적 효과성", 〈환경정책〉, 환경정책학회 제6권 제2호.

Ayres, Robert U and A.V.Kneese.1989. Externalities: Economics and Thermodynamics, Archibugi, F and P. Nijkamp, *Economy and Ecology: Towards Sustainable Development*, Kluwer Academic Publishers.

Daly, H. E. 1991. *Steady-state Economics*, Island press.

Ekins, Paul. 1994. "The environmental sustainability of economic processes: A framework for analysis", *Toward Sustainable Development-Concepts, Methods and Policy*, International Society for Ecological Economics, Island press.

WCED. 1987. *Our Common Future*, Oxford University Press, Walton Street.

제 7 장
녹색경제의 이론과
기초 설계

1. 연구목적 및 배경

개발과 성장을 최우선 가치로 두던 시대가 있었다. 이 시기 정권들의 공통점은 독재였다. 그래서 우리는 이 시기를 돌이켜 보면서 개발독재라 부른다. 개발과 성장이 우리 사회 발전의 유일한 척도가 되면서 생태가치, 분배정의 가치, 신뢰·연대가치들을 희생시켰다. 이 과정이 바로 우리 사회 발전의 상징으로 여기고 있는 산업화와 도시화인 셈이다.

2004년 오늘날 우리 사회에서 개발독재가 사라진 지는 오래되었다. 오늘 우리가 딛고 서 있는 토양은 과거 개발독재 시대의 그것과는 질적으로 너무나도 다르다. 경제적인 부의 증대와 대중소비사회 형성, 국민들의 민주역량 신장과 삶의 질에 대한 가치 추구, 그리고 문명사적으로 도래한 생태위기와 정보사회가 이러한 변화의 배경이다.

이러한 변화는 완전히 새로운 가치와 새로운 행태를 우리에게 요구하고 있다. 하지만 개발독재와 산업사회에 형성된 규범과 가치, 그리고 수많은 관습과 행태들은 여전히 우리 사회 각 분야에 관성으로 남아 있으며, 여전히 강건하다. 바로 이 같은 과거의 낡음과 미래의 새로움 간의 중첩이 현 우리 사회의 갈등과 혼란의 배경인 것이다. 그래서 우리 사회 발전의 관건은 새로움이 낡음으로 회귀하지 않게 하는 것이다. 동시에 낡음의 틀을 벗고 어떻게 새로움으로 나갈 수 있을 것인가 하는 것이다. 급격한 변화 속에서 지칠 법도 한데, 수많은 개혁과제들이 끊임없이 요청되는 것은 바로 이러한 절박함 때문이다. 그래서 오늘날 우리 사회의 혼란과 갈등 속에서 미래의 질서와 화합을 발견할 수 있는 것이다.

본 논문에서는 바로 이러한 미래의 새로움에 관한 것으로서 개발국가 시대의 경제와 산업의 낡은 집을 허물고, 녹색국가 시대의 경제와 시장이라는 새집을 짓는 기초를 놓고자 한다. 집을 지으려면 세 가지 요건을 동시에 충족해야 한다. 우선 짓고자 하는 집의 컨셉이다. 컨셉은 가치다. 집을 지으려는 사람이 어떤 가치의 집을 지을 것인가 하는 물음인 것이다. 다음이 설계다. 설계는 이러한 가치를 집의 모습 속에 담아서 그려내는 작업이다. 마지막으로 설계도면대로 집을 지을 수 있는 능력과 자재의 구비다.

좋은 건축물이란 컨셉이 좋아야 하고, 그 컨셉을 형상화한 설계도면이 탄탄해야 하고, 최종적으로 설계도면대로 지을 수 있는 능력과 조건을 갖추어야 한다. 만일에 컨셉을 너무 이상적으로 잡아서 설계도면에서 충분히 담아내지 못한다면 결코 그런 집을 지을 수 없다. 또한 설계도가 아무리 멋지고 탄탄해도 그것을 실행할 능력과 자재가 준비되지 않으면 그만인 것이다. 반대로 능력과 자제는 잘 갖추어져 있지만 설계도 자체가 형편없다면 애초에 좋은 건축물을 지을 수 없다. 또한 아무리 설계도대로 완벽하게 지었다 해도 컨셉 자체가 잘못되었다면 좋은 집이 될 수 없다.

본 연구는 녹색경제라는 새로운 집을 짓기 위한 작업이다. 그래서 본 연구에서는 첫째로 '녹색경제 이론의 기초'를 통해서 녹색경제라는 집의 컨셉은 무엇인지를 먼저 살펴본다. 둘째로는 녹색경제의 컨셉을 실현시키기 위한 작업으로 녹색경제 모델을 설계한다. 셋째로는 설계한 모델이 현실 적용에서 어떤 가능성을 보이는지를 탐색한다.

2. 연구범위 및 방법

본 연구는 녹색경제라는 새로운 학문에 대한 이론 연구다. 개발시대와 산업사회를 주도해 왔던 기존의 경제에 대한 대안으로서 모색하는 것이다. 그래서 경제에 대한 관점과 개념을 새롭게 정의한다. 필요에 따라서는 새로운 개념을 만들어 사용한다. 본 연구에서는 녹색, 가치, 경제, 자본 등에 대한 새로운 개념 정의를 시도한다. 이러한 새로운 개념 정의를 바탕으로 경제에 대한 새로운 관점을 제시한다.

본 연구에서는 기존 경제학에서 추구하는 가치를 물질가치(또는 화폐가치)로 명명하고, 녹색경제학에서 새롭게 추구해야 할 가치로서 생태가치, 분배정의가치, 신뢰가치를 첨가한다. 이러한 가치들은 기존 경제학에서는 결코 자본으로 취급되지 않았다. 하지만 녹색경제학에서 이러한 가치들을 경제발전의 중요한 요소로 인식하고, 생태가치는 자연자본, 분배정의가치는 복지자본, 신뢰가치는 도덕자본으로 취급한다. 이들 세 가지 추가적인 자본을 녹색자본이라 한다. 그래서 녹색경제학은 녹색자본에 기반을 둔 경제학으로 정의한다.

본 연구는 녹색경제를 이론화하는 데 있어서 인간의 욕구체계를 우선 주목한다. 인간의 모든 경제행위는 다름 아닌 인간 본성을 어떻게 바라볼 것이며, 그 속에 내재해 있는 욕구를 어떤 방식으로 충족시킬 것인가 하는 물음의 결과인 것이다. 그래서 경제학 이론의 이면에는 인간 본성에 대한 이론이 토대를 이루고 있다. 아담 스미스 역시 국부론(1776)을 통해서 현대 시장사회의 이론적 토대를 제시했지만, 그 이전에 이미 인간 본성에 대한 이론으로서 도덕감정론(1759)을 저술한 바 있다. 기존의 경제학과는 다른 경제학을 모색한다는 것은 곧 인간의 본성에 대한 기존의 관점과 철학과는 다른 새로운 관점과 철학을 모색한다는 것을 전제로 하는 것이다. 따라서 녹색경제는 단순히 녹색가치를 실현하기 위한 여러 가지 경제정책들을 수행한다고 되는 것이 아니다. 녹색경제는 인간의 본성에 내재해 있는 욕구를 어떻게 조절하고 어떻게 충족시킬 것인가, 그러면서도 동시에 그 결과로서 녹색가치가 우리 사회에 실현될 수 있게 하는, 매우 어려운 문제인 것이다.

따라서 본 논문에서는 인간 본성으로서 욕구체계를 어떻게 바라봐야 하는지에 대한 논의를 중요하게 다룬다. 이를 토대로 욕구체계와 경제행위와의 관계를 설명하고 각각의 녹색자본이 욕구충족 수단으로서 어떤 의미를 가지는지를 밝힌다.

녹색경제 모델은 물질자본, 복지자본, 자연자본, 도덕자본에 기반을 둔 네 개의 자본 영역 간 상호관계로 구성된다. 각 영역 내에서 각각의 녹색가치를 실현시킨다 하더라도 다른 영역의 녹색가치를 상쇄시키면 효과가 반감된다. 그렇기 때문에 각 영역 간의 상호관계가 상생관계, 공생관계, 보완관계(정태적, 동태적), 상충관계 중 어떤 관계인지를 명확히 하고, 녹색경제 모델이 선순환(善循環)할 수 있는 정책의 지렛대를 찾는다. 이런 역동적인 관계 속에서 모델이 현실화될 수 있는 전략을 제시한다.

제2절
녹색경제 이론의 기초

1. 녹색경제에 대한 개념 정의

녹색경제라는 집의 컨셉을 정하기 위해서 먼저 해야 할 일이 개념 정의
이다. 정의는 두 차원에서 내려진다. 하나는 경제를 어떻게 바라보느냐 하
는 관점에 관한 것이고, 다른 하나는 녹색이라는 가치를 무엇으로 정의할
것인가의 문제다.

첫째, 경제의 관점에 관한 것이다. 우리는 흔히 국가를 정치, 경제, 사
회, 문화 등 네 기능으로 나누는 것에 익숙하다. 이런 구분 속에 경제는 하
나의 영역을 차지하고 있다. 이런 차원에서 경제란 인간이 생활에 필수적인
재화와 서비스를 생산하고, 교환하고, 소비하는 일체의 행위를 하는 영역이
라고 말할 수 있다. 하지만 경제를 이렇게 여러 기능 단위의 하나로 인식하
는 것은 기계론, 혹은 존재론의 사고로서(송희식, 1991) 지양해야 할 태도다.

우리는 저 뜰에 서 있는 저것을 나무라고 부른다. 하지만 저것을 나무라
고 부른다고 해서 나무를 나무로만 인식할 경우에는 생명체로서 나무를 온
전하게 이해할 수 없다. 하나의 생명체로서 나무는 토양 속에 뿌리박고 있
으면서 햇빛을 비롯하여 공기, 물, 기타 기후조건이 맞아야 한다. 이것은
나무를 하나의 존재(存在)로 인식하기보다는 주변과의 연기(緣起)로서 인
식해야 함을 뜻한다. 뿌리째 뽑힌 나무는 더이상 나무가 아닌 것이다. 그래
서 나무를 살린다는 것은 곧 토양과 기후 조건을 살리는 것과 같은 것이다.
경제도 마찬가지다. 앞서 정의한 경제란 우리가 나무라고 부르는 이름과도
같다. 실제 경제가 살아 움직이도록 하는 것은 경제 외적인 요소로서 정치,

사회, 문화적인 제 요소다. 이를 잠정적으로 경제적 토양이라고 칭한다면 녹색경제에서 경제란 경제적 토양에 뿌리박고 있는 연기(緣起)의 경제인 셈이다. 이 양자를 한몸으로 하는 것을 경제라고 인식할 때 실제 살아 움직이는 경제를 논할 수 있는 것이다.

이것은 폴라니(Karl Polanyi)가 사회와 경제를 바라보는 관점과도 같은 맥락이다. 폴라니에 의하면, 원래 사회란 호혜와 재분배라는 두 가지 행위 원칙에 의해서 운영되며, 경제는 이러한 사회 속에 배태되어 있다는 것이다. 그러나 아담 스미스는 사회적 원리였던 호혜와 재분배보다는 인간의 이기심과 그것을 충족시키려 위한 교역, 거래, 교환하려는 행위를 인간의 본성으로 규정하였다. 그래서 아담 스미스의 경제는 사회를 벗어나 사회를 지배하고 규제하는 경제를 형성시켰다. 이에 대해서 폴라니는 아담 스미스가 정의한 인간의 경제심리는 허구라고 지적하고 있다.

따라서 녹색경제에서 경제란 기존의 경제행위가 호혜와 재분배를 행위의 원칙으로 하는 사회에 배태됨을 전제로 하는 경제를 말한다고 정의할 수 있다. 이를 경제의 '배태성'이라고 하자.

둘째, 녹색을 어떤 가치로 정의하는가 하는 점이다. 녹색이라는 용어가 대두되게 된 직접적인 배경은 환경문제다. 산업화 진척에 따라 환경문제가 심화되면서 환경을 상징하는 것으로 녹색 이미지가 등장한 것이다. 하지만 환경문제가 사회의 병리현상으로 드러난다는 것은 곧 우리의 사회적 관계와 생활양식 속에 환경문제를 발생시키는 원인이 잠재해 있음을 의미하는 것이다. 그것은 다름 아닌 반생태적인 관계와 논리를 말한다. 그래서 녹색의 가치에 일차적으로 환경과 생태를 보전하려는 생태가치를 우선 포함시키며, 나아가 사회관계와 경제의 논리에 있어서 생태적 원리를 포함시킨다. 결국 녹색가치는 자연적인 생태가치를 넘어서서 인간관계의 삶의 질 차원으로 확장된다. 녹색을 자연적인 요소에서 사회적 요소로까지 가치를 넓혔다는 점에서 녹색의 '가치확장성'이라고 하자. 이제 남는 문제는 삶의 질 가치를 어디까지 확장할 것인가 하는 점이다.

그렇다면 녹색경제를 정의할 때는, 경제에 대해서는 '배태성'이라는 관점으로 전환하고, 녹색에 대해서는 '가치확장성'을 인식하는 것이 필요하다. 이런 이해의 토대 위에서 내려진 녹색경제란 '기존의 경제행위가 호혜와 재분배를 행위 원칙으로 하는 사회에 배태됨을 전제로 하면서 생태가치와 삶의 질 가치를 추구하는 경제'를 말한다. 녹색경제에 대한 이 같은 정의로서 녹색경제의 집을 짓기 위한 컨셉의 기초가 마련된 것이다.

2. 녹색가치, 녹색자본, 녹색경제

녹색경제의 개념과 관련한 기원은 19세기 후반 신고전경제학까지 거슬러 올라간다. 고전경제학은 생산에 필요한 자연자원 공급의 한계라는 측면에서 점진적 경제성장의 문제점을 다룬 반면에 신고전경제학은 화석연료와 광물과 같은 재생 불가능한 자연자원의 희소성은 제품의 가격에 반영되고 있지만 공기, 물, 자연생태계의 기능 등은 무상 자원으로 취급되고 있는 점을 지적하면서, 이와 같은 자연자원도 가격에 반영되어야 함을 강조하였다. 이것은 희소한 자연자원을 적절히 저장해야 할 뿐만 아니라 무상의 자연자원도 가격에 반영함으로써 자연의 훼손을 막고, 이를 위해 재화와 용역의 생산이 최적의 규모로 이루어져야 함을 강조함으로써 신고전경제학이 자연보전과 경제발전의 관계에 대한 지속가능한 발전의 관점을 일부 피력한 것이라고 볼 수 있다. 또한 이정전에 의하면, 힉스(J. Hicks)는 소득을 "다음 기간의 복지수준이 현재 기간의 복지수준보다 떨어지지 않게 하는 범위 안에서 현재 기간에 최대한 소비할 수 있는 금액"(Hicks, 1948: 172)으로 정의함으로써 지속가능성을 참된 소득의 조건으로 제시했음을 밝히고 있다(이정전, 2000: 291).

녹색경제의 컨셉과 관련한 가장 최근의 것을 꼽는다면 1987년 WCED 에서 제안한 지속가능개발 개념에 기초한 지속가능경제라 할 수 있다. 소위 전통적인 경제학에서는 인간의 욕구를 주어진 것(목표)으로 보고, 욕구를 충족시킬 수 있는 수단을 가장 효율적으로 조달함을 목적으로 한다. 이러한 경제에서는 시장을 통해서 어떻게 하면 최소한의 비용으로 최대한의 재화와 서비스를 공급할 것인가에 초점을 모으게 된다. 하지만 이러한 경제관은 환경문제가 심화되면서 위기에 봉착하였다. 그래서 대두된 개념이 지속가능발전 이념을 토대로 한 지속가능경제다. 지속가능경제는 경제의 '배태성'과 녹색의 '가치확장성'에서 볼 때 녹색경제적 요소가 다분하다.

첫째, 우선 지속가능경제에서 녹색의 '가치확장성'에 관한 내용이다. 지속가능개발은 "미래세대가 그들의 필요를 충족시킬 능력을 저해받지 않으면서 현세대의 필요를 충족시키는 개발[173]"로 정의하고 있는데, 이 내용에는 세가지 요소가 들어 있다. 1) 자연생태계의 수용능력, 2) 경제성장의 속도, 3) 가난한 자에 대한 배려가 그것이다(오용선, 2001: 2). 이러한 경제관에서는 인간의 욕구를 무한히 충족시키기에는 자연의 한계가 분명하다는 인식이 필요하며, 이를 위해서는 무한정 추구하던 경제성장을 제고해야 한다는 것이다. 하지만 현실적으로 가난한 사람이 있을 경우에는 배고픔을 해결하기 위해 개발과 성장이 불가피하기 때문에 이들에 대한 사회적 배려를 동시에 해 주어야 한다는 뜻이다.

이와 같은 경제관에는 세 가지 중요한 가치가 들어 있다. 하나는 생태가치, 둘은 물질가치, 셋은 분배정의가치다. 이와 같이 지속가능경제의 세 가지 가치는 '가치확장성'의 요건을 일차적으로 충족한다. 하지만 이것만으로는 '가치확장성'이 충분하지 않다. 지속가능경제에서 자연생태계가 보전되고

---

173) "Sustainable development is development that meets the needs of the present without compromising the ability of future generations to meet their own needs"(WCED, 1987, Our Common Future, Oxford University Press, p.43).

사회적 약자가 배려된다고 해도 시장에서의 행위의 결과로서 경제주체 간에 사회적 신뢰를 떨어뜨리거나 공동체적 의식을 해치는 등의 결과로 나타난다면, 이러한 경제는 많은 거래비용 등 사회적 비용을 초래함으로써 경제 내적인 면에서 성장 잠재력을 잠식시킨다. 뿐만 아니라 물질적인 풍요로움에도 불구하고 인간의 정신적 면에서 자신의 존재감에 대해 허기지게 만든다. 존재감에 대한 공복은 타자와의 경쟁을 더욱 부추겨 결국은 현재와 같은 자유민주주의 시장경제체제하에서는 물질과 상품소비를 더욱 가속화시킨다.

그래서 녹색경제에서는 지속가능경제에 또 하나의 가치를 첨가할 필요가 있다. 그것은 사회적 신뢰가치다. 인간의 경제행위에 있어서 가장 근본적인 자산을 두 가지만 들라고 한다면 그것은 다름 아닌 자연자산과 도덕자산이라 할 것이다. 인간의 생활에 필요한 모든 자원은 자연으로부터 비롯된다는 점에서 자연자산은 근원적이다. 또한 시장 운영을 위한 법과 제도는 결국 인간의 사회적 관계 속에서 형성된 도덕 가치를 기반으로 하고 있다는 점에서 도덕자산은 근본적인 것이다. 기존 경제에 대한 지속가능경제의 가장 뚜렷한 차별성은 자연자산을 중요하게 고려하는 것이라고 한다면, 녹색경제란 여기에 시장원리의 외부 영역에서 존재하는 일종의 도덕자본을 중요한 기반으로 추가시키는 경제를 말한다.

결국 녹색경제는 기존의 경제에 대한 관점과 인식에 세 가지 '최소한'의 원칙을 새롭게 더 첨가한다. 하나는 경제행위가 최소한 자연생태계 수용능력의 한계를 벗어나서는 안 된다는 생태가치에 대한 인식이다. 둘째는 경제행위가 최소한 인류의 보편적 가치에 위배되면서 이루어져서는 안 된다는 신뢰가치에 대한 인식이다. 셋째는 경제행위가 최소한 사회적 약자의 기본 생활권을 도외시하면서 이루어져서는 안 된다는 분배정의가치에 대한 인식이다.

둘째, 지속가능경제에서 경제의 배태성과 관련한 내용이다. 지속가능발전에서는 달성하기 위한 전략을 흔히 세 차원으로 나눈다.[174] 하나는 지속가

---

[174] 지속가능발전을 논할 때, 흔히 생태적, 경제적, 사회문화적 접근을 한다. 이런 접근은 두 가지 차원에서 다른 의미를 가진다. 우선 이 세 영역을 지속가능성의 핵

능생태전략이다. 지속가능생태전략은 자연자원 및 환경오염 관리를 통해서 환경에 대한 양적, 질적인 부담을 최소화하는 전략이다(input-output). 지속가능경제전략은 경제계에 투입되는 자연자원량을 최소화하기 위해 경제구조, 생산방식, 공정과정, 경영기법 등을 새롭게 함으로써 같은 양의 자원을 가지고도 보다 많은 양과 질의 생산품을 만들어내는 전략이다. 경제적 효율성을 핵심으로 한다(throughput). 지속가능 사회문화 전략은 우리 행복의 기준 제체를 물질적인 것에서 정신적인 것으로, 양적인 것에서 질적인 것으로, 외향적인 것에서 내향적인 것으로 전환함으로써 동일한 양의 물질을 소비한다 해도 보다 더 풍요로운 행복을 느낄 수 있는 토대를 갖추는 전략이다(오용선, 2001). 경제행위의 궁극적 목적이 행복이라면 지속가능 사회문화 전략은 경제의 배태성을 가장 직접적으로 보여준다.

이상과 같이 지속가능경제는 가치확장성과 배태성의 양 차원에서 녹색경제의 기초 모델이 된다. 하지만 문제는 녹색경제에서 제시한 생태가치, 분배정의가치, 신뢰가치들은 기존 경제학의 영역에 포함되지 않는다는 점이다. 이들은 시장 영역이 아니며, 경제는 시장 위에서만 성립한다는 아담 스미스의 관점에 일맥상통한다. 전통경제학에서는 생산성을 결정짓는 주요한 생산요소로서 토지, 노동, 자본을 꼽는다. 자본을 생산성 향상을 위해 경제에 직접적으로 투여되는 부의 원천이라고 한다면, 토지는 자연자본, 노동은 인적자본, 자본은 화폐자본 및 사회간접자본이라 할 수 있다.

하지만 녹색경제에서는 '배태성'의 원칙에 의해서 비경제적 가치로 취급받았던 세 가지 가치들을 경제 영역에 적극 포함시킴과 동시에 경제가 살아나

심 영역으로 보고, 각각의 지속가능성을 달성하기 위한 생태적, 경제적, 사회문화적 차원에서 실천전략을 독립적으로 찾는 일이다. 즉 생태적으로 지속가능하기 위한, 경제적으로 지속가능하기 위한, 그리고 사회문화적으로 지속가능하기 위한 방안을 각 영역에서 찾는 것이다. 다른 하나는 지속가능성의 목표를 환경보전과 경제성장의 동시 추구로 보고, 이를 달성하기 위한 실천전략을 생태적, 경제적, 사회문화적으로 찾는 일이다. 본 논문에서는 후자의 차원을 따른다. 즉 생태적인 분야에서, 경제적인 분야에서, 사회문화적인 분야에서 자연보전과 경제성장을 동시에 달성할 수 있는 방안을 찾는 것이다.

가는 데 지대한 영향을 미치는 핵심 요소로 간주한다. 뿐만 아니라 녹색경
제에서는 과감하게 몇 발을 더 내딛어 세 가지 가치를 자본 개념으로 환치
한다. 즉 생태가치를 자연자본, 분배정의가치를 복지자본,175) 그리고 신뢰
가치를 도덕자본으로 칭한다. 그리고 이런 자본들을 통칭 녹색자본이라 한
다. 그래서 녹색경제는 녹색자본에 기반을 둔 경제를 말한다. 녹색경제에서
는 이 자본들을 활용함으로써 생태계와 경제계, 경제계 내의 부자와 빈자
간, 시장과 비시장 간에 생태가치, 복지가치, 신뢰가치가 원활하게 순환 또
는 소통되게 한다.176)

3. 인간의 욕구체계와 경제행위

경제행위는 인간 본성의 욕구를 충족시키기 위한 일체의 행위라 할 수
있다. 그래서 녹색경제의 컨셉을 정하는 것은 인간 본성의 욕구체계를 바라

---

175) 지속가능개발 개념에서 도출되는 '분배정의'가치는 일국 내의 계층간, 국제 차원의
  국가간의 문제를 모두 포함한다. 하지만 본 연구에서는 국내 계층간 문제에 복지
  자본의 논의를 한정한다. 본 연구가 기초연구라는 점과 국내 계층간 분배정의가치
  의 실현은 국제 차원의 것과 구체적인 방법에서는 다를지 모르지만 그 정신에 있
  어서는 본질적으로 같다는 인식에서다. 또한 논자에 따라서는 분배정의를 '세대'
  간에도 적용한다. 하지만 현세대와 미래세대 간의 분배정의의 적용은 개념상으로
  는 그럴듯하지만 실체가 없다. 그 까닭은 현세대 내 계층간, 국가간 분배정의의
  문제와 세대간 분배정의 문제는 상호범주가 다르기 때문입니다. 지속가능발전에서
  분배정의가치는 그 자체가 목적으로 취급되는 것이 아니라 환경보전과 경제성장의
  조화 목적을 달성하기 위한 수단으로 제시된 것이다. 반면에 세대간의 분배정의가
  치는 곧 경제성장과 환경보전 간 조화의 다른 표현으로, 그 자체가 목적이다. 그
  래서 세대간 분배정의가치의 실현이라는 목적은 이미 세대 내 계층간, 그리고 국
  가간 분배정의가치 실현이라는 수단에 벌써 내재되어 있는 것으로 보는 것이 타당
  하다.
176) 어떤 면에서 본다면, 지속가능경제에서 얘기하는 가난한 자에 대한 배려는 신뢰가
  치의 한 요소를 기반으로 하는 것이라고 볼 수 있다. 이런 점에서 보면 녹색경제
  는 지속가능경제에다가 신뢰가치를 더욱 강화시킨 경제라고도 말 할 수 있다.

보는 관점과 이해하는 방식에 직결된다.

인간 본성은 선악이나 이기성, 이타성과 같이 이분구도로 단정지을 수 없다.[177] 인간의 본성에는 오직 생명의지가 있을 뿐이다. 인간의 본성은 크게 세 가지 상태를 본질로 하고 있다. 생존성, 존재성, 초월성(영성)이다. 생명체로서 인간의 본성이 생존성이며, 정신체로서 본성이 존재성이다. 그리고 영혼체로서 초월성(영성)인 것이다. 생존성은 35억 년 전 지구상에 생명체가 탄생한 시점에서 진화한 것이며, 존재성은 700만 년 전 초기 인류가 탄생한 시기에 진화하였다. 그리고 초월성은 인류 역사에서 2000년 전에 종교가 부흥하면서 존재성에서 분화해 진화하고 있는 또 하나의 본성이다. 생존성과 존재성의 진화는 이미 완료된 본성인 반면에 초월성은 지금도 여전히 진화과정에 있다고 볼 수 있다.

인간의 본성은 생명성, 존재성, 초월성 - 초월성은 아직 진화 중에 있어서 덜 하지만 - 이 충만하지 않을 때 이를 채우고자 하는 욕구, 생존욕구, 존재욕구(인정욕구), 초월욕구가 발생한다.[178] 그래서 이런 욕구불만의 상태에서 인간은 누구나 마치 높은 곳에 있는 물이 낮은 곳으로 흐르려고 하듯이 자연스럽게 본질상태로 되돌아가려고 한다. 이것을 본질회귀 에너지라 한다. 본질은 스스로 그러한 상태를 말한다. 만약 외부의 강제조건에 의해서 욕구불만의 상태가 강하게, 그리고 지속될 때 본질회귀 에너지는 스스로 그러함

---

177) 아담 스미스가 본 인간의 본성은 이기적이고, 교역, 거래, 교환하려는 행위 또한 본성이라 하였다. 이런 본성이 펼쳐지는 장이 바로 시장이다. 그런데 시장에서는 자신의 욕구를 충족시키기 위해 벌이는 인간의 이기적 행동은 전체적으로는 최선의 결과를 가져온다는 것이다.

178) 초월욕구는 존재욕구로부터 탈피하려는 욕구다. 이 자리에 영성이라는 본질의 상태가 자리한다. 존재욕구에는 인정욕구와 자아실현욕구가 있다. 초월욕구는 존재욕구 중에서 자아실현욕구로부터 진화한 것이다. 그래서 초월욕구의 충족은 타자와의 관계를 통한 인정받기가 아니라 내면의 성찰을 통해서 진아(眞我)를 발견하는 것이다. 진아를 통해서 타자와의 전일성, 자연과의 정서적 소통, 영적 세계와의 우주적 만남을 이루는 것이다. 현대인에게 초월욕구의 충족수단은 기도, 선, 수련, 수도 등 다양한 종교적 수련이 있다. 비록 영성은 여전히 진화 중에 있지만 대중들의 의식고양, 다양한 수단들의 개발 등을 통해서 널리 보편화되고 있다.

이 아니라 하나의 강력한 의지로 발생한다. 이것을 생명의지라 한다. 인간을 둘러싸고 있는 사회적 조건이 어떠하냐에 따라서 생명의지는 다양한 문화적 양태로 발현되며, 이 양태 속에서 선과 악, 또는 이타성과 이기성으로 나타나는 것뿐이다.

인류 사회와 문명은 결국 생명의지 발현의 역사다. 생명의지가 발현되는 과정이 사회화 과정이며, 경제행위며, 그중 하나가 시장에서 인간의 행위인 것이다. 시장은 생존성, 존재성, 초월성이라는 본질적인 상태를 확보하기 위해 생존욕구, 존재욕구, 초월욕구의 충족을 위해서 인간 상호간에 물질과 가치들을 서로 교환하고 소통하는 장이다.

초월욕구가 인간 본성으로 완료되지 않은 진화의 시점에서 생존욕구와 존재욕구(인정욕구)는 결국 현대 사회의 시장에서 우리 행위를 지배하는 근본 힘인 셈이다. 케인스와 후쿠야마는 생존욕구와 존재욕구를 다른 용어로 표현하고 있다. 케인스는 인간의 필요를 절대적 필요와 상대적 필요의 두 가지로 나누고 있으며, 대개 생계유지에 필수적인 것들이 절대적 필요에 해당하고, 사치품들은 상대적 필요의 대표적인 것들이라 할 수 있다(이정전, 2002: 59). 이때 절대적 필요가 생존욕구이며, 상대적 필요가 존재욕구인 셈이다. 후쿠야마는 인류 역사의 진행과정을 두 가지 큰 힘, 즉 합리적 욕구, 인정받고 싶은 욕구의 두 가지의 상호작용으로 이해한다. 후쿠야마의 합리적 욕구는 경제적 욕구로서 "소득 수준이 어느 정도 올라가면 충분히 충족되는 성격의 것이어서 케인스의 절대적 필요에 대응하는 개념이며, 인정욕구는 케인스의 상대적 필요에 대응되는 개념이다."(이정전, 2002: 61)[179]. 이때 합리적 욕구

---

179) (생명정보-생존성-생존욕구)-절대적 필요-합리적 욕구의 축에서 요구하는 행위자의 준칙은 경제합리성일 것이다. 반면에 (정신정보-존재성-존재욕구)-상대적 필요-인정욕구의 축에서 요구하는 행위자의 준칙은 가치합리성일 것이다(생태합리성은 가치합리성의 한 종류가 된다). 그리고 전자는 산업사회를 기술적 기반으로 하며, 후자는 후기 산업사회 내지 정보사회를 기술적 기반으로 하여 성립한다. 전자를 통틀어 생존패러다임, 후자를 존재패러다임이라 칭한다. 생존패러다임에서 가장 결정적인 자원이 생태적 자산이 되는 것이라면, 존재패러다임에서 가장 결정적인 자원은 도덕적 자산(일명, 사회자본)이 될 것이다.

가 생존욕구이며, 인정욕구가 존재욕구를 가리킨다.

이 중에서 오늘날 특히 중요한 것은 상대적으로 간과해 왔던 존재욕구(인정욕구)에 대한 것이다. 후쿠야마에 의하면, "모든 인간은 다른 사람으로부터 자신의 위엄을 인정받기 위해 노력하며, 이러한 노력은 전 인류 역사 과정을 이끌어가는 주요 동력의 하나로서 지대하고 근본적인 것이다."(Fukuyama, 1995: 7). 그래서 "현대 사회는 인정받기 위한 몸부림으로 투쟁을 벌이는 곳이다(Fukuyama, 1995: ⅹⅲ). 기술이 추동하고 있는 자본주의가 놀라울 정도의 번영을 인큐베이터 삼아 세계 자유체제와 평등한 권리가 보장되는 가운데 인간의 존엄성을 인정받고자 하는 투쟁이 가속화되고 있다"(Fukuyama, 1995: 4).[180] 또한 그는, 인정받기 위한 투쟁은 정치학만큼이나 오래된 개념이며, 그럼에도 불구하고 이것이 오늘날에는 약간 이상하고 익숙지 않은 말로 인식되는 이유는 과거 400여 년에 걸쳐서 우리의 생각이 철저히 '경제화'되어 온 때문이라고 지적한다(후쿠야마, 역사의 종말, 224).

이정전 또한 후쿠야마의 인정욕구의 관점을 받아 현 사회를 설명한다. "특히 자본주의 시장은 다른 어떤 경제체제보다도 인간의 기본적인 욕구와 합리적인 욕구를 잘 충족시켜 주는 것으로 알려져 있다. 일단 합리적인 욕구가 충족되면 그 다음에 사람들이 주로 매달리는 것은 인정받고 싶은 욕구일 것이다"(이정전, 2002: 61). "후쿠야마 교수의 이론이 맞는다면, 자본주의 시장에 의해서 이미 고도의 물질적 풍요가 달성된 오늘날 시장의 경제활동에서 합리적 욕구가 차지하는 비중은 점차 떨어지는 반면에, 인정받고 싶은 욕구가 차지하는 비중이 압도적으로 커진다는 추론이 가능해진다"(이정전, 2002: 63).

따라서 현대 자본주의 시장사회의 위기는 인정욕구 불만의 충족여부에 달려 있게 되는 셈이다. 즉 인정욕구의 불만과 욕구충족수단으로서 '물질가치' 소비 사이에 설정된 악순환에 있다. 자본주의 시장사회에서 인정욕구를 충

---

180) 헤겔은 '인정투쟁', 데이비드 리즈만의 '타인지향형'(David Riesman, 1950) 등으로 인정욕구와 관련한 인간의 본성을 표현하였다.

족시켜 주는 가장 강력한 도구는 물질과 상품소비다. 하지만 기본적으로 물질과 상품은 자연생태계라는 한정된 자원에 기반을 두고 있으며, 시장에서 교환은 제로섬게임을 기본원리로 작동한다. 따라서 물질과 상품소비를 통한 인정욕구 충족의 과정에서 다른 소비자와 끊임없는 경쟁이 일어나고, 타자와의 경쟁은 다시 상대적인 욕구를 발생시켜 인정욕구 불만을 증폭시킨다. 심화된 인정욕구의 불만은 다시 물질과 상품소비로 이어지고 이것은 또 다시 욕구불만을 강화시켜서 악순환이 계속된다.181)

녹색경제는 이와 같은 현대 자본주의 시장경제의 악순환 고리를 어떻게 절단하여 인정욕구 불만과 욕구충족의 수단 간에 선순환 고리를 만들 것인가에 달려 있다. 바로 이에 대한 실마리가 존재욕구에 대한 새로운 인식인 것이다.

존재(인정)욕구의 충족수단은 존엄, 자존심, 존경과 같은 정신적 가치의 요소다. 정신적인 가치가 교환되는 세계는 가시적인 물질세계와는 달리 기본적으로 윈윈전략이다. 그럼에도 불구하고 기본적으로 윈윈전략인 세계에서 때로 제로섬게임이 판을 치는 세계로 변하는 것은 정신적인 요소가 물질, 권력, 지위와 같은 형식의 수단을 빌려서 충족되기 때문이다. 이런 수단들은 제한적이어서 필연적으로 경쟁을 유발하고 욕구불만을 증폭시킨다. 현재 우리 사회는 물질 소유의 부가 권력과 사회적 지위를 대부분 독점하고 있다는 점에서 존재욕구를 충족시키는 다양한 수단이 물질추구로 획일화된 상태라고 볼수 있다.

산업화 과정은 다름 아닌 존재욕구 충만이라는 산의 정상을 오르는 다양한 길을 봉쇄한 과정이었다고 볼 수 있다. 정상으로 향하는 길은 오직 물질추구의 등산로만을 남겨둠으로써 서로 오르려고 경쟁하는 사람들로 붐비는 사회의 모습이 된 것이다. 따라서 녹색사회로 가는 일차적 과제는 물질추구

---

181) 영혼정보 - 영성 - 초월욕구라는 제3의 욕구체계는 아직 진화 중에 있으며, 따라서 이 축을 따라서 흐르는 인류의 생명의지는 향후 인류 문명의 향배를 가늠하는 중요한 흐름으로 대두될 가능성이 크다.

라는 성장가치의 획일성으로부터 탈피하여 존재욕구의 충족수단으로서 다양
한 가치를 개발하는 것, 그래서 정상으로 향하는 자아실현의 길을 다양하게
개척하는 일이다. 마치 생물이 생태학적 지위(biological niche)를 확보하
면서 생존해 나가듯이 인간은 존재론적 지위(ontological niche)가 보장
될 수 있도록 삶의 가치, 방식을 다양하게 하는 것이다.

그렇다면 녹색경제를 실현하기 위해 반드시 넘어야 할 명제는 정신체로서
인간의 본성인 존재욕구(인정욕구)를 시장에서, 사회에서, 그리고 정보사회라
는 새로운 조건에서 어떻게 하면 욕구 그 자체를 누그러뜨릴 수 있으며, 어떻
게 하면 다양한 충족수단을 보장할 수 있게 할 것인가가 관건이 되는 것이다.

이상으로 녹색경제에 대한 개념 정의, 녹색가치를 자본으로 인식하기, 인정
욕구의 선순환의 충족 등의 이론을 종합할 경우 녹색경제는 다음과 같이 최종
적으로 정의할 수 있다. 녹색경제는 '경제가 호혜와 재분배를 원칙으로 하는 사
회에 배태되면서 환경용량이라는 한도 내에서 인간 생존에 필요한 물질적인 기
본 욕구는 물론 정신적인 존재욕구까지 충족시켜 줄 수 있는 경제'를 말한다.

이와 같은 경제의 컨셉은 사실 매우 이상적인 것이다. 이러한 이상을 얼
마나 현실화시킬 것인가는 녹색경제 모델의 설계능력에 달려 있다.

제3절
녹색경제 모델의 기초 설계

녹색경제의 추상적인 컨셉을 구체적인 모습으로 드러내는 작업이 모델을

설계하는 일이다. 녹색경제의 구조를 어떤 요소로 구성하며, 어떤 기능을 부여할 것인가, 그리고 가상현실에서 어떻게 작용할 것인가가 설계의 핵심이 된다.

1. 녹색경제 모델의 구조와 기능

녹색경제의 모델은 물질자본, 복지자본, 자연자본, 도덕자본의 네 자본요소로 구성되며, 각 자본요소 간의 상호작용의 결과로 작동된다.

1) 물질자본

물질자본은 衣食住暇를 형성하는 모든 물질적, 물리적 형태를 말한다. 더 나아가 생산에 필요한 개인적, 사회적인 물리기반을 포함한다. 기존 경제에서는 이들 모든 물질들은 사실 화폐를 통해서 획득 가능한 것들이기 때문에 화폐자본이라고도 말할 수 있다.

이러한 물질자본은 생존욕구 충족의 직접적인 수단이다. 생존욕구는 외부로부터의 먹이의 공급과 안전의 위협으로부터 자유롭고자 하는 생존성에 기반을 둔다고 했다. 물질자본은 바로 인간의 먹고사는 것으로서 우리의 생존욕구를 충족시켜 주는 절대적 수단 중의 하나인 것이다. 그래서 물질자본은 성장가치를 통해서 달성된다.

물질자본은 사용할수록 자본 자체의 축적을 이룰 수 있다. 하지만 물질자본은 기본적으로 일정한 공간과 시간을 점유하는 물리적 실체로서 축적되는 것이기 때문에 사용하는 사람 간에 제로섬게임의 관계가 설정된다. 이러한 제로섬게임의 관계는 최종적으로는 자연까지 이르게 되어 자연자본을 감소시키는 결과로 나타난다.

2) 복지자본

복지자본은 생존욕구 충족의 기초 수단이면서 존재욕구를 충족시켜 주는 핵심 요소 중 하나다. 생존욕구와 존재욕구(인정욕구)가 현대 사회의 시장에서 우리 행위를 지배하는 근본적인 힘이라고 한다면, 산업사회는 우리 사회의 생존욕구를 충족시키는 데 큰 기여를 하였다. 하지만 사회가 아무리 물질적으로 풍요롭다 해도 부의 집중과 상대적인 불평등이 심화될 경우에는 존재욕구의 불만이 누적된다. 이런 상태에서는 자신의 존재가치를 인정받기 위한 사회적 경쟁이 더 가열된다. 경쟁의 조건이 현재와 같은 자유민주주의 시장경제하에서는 물질소비에 대한 경쟁이 더욱 가속화된다. 물질소비에 대한 경쟁은 경제성장과 개발에 대한 더욱 강한 선호로 나타나며, 이러한 현상은 결국 자원고갈과 생태계 파괴, 환경오염의 직접적인 원인이 되어 생태자본에 대한 심각한 타격을 입히게 된다. 따라서 경제가 성장의 가치 외에 사회적 불평등을 완화하는 사회분배적 정의 가치를 동시에 실현할 때 지속 가능할 수 있다.

복지자본을 형성하고 축적하는 방법에는 두 가지가 있다.

첫째, 물리적인 생존기반으로서 기초적인 사회복지망을 구축하는 일이다. 기초생활조건을 절대적 수준으로 확충해 주는 일이다. 인간은 이 세상에 태어난 그 자체로서 최소한의 삶의 조건을 누려야 할 천부적 권리가 있다. 하지만 생존욕구 충족에 가장 유리하다는 산업사회에서조차 이런 권리를 완전히 보장받지 못하고 있다. 사회적인 물질 풍요에도 불구하고 이런 권리를 보장받지 못한 계층에게 사회적으로 조건을 마련해 주는 것을 복지라고 한다면, 현재 우리 사회에서 필요한 복지요소는 두 가지다. 하나는 절대적인 것으로서 최후의 사회안전망이다. 여기에는 '국민기초생활보장법'과 공적부조제도다. 이를 더욱 강화해야 한다. 다른 하나는 상대적인 것으로서 최소한의 삶의 조건으로서 기초가 되는 주택, 교육, 의료서비스를 공평하게 누릴 수 있는 것이다.

둘째, 정신적으로 상대적인 빈곤과 박탈감을 해소시키는 일이다. 현재 우리 사회는 물질적 풍요를 평균적으로 달성하긴 하였으나 상대적인 빈곤과 박탈감에 휩싸여 있다. 이러한 상황은 대기업과 중소기업 간, 중앙의 대도시와 지방의 중소도시 간, 부자와 빈자의 계층 간에 나타나고 있다. 일반적으로 사회적 분배정의를 나타내는 지수 중에서 소득분배구조를 보여주는 지수인 지니계수를 보면 1980년대에서 1990년대 초 사이에는 지니계수가 완만하게 하락하면서 소득격차가 축소되었고, 1990년대 초에서 중반 사이에서 지니계수는 별 변화 없이 안정되다가 1990년대 중반 이후부터 다시 지니계수가 급상승하면서 소득분배 격차가 확대추세에 있다. 문제는 1997년 IMF 관리 이후 중산층의 약화와 함께 약화된 빈부격차가 더욱 심화, 고착화되고 있다는 점이다. 이 점이 더더욱 문제가 되는 것은 사회적인 구조와 연계되어 있다는 점이다.

이 같은 복지자본은 지나치게 축적하면 할수록 물질자본의 축적을 방해하여 궁극적으로 복지자본의 감소로 되돌아온다. 그렇다고 상호 모순관계는 아니다. 엄밀히 말하면, 복지자본과 물질자본과의 관계는 일방적이라기보다 상호 보완적이라고 말할 수 있다. 심한 부의 불균형은 성장과 발전의 장애가 되기 때문이다. 반면 복지자본의 축적은 도덕자본을 증가시킨다.

3) 자연자본

자연자본은 토지, 나무, 돌과 같이 물질자본으로 化하는 원천과 맑은 공기와 물 등과 같이 자연생태계 본래의 기능이 주는 자연의 혜택을 포괄한다. 환경가치에 대한 사회적 한계효용이 높아짐에 따라 자연자본은 경제발전에 중요한 영향을 미치는 자산이 되고 있다. 이러한 자연자본은 인간을 포함한 모든 생명체의 대전제다. 그래서 자연자본은 인간의 생존욕구를 직접적으로 충족시켜 주는 물질자본의 기원일 뿐만 아니라 본능(장)과 정서(가슴)의 차원에서 존재성을 충만케 해 주는 원초적 자산인 것이다. 또한 자연자본은 존재욕구 불만이 최고조로 달해 있는 인간에게 존재욕구를 누그러뜨려 초월욕구로 들어가게 하는 문이기도 하다.

생태가치를 우리 사회에 충분히 소통시키기 위해서는 자연자본을 축적해야 한다. 자연자본에 기반을 둔 경제를 위한 정책목표를 제시하면 크게 네 가지다.

첫째, 화석연료에 기반을 둔 경제에서 탈피하여 태양 및 재생에너지경제를 구축하는 일이다. 산업혁명 이후 전개된 20세기 인류의 역사는 화석연료에 기반을 두었다. 하지만 화석연료는 고갈성 자원일 뿐만 아니라 사용한 후 환경오염물질을 발생시킨다는 점에서 사회적 문제를 배태하고 있었다. 산업사회에서 우리가 누린 물질적 풍요와 과학기술의 편리한 혜택의 기반은 이와 같은 취약한 것이었다. 따라서 화석연료에 기반을 둔 경제를 재생가능하고 환경에 무해한 재생에너지 경제로 전환하지 않고서는 자연자본을 유지할 수 없다.

둘째, 물, 공기 등 인간을 비롯한 생명에 필수적인 생태적 가치의 유지를 위해서 절대적인 산림과 녹지를 보전하는 일이다. 산림은 기후조절, 홍수조절, 토양침식방지, 물순환, 영양소의 저장과 순환, 기타 휴양 등과 같은 필수적인 가치를 생산해 낸다(레스터, 2001: 211-230).

셋째, 생태가치를 토대로 하는 자연자본의 축적을 위해서는 시장에서 거래되어서는 안 되는 자연자산을 시장으로부터 해방시키는 일을 최우선으로 해야 한다. 토지와 같은 자연자산을 시장 거래의 원칙으로부터 독립시켜 사회적 공유자산으로 관리해야 한다. 토지는 일반 재화와 전혀 다른 자연자산인 동시에 사회 구성원 누구나 공평하게 이용할 수 있는 천부적 권리이다. 따라서 토지가 개발이익이라는 불로소득 때문에 과잉 개발되고, 토지를 자산증식의 수단으로 거래함으로써 발생하는 생태계 파괴와 기회 균등이 배제되는 상황을 사회적으로 규제하는 것이 필요하다. 토지에 대한 권리, 즉 소유권, 사용권, 개발권에 대한 재규정과 권리 행사에 대한 사회적 규제 강화, 개발로 인한 불로소득을 철저히 사회적으로 환수한다. 또한 토지이용규제를 통해서 전 국토를 개발제한구역으로 규제한 후에 부분적으로 개발을 허용하는 유럽식으로 방향을 전환하는 일이다.

넷째, 농업, 어업 등 식량과 관련한 일차산업을 생명산업으로 인식함으로써 자유무역원칙에서 독립시키는 것이다. 환경친화적 농업에 대한 보조금 확대로 환경농법으로 일대 전환, 생협 등의 활성화를 통한 도농간 직거래, 생산자 실명제, 농산물 인증제, 농산물의 자유무역 예외 규정.

다섯째, 물질 경제에서 재활용을 폐기물 처리업이 아니라 하나의 산업으로 인식하고 활성화하는 일이다.

자연자본은 생존욕구를 충족시키는 기원의 차원에서 사용되면 될수록 고갈되는 반면에 존재욕구와 초월욕구의 차원에서의 이용은 생태계 수용력의 한계 내에서 얼마든지 서비스를 향유할 수 있기 때문에 큰 영향을 받지 않는다.

4) 도덕자본

도덕자본은 사회적 신뢰와 자발적인 연대감을 말한다. 이것은 사회적 관계망으로서 무형의 자산이다. 도덕자본은 생존욕구와는 무관한 오직 존재욕구의 충족에 필수적인 요소다.

인간이 타자로부터 자신의 존재가치를 인정받기 위한 존재욕구는 이미 본성의 한 요소라 하였다. 존재욕구는 분배정의를 통해 타자와의 격차를 줄여줌으로써 상대적으로 완화시킬 수 있다. 하지만 절대적으로는 우리의 존재감을 높여줄 수 있는 인류의 보편가치가 충만할 때 비로소 충분해진다. 상호협동, 호혜성, 신뢰감, 연대감, 공동체 의식과 같은 존재가치가 그것이다. 이를 대표하여 통칭 신뢰가치라 한다. 이러한 신뢰가치가 정치, 경제, 사회, 문화의 각 영역을 원활하게 소통하면서 사회 구성원 간에 하나의 규범으로 자리잡을 때 그 사회 구성원들의 존재감은 비로소 충만해진다.

신뢰가치를 기반으로 하는 도덕자본의 축적을 위해서는 어떻게 하면 우리 사회에 상호신뢰, 공동체 의식, 그리고 자발적 연대를 확산시켜 나갈 것인가에 달려 있다. 하지만 이런 가치들을 달성한다는 것은 매우 어렵다. 인간은 자연 상태에서 흔히 죄수의 딜레마라는 상황에 빠지기 때문이다. 이 와중에서 존재욕구 불만에 가득한 현대인을 물질을 둘러싼 권력투쟁의 장으로 이끌지 않고 상호협력이라는 이타성으로 나가게 할 것인가, 개인의 이익을 우선 챙기는 이기성으로 나가게 할 것인가는 상황의 조건에 따라 달라진다. 도덕자본에 기반을 둔 경제하에서는 죄수 딜레마 상황이 최소화된다. 죄수 딜레마 상황에서는 상대방을 믿지 못하기 때문에 개인적으로 최선의 선택을 하지만 전체적으로 최악의 상황을 초래하게 된다. 이러한 공멸의 상황은 구성원 간에 신뢰가 공고할 때 해소된다. 해소된 결과는 상호협력으로 나타나고, 그 효과는 존재욕구 완화로 이어진다. 신뢰를 공고히 하기 위해서는 구성원 간에 반복적인 만남이 지속되어야 하며, 그 과정에서 물질적으로든 정신적으로든 상과 벌을 확실하게 적용해야 한다. 바로 여기에서 얘기하는 신뢰는 도덕자본의 핵심 내용인 것이며, 상벌체계는 그것을 달성하기 위한 조건인 셈이다.182)

사회적 신뢰를 바탕으로 하는 도덕자본을 축적하기 위해서는 네 가지 정책목표를 달성할 필요가 있다.

첫째, 우리 사회에 만연해 있는 5대 불공정한 게임의 룰-특권특혜, 부정부패, 불로소득, 기회독점, 성과박탈-을 철폐하는 일이다. 권력과 자본을 소유한 계층의 시장 거래, 사법 판결, 납세 등에 있어서 이루어지는 특별대우와

---

182) 도덕자본은 퍼트남의 개념을 빌리면 사회자본의 일종이라 할 수 있다. 퍼트남에 의하면 사회적 자본은 "협력적 행위를 촉진시켜 사회적 효율성을 향상시킬 수 있는 신뢰, 규범, 네트워크 등과 같은 사회조직의 속성을 지칭"한다(퍼트남, 안청시 역, 2000: 281). 또한 후쿠야마는 그의 저서 「트러스트」에서 사회적 자본의 핵심 가치를 신뢰와 자발적 연대로 꼽았다. 하지만 사회적 자본으로서 신뢰와 자발적 연대라는 가치는 집단 내에 소속된 구성원들 간에는 상호협력적일 수 있지만, 소속 외 타 집단의 구성원들에게는 배타적인 원인으로 작용하는 경우가 많다. 특히 한국과 같이 혈연, 지연, 학연 등 강한 연고주의 사회에서는 사회자본이 자칫 사적 신뢰에 한정되어 공적 신뢰까지 나아가지 못한 결과, 오히려 사회 발전을 가로막는 장애가 되기도 한다. 그래서 사회자본이 가져다줄 사회에 대한 영향을 논할 때 유념해야 할 사안은 그 가치가 소통되고 있는 공간의 범위다. 이러한 점들을 고려해 볼 때, 본 연구에서는 녹색경제의 중요한 토대를 부정적으로 작용할 수도 있는 사회자본으로 칭하기보다는 개념의 범위를 보다 좁혀서, 긍정적인 가치로서 도덕자본이라고 정의한다.

규제완화, 사업상의 모든 계약의 과정에는 비공식적으로 거래되는 검은 돈, 부동산 투기와 부의 세습으로 부당하게 축적되는 부, 학연·지연·혈연 등 사회적 연줄로 차단되는 경쟁의 기회, 동등한 노동에도 불구하고 받게 되는 비정규직의 차별적인 임금 대우 등으로 인해서 우리 사회는 불신이 만연해 있다. 이런 5대 불공정한 게임의 룰을 바로잡는 것이 신뢰회복의 일차적인 과제다.

둘째, 상호협력(연대감)에 대한 사회적 과제를 달성하는 일이다. 절대적 빈곤계층을 위한 기초사회보장제도 확충, 고용 없는 성장시대에 일자리 나누기를 위한 사회연대협약의 체결 등이다. 이런 사회적 과제들은 존재욕구를 충족시킬 수 있는 가치들을 적극적으로 생산하는 기능을 함으로써 도덕자본을 축적시킨다.

셋째, 신뢰가치를 생산해 내고 소통시키는 사회구조를 개혁하는 일이다. 이러한 기능을 담당하는 사회조직은 행정, 교육, 언론, 종교 등의 기관이 있다. 한 사회의 도덕적인 건전성은 이런 사회적 조직이 제 기능을 다할 때 확보된다. 현재 우리 사회의 신뢰가치가 크게 하락하고 있는 배경에는 이런 조직들이 제 기능을 다하지 못하기 때문이다. 정책의 의제설정에서 사회적 합의의 부재, 권력과 자본의 이익을 대변하는 언론, 부의 축적과 세습으로 세속화된 종교, 기술과 출세지향의 교육 등의 제 기능 찾기를 위한 사회개혁이 필요하다.

신뢰가치가 결여되어 있는 사회에서는 존재욕구의 불만이 누적되며, 이미 기술한 바와 같이 존재욕구 충족을 위한 경쟁의 심화, 그리고 최종적으로는 생태자본에 악영향을 미치는 것으로 귀결된다. 뿐만 아니라 이 과정에서 성장가치를 생산하고 사회를 유지하는 데 많은 사회비용을 지불하게 된다. 도덕자본의 특징은 그 기반이 되는 신뢰가치는 정신적 차원에서 형성되고 축적되는 것이기 때문에 여타 다른 자본과는 달리 많은 돈이 들지 않는다는 것이다. 그래서 도덕자본은 사용하면 할수록 자체 자본이 증가하는 특성이 있다. 그러면서 동시에 복지자본, 자연자본의 형성에도 (+)의 영향을 주면서 최종적으로는 물질자본의 형성에도 기여하게 된다.

이상에서 논한 녹색자본을 중요하게 인정하고 취급하는 경제의 영역이 다 다르다. 물질자본은 소위 전통경제학의 핵심적인 생산요소다. 자연자본, 복지자본, 도덕자본은 녹색경제를 위해 추가해야 할 자본으로 제안하였는데, 이 중에서 자연자본은 자원고갈과 환경오염의 심화로 인해서 중요한 생산요소로서 고려되는 경제가 환경경제학이다. 하지만 아무리 자연환경을 보호하고 싶어도 빈곤의 문제를 해결하지 않는다면 개발을 할 수밖에 없다. 따라서 개발압력을 완화시키면서 빈곤을 해결하는 방법으로서 복지자본을 중요하게 고려해야 하는데, 이것이 지속가능경제학이다. 여기에 도덕자본을 추가한 것이 녹색경제다.

2. 녹색경제 모델의 작용

전통경제학의 물질자본 이외에 추가한 세 가지 자본은 각자 나름대로 사회 발전과 경제적인 성과를 이루는 데 중요한 기여를 한다. 하지만 검토해야 할 것은 각 자본 간의 상호관계다.183) 각 자본의 형성이 타 자본의 형성과 상호 밀접하게 연계되어 있기 때문이다. 그래서 녹색경제를 이루기 위해서는 상호 상충관계에 있는 것은 보완관계로, 보완관계에 있는 것은 상생관계로 전환시킬 수 있는 방안을 모색할 필요가 있으며, 이미 상생관계에 있는 것은 우선적으로 적극 촉진해야 한다.

물질자본과 복지자본 간의 관계는 성장과 분배와의 관계다. 이 둘은 얼핏 상충관계인 것처럼 보이지만 실질적으로는 보완(補完)관계에 있다. 보완의

---

183) 물질자본, 자연자본, 복지자본, 도덕자본 간의 관계는 각 나라의 사회경제적 조건에 따른 격렬한 논쟁거리다. 심지어 본 연구에서 제시된 관계와는 상반된 이론과 주장도 많을 수 있다. 본 연구에서 제시된 관계는 그런 수많은 논쟁가지 중 하나이며, 향후 연구를 통해서 더욱 치밀하게 규명할 예정이다.

성격은 상호 역동적으로 변화하는 동양의 음양론의 관계다. 즉 성장이 지나치면 분배가 죽고, 분배가 지나치면 성장 동력이 죽는다. 그래서 성장과 분배가 시차를 두고 어느 한쪽으로 크게 기울지 않도록 균형을 잡아야 한다.

물질자본과 자연자본의 관계는 경제성장과 환경보전 간의 관계다. 현실적으로 이 둘은 갈등하고 있어서 상충(相衝)관계에 놓여 있다. 자연자본은 물질자본 형성의 원천이자 제약조건이다. 그래서 물질자본을 축적하기 위해서는 자연자본을 파괴할 수밖에 없고, 자연자본을 보전하기 위해서는 물질자본이 약화될 수밖에 없는 것이다.

물질자본과 도덕자본과의 관계는 달리 말하면 물질과 정신과의 관계이다. 물질 없는 정신은 공허(텅 빔)하며, 정신없는 물질은 천박하다. 이 둘 역시 보완관계에 있지만 물질자본과 복지자본 간 보완과는 성격이 다르다. 물질자본은 도덕자본 형성의 기초가 되지만 물질자본의 축적이 도덕자본의 축적을 보장하지도 않으며, 비례하지도 않는다. 전통사회에서 물질자본이 풍부한 산업사회에 비해서 오히려 도덕자본이 더 풍부했다는 사실로서 알 수 있다. 즉 물질자본은 도덕자본 형성에 일정한 기여를 한다. 그래서 물질자본은 도덕자본 형성의 최소한의 조건인 셈이다. 하지만 일정수준을 넘어서면 물질자본은 도덕자본을 감소시켜 상충으로 변한다. 반면에 도덕자본은 절대적으로 물질자본 형성에 기여한다. 믿음과 자발적인 연대 속에서 경제성장과 사회 발전을 위한 시너지 효과가 발생하며 다른 한편으로는 사회적 비용이 적게 소요되기 때문이다. 따라서 여기에서의 보완은 부분적, 불균형적, 또는 정태적 보완관계라 할 수 있다.

복지자본과 도덕자본 간의 관계는 상호축적을 강화시켜 주는(선순환의) 상생(相生)관계에 있다. 이 두 자본은 존재욕구 충족의 핵심 요소라는 점에서 공통적이다. 공적 신뢰와 자발적인 연대감이 풍부한 사회에서는 부의 축적과 분배에 대한 정당성이 실현되는 것이며, 반대로 분배정의가 실현되는 사회일수록 사회적 신뢰와 공동체 의식이 풍부해지는 것이다.

자연자본과 복지자본 및 도덕자본과의 관계다. 이것은 共生관계이다. 상생은 상호 쌍방향으로 밀접한 관계를 맺고 그 내용이 서로에 긍정적인 영향을 줄 때 가능하다. 공생은 영향이 긍정적이지만 미치는 방향이 불균등할 때 사용한다. 자연자본은 복지자본과 도덕자본 형성에 기초가 되고 매우 잠재적인 영향을 주는 반면에 복지자본과 도덕자본은 자연자본 축적에 간접적인 영향을 준다. 복지자본은 사회의 개발요구 압력을 누그러뜨림으로써 생태계 보전에 기여한다. 도덕자본은 행복을 판단하는 가치기준을 물질로부터 정신의 축으로 이동을 가능하게 함으로써 동일한 물질을 소비하고서도 더 큰 행복감을 가져다줄 수 있다. 그래서 결국 복지자본과 도덕자본은 물질 소비량을 줄임으로써 자연자본 감소를 지연시킨다.

이상 녹색자본 간의 상호관계를 토대로 설계한 녹색경제의 모델은 〈그림 7.1〉과 같다.

〈그림 7.1〉 녹색경제 모델 설계

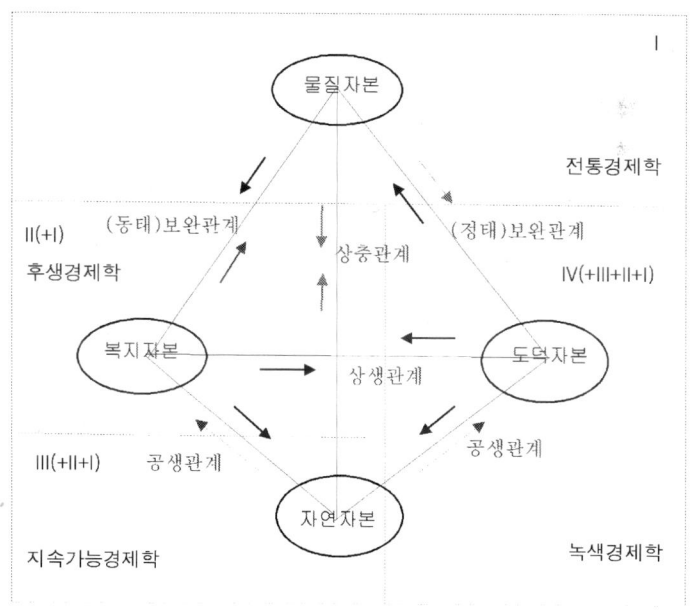

전통경제학에서 물질자본은 복지자본에 대해서는 일정한 축적과 함께 상대적인 약화를, 자연자본에 대해서는 절대적인 파괴를 가져왔다. 그리고 도덕자본에 대해서는 일방적으로 심각한 약화를 초래하였다($I \rightarrow II + III + IV$). 이렇게 약화된 복지자본, 자연자본, 도덕자본은 다시 물질자본 형성에 악영향을 미치고 있다. 악순환이다. 녹색경제는 이러한 악순환의 고리를 선순환의 고리로 전환하는 과제를 실천해야 달성된다.

녹색경제를 달성하기 위해서는 우선 자본 중에서 타 자본들에게 긍정적인 영향을 미치는 자본의 축적으로부터 출발해야 한다. 이런 자본이 도덕자본이다. 도덕자본은 물질자본, 자연자본, 복지자본 모두에 (+)긍정적으로 영향을 준다. 동시에 도덕자본은 신뢰와 자발적인 연대감을 내용으로 하기 때문에 재정과 자원과 같은 물질자본의 희생을 크게 필요로 하지 않는다. 도덕자본이 강화되면 상생관계에 의해서 동시에 복지자본의 분배정의의 축이 강화되고, 강화된 복지자본은 다시 도덕자본을 강화시킨다. 양 자본 간 선순환이 시작된다. 복지자본과 도덕자본의 강화는 추가적인 물질소비 없이도 기존의 삶의 수준을 유지시켜 주기 때문에 자연자본을 최소한 저해하지 않으면서 동시에 물질자본의 축적기반을 강화시킨다.

이렇게 강화된 물질자본은 보완관계를 통해서 복지자본을 강화시킨다. 복지자본 강화는 다시 도덕자본을 강화시킨다. 다른 한편에서는 물질자본의 형성은 도덕자본에 부정적인 역할을 하는데, 이것은 이미 강화된 도덕자본에 의해서 중화된다. 이것이 자연자본을 강화하는 것은 물론이다.

하지만 도덕자본은 사실 시장이 아니라 시장 외적인 제도의 요소다. 즉 지속가능한 사회문화전략이라고 할 수 있다. 하지만 도덕자본 내에서 자체강화를 통해서 선순환을 추동시키는 힘은 한계를 가질 수밖에 없다.

선순환을 보다 완전한 형태로 이루기 위해서는 시장 내의 경제조건들을 변화시켜야 한다. 여기에는 두 가지가 있다. 하나는 성장과 분배문제다. 물질자본과 복지자본 간의 관계가 대립관계가 아니라 음양론의 관계로서 설정되고 방법이 모색되어야 한다. 음양의 관계란 곧 시기에 따른 균형의 문제이다. 현재 우리 사회는 지나치게 복지자본의 기반이 취약한 상태에 있기 때문에 복지자본의 강화를 도모하는 것이 중요한 전략이다. 다른 하나는 성장과 보전 간의 상충관계의 문제다. 이 관계를 어떻게 보완관계 혹은 상생관계로 가게 할 것인가가 또 하나의 핵심 전략이다.

제4절
결 론

경제행위는 인간 본성인 욕구를 충족시키기 위해 재화와 서비스를 생산, 소비하는 일체의 과정을 말한다. 인류 역사상 이 과정이 가장 효율적으로 이루어진 사회가 다름 아닌 산업사회다. 산업사회에서는 생산과 소비가 대량적이면서도 경쟁적으로 일어남으로써 한편으로는 생태가치를 파괴하였고, 다른 한편으로는 인간의 존재가치를 현저히 훼손하였다. 그리고 그 상황은 매우 심각하다. 바로 경제행위의 과정에서 파괴되는 이러한 가치들을 녹색이라고 하는 것이다.

오늘날 우리 사회는 인간욕구를 충족시키기 위한 수단에만 집중하기에는 너무나 많은 녹색가치를 파괴해 왔다. 이제는 녹색가치의 회복을 대전제로 경제행위를 해야 한다. 이러한 문제의식에서 기존의 경제학을 새롭게 써야 한다. 이것은 새로운 집을 짓는 행위와 같다. 그래서 녹색경제학이란 새집을 짓기 위한 컨셉을 정하고, 컨셉을 형상화하기 위한 모델을 설계하기도 하였다. 이 설계도면대로 녹색경제의 집을 땅 위에 지어보기 위해서 녹색경제 정책의 목표와 수단을 실현 전략의 일환으로서 구체적으로 제시해 보기도 하였다.

하지만 경제는 현실이다. 경제는 우리의 사고체계와 생활양식이라는 토양 속에 뿌리박으면서 정치, 사회, 문화의 모든 영역에서 살아 꿈틀대며 자신의 형상을 만들어 나가고 있다. 그래서 녹색경제 모델이 기존 경제의 토양하에서 실제로 얼마나 가능할지는 아무도 모른다. 우리가 알 수 있는 것은 녹색경제 모델이 뿌리내리기 위해서는 우리의 사고체계와 생활양식을 기존과는 다른 새로운 토양으로 변모시켜야 한다는 사실이다.

경제는 또한 우리의 의지이기도 하다. 우리가 어떤 질문을 던지느냐에 따라 우리의 삶은 그렇게 살아진다. 물질적인 풍요로움과 사회적 명성과 같은 외향적 가치들만이 행복을 줄 수 있다고 믿는다면 우리 삶은 그것을 획득하기 위해 매진하는 삶이 될 것이다. 그렇게 생각하는 사람이 많으면 많을수록 그 길을 가기 위한 경쟁은 더욱 치열할 것이다. 하지만 그렇지 않다고 믿는다면 그와 다른 가치를 얻기 위해 다른 삶의 길을 가게 될 것이다. 그 다른 길이 다양하고, 그 길을 가는 사람들이 많으면 많을수록 경쟁은 누그러질 것이다.

이미 우리 사회는 개발국가의 토양과 너무나도 다르다. 삶의 질에 대한 가치기준도 다르고 산업사회에서 정보사회로 변함으로써 삶의 조건이 완연하게 달라졌다. 그럼에도 불구하고 여전히 개발국가의 잔재는 강건하다. 그래서 녹색경제 모델은 개발시대에 우리가 당연시해 왔던 개발국가의 가치들과 행태들에 대해 진지한 회의로부터 실현의 실마리를 찾아나가야 한다.

현재 우리는 정말 행복한가? 우리를 행복하게 하는 것은 진정 무엇인가? 많은 사람들이 이민을 가거나 삶 자체를 포기하면서 우리 사회를 떠나고 있다. 그 원인이 경제적인 것이 아니라, 혹시 치열해진 경쟁 속에서 살벌해진 사회 분위기 때문은 아닌가? 현재 우리 사회에서 가장 시급한 문제는 정작 경제침체가 아니라 혹시 불신의 만연과 갈등의 골로 인한 신뢰파탄은 아닌가? 불로소득, 부정부패, 특권과 특혜 등 온갖 불공정 게임이 만연하여, 부의 축적에 대한 사회적 정당성이 결여됨으로써 감수해야 할 당연한 결과는 아닌가? 그런데도 여전히 경제가 회복되면 이러한 문제들은 다 해소될 것이라고 생각하는 우리는 믿고 있지 않는가? 그렇다면 그 믿음은 혹시 신화가 아닌가? 그렇다면 신뢰회복을 통해서 사회적 비용을 최소화하는 것이 경제회복의 요체는 아닌가?

경제성장 전략이 이제 달라져야 하는 것은 아닌가? 경제를 활성화시키기 위한 단골 메뉴인 토목 주택건설 사업이 부동산 거품의 부정적인 파급효과로 인해서 오히려 상황을 더욱 악화시키고 결국에는 국민경제 전체를 골병들게 하는 것은 아닌가? 환경보전을 전제로 하지 않는 개발은 갈등을 야기하고 국민의 삶의 질을 오히려 떨어뜨림으로써 성장잠재력을 갉아먹게 되는 것은 아닌가? 기업들은 이윤만을 극대화하는 것보다 사회적 책임과 윤리경영을 하는 것이 성장에 더 도움이 되는 것은 아닌가?

녹색경제 모델은 이러한 물음에 대한 답변의 과정에서 계속 보완될 것이다. 그리고 이런 물음에 대한 사회적 공감이 확산될수록 녹색경제는 모델이 아니라 현실이 될 것이다.

참고문헌

권오성(2002) "OECD국가의 환경세 도입방향에 대한 논의", 〈재정포럼〉 8월호, 한국조세연구원.

권오성(2003) "우리나라와 OECD 주요 선진국의 에너지 관련 세제 비교", 〈재정포럼〉 3월호, 한국조세연구원.

김두환(2001) "사회적 자본 개념의 딜레마", 〈한국공간환경〉 제2권 2호.

김인영(2002) "한국과 이탈리아의 (저)신뢰 비교", 〈한국 사회 신뢰와 불신의 구조 - 거시적 접근〉, 소화.

김재진 외(2003) 〈조세정의 구현을 위한 주요 정책과제〉, 한국조세연구원.

김재진(2002) "국민기초생활보장제도와 근로소득공제", 〈재정포럼〉 6월호, 한국조세연구원.

김정훈(2002) 〈국세와 지방세의 조성 방안〉, 한국조세연구원.

김지희(2002) "한국 사회의 신뢰수준", 〈한국 사회 신뢰와 불신의 구조-미시적 접근〉, 소화.

노영훈(2002) "주택시장의 문제점과 조세정책 방향", 〈재정포럼〉 8월호, 한국조세연구원.

노영훈(2003) "부동산 거래세의 실가과세 실행방안", 〈재정포럼〉 9월호, 한국조세연구원.

노영훈(2003) "부동산에 대한 부가가치세 과세정책", 〈재정포럼〉 3월호, 한국조세연구원.

노영훈(2004) "향후 부동산 보유과세 강화정책에 대한 소고-재산세 과표 현실화의 기본적 한계-", 〈재정포럼〉 3월호, 한국조세연구원.

박기백(2004) "재정의 소득재분배 효과", 〈재정포럼〉 1월호, 한국조세연구원.

벨라스케스, 마누엘 G., 한국기업윤리경영연구원 역(2002), 〈기업윤리〉, 한국매일경제신문사.

손원익(2002) "NPO 및 기부금 관련 최근 동향", 〈재정포럼〉 7월호, 한국조세연구원.

송희식(1991) 〈존재로부터 해방〉, 비봉출판사.

아담 스미스, 박세일 역(1996) 〈도덕감정론〉, 비봉출판사.

연합뉴스(2004. 5. 19) "직장인, 근무시간 4분의 1은 농땡이".

오용선(2004a) "한국의 산업화와 지속가능성에 관한 연구-OECD의 지속가능지표체계를 이용한 시기별 평가", 〈경제와 사회〉, 한국산업사회학회 제62호 여름호, pp.267~295.

오용선(2004b) "자원소비지표를 활용한 한국 산업화 과정에 대한 지속가능성 평가", 〈한국정책학회보〉, 한국정책학회 제13권 2호.

오용선(2001. 4) "환경관리정책의 지속가능발전원칙 모형의 개발과 정책적 활용방안", 〈한국공간환경〉 제2권 제1호(통권 3호).

오용선(1998. 12) "환경친화적인 소비자의 합리적인 행동 특성", 〈환경정책〉, 한국환경정책학회 제6권 제2호.

이성균(2003) "노동유연성과 비정규직 고용", 〈한국사회발전연구〉, 나남출판.

이정전(2002) 〈시장은 우리를 행복하게 하는가〉, 한길사.

이정전(2000) 〈환경경제학〉, 박영사.

이정전(1996) 〈녹색정책〉, 한길사.

이재열(1998) "민주주의, 사회적 신뢰, 사회적 자본", 〈계간 사상〉 여름호, pp.65~93.

임희섭(1994) 〈한국의 사회변동과 가치관〉, 나남출판.

전택승(2003) 〈기금제도 분석 및 개선방향 연구〉, 한국조세연구원.

제레미 리프킨 / 이영호 역(1996) 〈노동의 종말〉, 민음사.

폴라니, 칼 〈거대한 변환〉, 민음사.

한겨레신문(2004. 5. 17) "창간 16돌, 대한민국 새 틀을 짜자", (9면, 10면, 12면).

후쿠야마 / 이상훈 역(1992) 〈역사의 종말〉, 한마음사.

후쿠야마(2001) 〈대붕괴신질서〉, 한국경제신문 국제부 역, 한국경제신문사.

Putnam, R.D.. 안청시 외 역. 2004. 〈사회적 자본과 민주주의〉. 박영사.

Fukuyama, Francis. 1995. *Trust*.

Anderson, W. T., & Cunningham, W.H.. 1972. The socially conscious consumer, *Journal of Marketing*, vol.36, 23-31.

Hicks, J. 1948. *Value and Capital*, 2nd ed., Oxford: Clarendon.

Riesman, David. 1950. *The Lonely Crowd*.

WCED, 1987, *Our Common Future*, Oxford Unvirsity Press.

맺는말

우리는 과거 산업화 과정에서 고도의 경제성장을 압축적으로 이루었다. 이런 산업화에 대한 지속가능성을 평가해 본 결과 우리가 거둔 경제적 성과는 상대적인 복지감소와 환경파괴를 대가로 지불한 결과임을 알 수 있었다.

지속가능경제복지지표(ISEW)에 의한 경제성장의 평가에서는 우리가 성취한 1인당 GNP가 국민복지를 제대로 반영하지 못하고 있으며, 1971년에서 1990년으로 갈수록 GNP와 ISEW 간의 간격은 더욱 벌어지고 있는 것으로 나타났다. 이 같은 결과는 복지감소 요인인 환경비용, 출근비용, 도시화 비용, 내구성소비재 지출비, 교통사고비용, 소득불균형 요인이 갈수록 증가하고 있는 데 따른 것으로 분석되었다.

자원소비지표(DMI)에 의한 경제의 지속가능성평가에서는 1971년 이후의 우리 경제가 2001년에 이르기까지 경제성장률에 비해서 상대적으로 자원소비 증가율이 감소되어 상대적 지속가능성은 높아지고 있으나 절대적인 면에서는 여전히 자원소비의 증가가 많은 것으로 나타났다. 특히 대중소비사회가 형성되는 1990년을 전후로 하는 시점부터 자원소비가 급증한 것으로 나타났다.

산업정책에 대한 지속가능성 평가에서는 1970년대의 산업기반시설 건설로 인해 가해진 환경압력이 1990년대에 들어서는 대중소비사회의 압력형태로 변화하였고, 이에 따라 환경오염상태도 공해문제에서 현대 환경문제로 발전한 것으로 나타났다. 반면에 환경압력과 환경오염상태의 지속적인 심화에도 불구하고 이에 대한 사회적 대응은 1990년대부터 나타남으로써 환경오염상태의 발생과 대응 간에는 수십 년간의 지체현상이 있었음을 알 수 있었다.

녹색 대안에서는, 이미 우리 사회는 1987년 민주항쟁과 1990년대 중반까지의 대중소비사회 형성을 계기로 개발국가의 균열 징후가 뚜렷이 포착되기 시작하였으며, 이후 우리 사회는 녹색가치를 시대정신으로 반영하는 또 다른 국가로의 발전을 향한 맹아가 싹트고 있음을 발견할 수 있었다. 소비자는 기존의 경제합리성과 구별되는 생태합리성이 환경친화적인 소비자의 행동에서 일관된 특성으로 발견되며 이의 발현을 더욱 촉진시키기 위한 사회적 조건을 갖추는 것이 중요함을 알게 되었다.

환경관리정책 분야에서는 지속가능발전의 원칙에 의해서 종합적이고 체계적인 관리가 필요한데, 이를 위해서 지속가능발전원칙에 기반을 둔 평가모형을 개발하여 이를 정책평가의 수단으로 활용할 수 있음을 제시하였다.

마지막으로 녹색경제에서는 이기적인 인간본성에 대한 재해석의 필요성을 제기하면서, 이를 토대로 경제에 대한 관점을 경제결정론적 사고에서 경제·사회·환경 통합적인 사고로 전환할 것을 제안하였다. 또한 성장가치, 분배정의가치, 사회신뢰가치, 생태가치를 자본으로 인식함으로써 물질자본, 복지자본, 도덕자본, 자연자본을 하부 요소로 하면서 각 요소 상호간의 상생, 공생, 상충 관계를 밝히는 녹색경제의 기초 모델을 설계하였다.

결국 현재 우리 사회는 과거 개발국가로부터 새로운 국가유형으로 전환할 필요성이 크며, 실제로 우리 사회는 1980년대 중반 이후 그와 같은 거시적인 변동의 와중에 있다고 볼 수 있다. 새로운 국가유형이 사회와 자연을 동시에 고려하는 녹색국가가 되기 위해서는 개인의 행동에서부터 제도, 경제에 이르기까지 다양한 차원에서 녹색 대안을 창출할 필요성이 있다.

오용선

(吳容先)

• 약 력 •

한양대학교 자연과학대학 생물학과 졸업
서울대학교 대학원 도시 및 지역계획학 석사
서울대학교 대학원 행정학 박사
가톨릭대학교 사회과학연구소 연구교수
한국YMCA전국연맹 환경정책위원회 위원

• 주요논저 •

『개발국가의 녹색성찰』(공저)
『녹색국가의 탐색』(공저)
『생산자책임확대제도의 사회적 경제성 평가』
『대중소비사회의 자원과 폐기물 관리』
외 다수

한국 산업화의 지속가능성 평가와 녹색 대안

• 초판 인쇄	2007년 1월 31일
• 초판 발행	2007년 1월 31일
• 지 은 이	오용선
• 펴 낸 이	채종준
• 펴 낸 곳	한국학술정보㈜
	경기도 파주시 교하읍 문발리 526-2
	파주출판문화정보산업단지
	전화 031) 908-3181(대표) · 팩스 031) 908-3189
	홈페이지 http://www.kstudy.com
	e-mail(출판사업팀사업부) publish@kstudy.com
• 등 록	제일산-115호(2000. 6. 19)
• 가 격	31,000원

ISBN   9. _ __ ___ ____ _ ____0 (Paper Book)
         978-89-534-6259-5 98350 (e-Book)